UI 设计实战精讲

UI SHEJI SHIZHAN JINGJIANG

李庆德　陈峰　马凯　著

U0388060

化学工业出版社

·北京·

内容简介

互联网的发展，尤其是移动互联网的发展，使得社会对于UI设计人员的需求越来越大，其从业人员也需不断学习。本书共分十五章，以移动互联网应用需求为导向，以丰富实例为手段，详细讲解了UI设计的方法和技巧，以及注意事项等内容。

本书适宜从事UI设计以及相关的设计和美编人员参考。

图书在版编目（CIP）数据

UI设计实战精讲/李庆德，陈峰，马凯著．—北京：
化学工业出版社，2021.5
ISBN 978-7-122-38751-6

Ⅰ．①U… Ⅱ．①李…②陈…③马… Ⅲ．①人机
界面－程序设计 Ⅳ．①TP311.1

中国版本图书馆CIP数据核字（2021）第048907号

责任编辑：邢　涛　　　　　　　　　　　　文字编辑：王　硕　陈小滔
责任校对：刘　颖　　　　　　　　　　　　装帧设计：韩　飞

出版发行：化学工业出版社（北京市东城区青年湖南街13号　邮政编码100011）
印　　装：北京缤索印刷有限公司
787mm×1092mm　1/16　印张20$\frac{1}{4}$　字数493千字　2021年10月北京第1版第1次印刷

购书咨询：010-64518888　　　　　　　　　售后服务：010-64518899
网　　址：http://www.cip.com.cn
凡购买本书，如有缺损质量问题，本社销售中心负责调换。

定　　价：168.00元

UI设计实战精讲

前 言

当今是以互联网发展为主的时代，人们的生活大多离不开电商购物、手机娱乐，互联网已占据了人们生活的相当一部分。随着计算机行业和互联网的迅速发展以及应用领域的拓宽，用户界面（UI）设计逐渐成为互联网热门的专业。用户界面是系统中不可缺少的部分，是人与电子计算机系统进行交互和信息交换的媒介，是用户使用电子计算机的综合环境。近年来，从事UI设计的人越来越多，企业对UI设计的要求越来越高，UI设计师的薪资也水涨船高。这背后的原因，是近年来智能移动设备越来越流行。

现今，智能设备和网络飞速发展，各种通信和网络连接设备与大众生活的联系日益密切。UI是用户与机器设备进行交互的平台，人们对各种类型UI的要求越来越高，促进了UI设计行业的兴盛，这就为UI设计人员提供了很大的发展空间。而作为从事相关工作的人员则必须要掌握必要的操作技能，以满足工作的需要。UI设计是指为用户提供人机交互的可视化界面，在UI的设计中，需要提取用户需求，针对需求进行分析，设计出合理美观并且操作简便的界面。UI设计是一门集工效学、认知心理学、人机交互原理学、设计艺术原理于一身的综合性学科。

本书用一种新的思路和方式来阐述UI设计的必修内容，包括技术、方法、流程与标准；从零开始，详细地讲解与UI设计有关的实用知识，可读性强，注重逻辑思维培养和从用户需求角度来考虑产品功能，帮助读者快速地建立起自己的UI设计知识框架。同时，本书弥补了市场上相关优秀书籍缺乏的现状，讲解了UI设计的视觉、用户体验、交互设计等方面的知识。

全书共十五章，系统地讲解了UI设计的发展过程、制作技巧和应用方法等，各章内容分别为：

第一章为互联网产品设计，主要讲解什么是互联网产品设计，互联网产品产生流程，互联网产品竞品分析方法及互联网产品的用户研究方法。

第二章为感知移动设计，主要介绍移动设计的特点，移动应用的生命周期，移动设计的创新——互联网思维，移动设备的三大主流平台和应用，移动设备中的人机交互设计，移动UI设计发展新趋势，移动设计就业要求等问题。

第三章为用户体验与UI交互设计概述，主要解读UI设计，用户体验，用户体验设计三大流程，交互设计，原型设计工具推荐等内容。

第四章为移动产品的创意和原型草图设计，主要讲解移动产品的创意，移动产品的定位，移动产品的需求分析，讨论与初步设计，绘制用户体验原型草图等知识。

第五章为移动产品的低保真原型设计，主要研究移动应用产品设计规范，界面布局和导航机制，设计组件，低保真原型设计流程，低保真原型的可用性测试。

第六章为移动产品的高保真原型视觉设计，主要讲解图形元素的合理构建，界面的色彩选择，文字使用技巧，数字界面的主流风格与图标设计等知识。

第七章为 Axure RP 8.0 软件界面操作基础，主要讲解 Axure 软件综述，Axure 基础元件，Axure RP 8.0 元件基础应用案例。

第八章为微信交互案例，讲解微信登录界面操作案例，微信抽屉式导航案例，微信交互原型案例。

第九章为交互原型案例，讲解地图 App 交互原型案例，购物 App 交互原型案例，社团 App 案例，当地旅游 App 作品展示等内容。

第十章为 XMind 流程图设计基础，讲解流程图概述，创建流程图，流程图模板和结构，主题，导出与导入。

第十一章为 Photoshop——App 图标设计，主要讲解图标设计的基础知识，图标欣赏，心形图标设计，计算器图标设计，时钟图标设计等知识。

第十二章为 Photoshop——手机主题界面设计，主要讲解手机主题的基础知识，手机主题界面赏析，"水晶花"主题界面设计，"冬雪的冬天"主题界面设计，"美好生日梦"主题界面设计，"清新雏菊"制作。

第十三章为 AE 动效设计基础，主要讲解如何导入素材输出格式，动态二维码的 5 个属性，常用工具栏及摄像机功能，GIF 生成。

第十四章为响应式网站和 H5 动画，主要讲解 HTML5 的三个优势，HTML5 的八大特性，HTML5 的应用及布局方式，CSS3 视觉表现方面的新特性。

第十五章为 VR（虚拟现实）和 AR（增强现实）交互，主要讲解 VR 和 AR 技术及其发展历史，VR 和 AR 的发展前景及体系，VR 和 AR 硬件及盈利模式，VR 和 AR 交互，VR 和 AR 项目设计流程及应用领域等知识。

本书作者中，李庆德（佛山科学技术学院）撰写第 1～6 章（约 21 万字），陈峰（台州学院）撰写第 7～10 章（约 13 万字），马凯（齐齐哈尔大学）撰写第 11～15 章（约 15 万字）。最后，要特别感谢在本书编写过程中给予大力支持的 UI 设计方面的老师和同仁们，特别感谢尤媛媛和沈舒心提供的文字及图片整理工作。

因笔者水平有限，书中不足之处希望广大读者和专家批评指正！

著者
2021 年 2 月

CONTENTS

目 录

第一章

互联网产品设计

移动互联网（Mobile Internet）的崛起非常快，现在的移动互联网已经占据了人们的工作与生活。在人们出行时，如果只能选择一件物品随身携带，相信大多数人会选择手机！随着移动互联网的普及和用户人机使用习惯的变迁，越来越多的人已离不开手机，移动App成为了互联网宠儿。事实上，人尽皆知的一个互联网词汇——App，俨然已经成为大众对移动互联网的第一印象。互联网产品设计师既要懂得UI设计，又要精通技术开发、基本的代码撰写、技术架构的运用等相关知识，更要明了互联网战略规划、商业布局，以及互联网产品的角色定位、价值发挥点等核心概念与创新之处。因此，这就需要互联网产品设计师深刻洞悉各行各业的经营要点，在抓住用户的刚需、痛点、高频的同时，通过界面设计、用户体验来提升App的颜值，进而留住用户。

【本章引言】

随着95后、00后新一代人的成长，消费的热点发生了趋势性的转移。产品做出来就是为了销售出去，不然做产品就没有意义了。对于95后、00后而言，他们有自己独特的价值观。他们喜欢网络购物吗？他们更喜欢什么样的互联网产品呢？换言之，他们更喜欢什么样的互联网产品设计呢？这是一个大趋势性问题。95后、00后生存的压力小，他们大部分是独生子女，受到更多的照顾和关爱，他们做自己喜欢做的事情，买自己喜欢的产品，不过多考虑其实用价值到底如何，前提是他们喜欢。众所周知，很多95后更在乎好玩，而非好用，好用只是他们考虑的第二因素。此外，一些95后没有赚钱与花钱计划，他们敢于花钱更敢于借钱，这也导致现在互联网的金融项目很火。

结合上述两点，未来互联网产品设计的重要程度要高于现在。对于95后、00后来说，他们的消费能力更加强大，而且他们对自己喜欢的互联网产品不会有过多的消费犹豫。面对这种趋势，可以说是一种还未爆发的红利，互联网产品的创新显得格外重要，而互联网设计就是产品创新的一种必须，因为互联网产品设计师必须做出用户喜欢的互联网产品。

互联网产品设计就是一种产品创新，不要去按字面理解这一概念，因为这一概念将会在时代的驱动下被赋予更多的含义。这就要求互联网产品设计师更加负责，同时要求互联网产品最终的落地要更加贴合消费者的心意。互联网产品销售如图1-1所示。

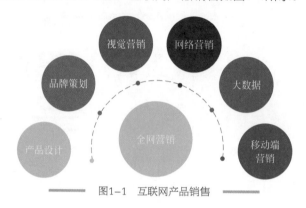

图1-1　互联网产品销售

| 第一节 |
什么是互联网产品设计

一、互联网产品设计的范围与方法

互联网产品指通过互联网介质为用户提供价值和服务的整套产品体系，好的互联网产品有两个特性：首先，它要能在一个点上打动用户；其次，它一定是一个靠持续改进、持续运营而来的东西，如图1-2所示。互联网产品设计主要指通过用户研究和分析进行的整套服务体系和价值体系的设计过程。整个过程基于用户体验思想的设计过程，伴随着互联网产品周期进行一系列产品设计活动。

图1-2　部分互联网产品品牌

（一）设计范围

互联网产品设计的范围主要包括：

① 需求调研：计划、准备与执行，分析与总结。

② 需求规划：产品概念假设，导入产品设计思想，产品概念整理，概念测试，产品规划。

③ 需求共识：需求开发计划，需求方案，需求协商与确认。

④ 需求管理：需求层次的标识与分类，需求跟踪与变更管理。

⑤ 信息架构：信息架构规划，导航系统设计，搜索系统设计。

⑥ UI设计：界面风格设计，UI规范。

⑦ 原型设计：低保真，高保真。

⑧ 测试：原型测试，可用性测试，专家评估。

⑨ 开发：后期开发和上市工作中相关的设计工作等。

⑩ 迭代：产品上市，持续获取用户需求，更新迭代产品。

（二）设计方法

① 组合设计。组合设计（又称模块化设计）是将产品统一功能的单元设计成具有不同用途或不同性能的可以互换选用的模块式组件，以便更好地满足用户需要的一种设计方法。当前，模块式组件已广泛应用于各种产品设计中，并从制造相同类型的产品发展到制造不同类型的产品。组合设计的核心是要设计一系列的模块式组件。为此，要从功能单元入手，即研究几个模块式组件应包含多少零件、组件和部件，以及在组合设计时每种模块式组件需要多少等。

当今，在竞争日益加剧、市场份额争夺异常激烈的情况下，仅仅生产一种产品的企业是很难生存的。因此，大多数制造厂商都生产很多品种的产品。这不仅对企业生产系统的适应能力提出了新的要求，而且显然要影响产品设计的技能。生产管理的任务之一，就是要寻求新的途径，使企业的系列产品能以最低的成本设计并生产出来。而组合设计则是解决这个问题的有效方法之一。

② 计算机辅助设计。计算机辅助设计是运用计算机的能力来完成产品和工序的设计。其主要职能是设计计算和制图。设计计算是利用计算机进行机械设计等基于工程和科学规律的计算，以及在设计产品的内部结构时，为使某些性能参数或目标达到最优而应用优化技术所进行的计算。计算机制图则是通过图形处理系统来完成，在这一系统中，操作人员只需把所需图形的形状、尺寸和位置的命令输入计算机，计算机就可以自动完成图形设计。计算机辅助设计常用软件有AutoCAD、Pro/E、CATIA、SolidWorks、UG NX、CAXA等。

③ 装配设计。面向可制造与可装配的设计是指在产品设计阶段设计师与制造工程师进行协商探讨，利用这种团队工作，避免传统的设计过程中"我设计，你制造"的方式引起的各种生产和装配问题以及因此产生的额外费用的增加和最终产品交付使用的延误。

二、互联网设计行业的前景和发展趋势

（一）互联网设计行业的前景

设计师需求量增大，设计人才争夺激烈。在互联网飞速发展的时代，人们离不开电脑，更离不开手机，日常生活中人们的大量时间被各类手机App和互联网网站占据着。现在用户

对产品的需求并不仅仅限于产品的功能，他们会更加注重产品的视觉设计——颜值，即好不好看，和用户体验——易用性，即好不好用。在这种情况下，设计就显得尤为重要了。手机App视觉设计实例如图1-3所示。

图1-3　手机App视觉设计实例

网站和手机App的发展催生出各行各业对设计师的不断增大的需求，而现在相关设计领域专业人才稀缺，人才资源争夺激烈，就业市场供不应求，互联网设计行业前景大好。现在，在这个终身学习的时代，也只有通过学习掌握一门技术，才不会被淘汰。网页视觉设计实例如图1-4所示。

图1-4　网页视觉设计实例

（二）设计行业的发展趋势

从纸媒时代到人工智能时代，设计师们经历了什么？都说"知己知彼，百战不殆"，想要在设计行业分一杯羹，就必须了解一下它的前世今生，摸清它的发展动向。大体来说，设计行业经历了以下几个时期。

纸媒时代。最早的设计师出现在纸媒时代，那是平面设计师的天下。那时候平面设计师岗位很热门，需要设计大量的书籍、海报等来满足企业需求，是各个企业不可或缺的岗位，从事平面设计师工作是令人羡慕的。部分平面设计师的作品如图1-5所示。

图1-5　部分平面设计师的作品

互联网时代。随着全球软件业的兴起，网页设计师应运而生，企业需要网页设计师来设计大量的网站，主要用于品牌的建设与宣传。互联网时代是网页设计师的时代。

移动互联网时代。到了移动互联网时代，也就是现在，越来越多的人使用手机工作、学习，甚至出门只需要带一部手机就可以了，人们的使用习惯已经从PC端逐渐转移到移动端。在这个"手机在手，天下我有"的时代，移动端UI设计师备受欢迎。他们需要设计大量的手机App、微信小程序等，紧跟用户需求，提供多种类型的产品，如图1-6所示。

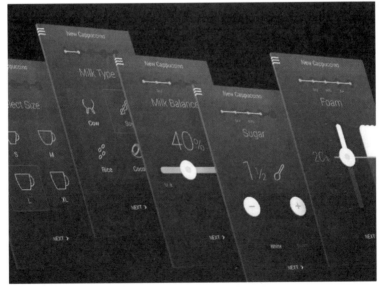

图1-6　UI设计师作品

人工智能时代。曾经有人说过，在不远的未来，也就是人们常说的人工智能时代，就算银行被取代，播音员被取代，司机被取代，但是设计师是不会被取代的，因为机器不会有人的审美和对物体的感知。未来的设计师需要设计更多的智能终端，比如智能家电、车联网、人工智能产品等。设计师需要不断提升自身技能，用更多的理性思考以及市场思维去适应人工智能时代的到来。未来设计师可能涉足的领域如图1-7所示。

图1-7　未来设计师可能涉足的领域

纵观互联网设计行业的发展趋势，设计师成为其中关键的一环，设计师的价值对于企业来说是不言而喻的。为了顺应未来设计发展的趋势，设计师应该把更多的精力放到移动互联网和人工智能产品的设计上。

三、互联网产品设计和工业设计

在许多人的字典中，设计意味着华丽的装饰，是室内装潢，是沙发皮质的面料。但对设计师来说，没有什么能远离设计。设计是产品的灵魂，灵魂通过产品的外观表达自己。

苹果公司联合创始人史蒂夫·乔布斯也认为设计是产品的灵魂，这是乔布斯这个完美主义者一直追求的产品信念。乔布斯的简洁原理其实就是一种设计，苹果手机的工业设计就是苹果手机本身的灵魂，可以通过苹果手机外观的细节去欣赏其内在的设计。

（一）工业设计的重要性

随着互联网时代的来临，工业产品开始获得了巨大的曝光量，市场的供给完全超出了市场的需求，整个市场进入了买方市场。所以产品之间的竞争开始加剧，在这种市场的大环境下，产品的处境就是优胜劣汰，适者生存。

工业设计不只是工业品外形的设计，新时代下的工业设计更是一种思维概念。一个互联网产品，不仅要有外观，还要有内核。好比一个智能手机，外观再漂亮，没有一个优越的操作系统，那只是一块酷炫的砖头，中看不中用。山寨产品就是这样一个状况。

互联网产品因为具有互联网的性质，所以会使人和产品之间产生联结，这就更考验工业设计的水平。简单来说，联结就是一种交互，让人和产品进行交互，而这个交互的时间和频次是衡量互联网产品优劣的一个标准。影响用户对产品依赖程度的因素有很多，工业设计就是其中一个重要因素。

小米生态链的明星产品——小米空气净化器就是互联网产品设计的典型代表，如图1-8所示。小米空气净化器只有一个按键，这有点像苹果的工业设计。这一个按键可以让一个对产品毫无认知的人产生交互的兴趣，不论他是老人还是小孩。还有就是空气净化器的外观，圆角立体的设计让人看上去很舒服。再者就是空气净化器内在的操作，如果在一个空间内有多个小米生态链产品，它们之间可以相互感知，等于操作一个空气净化器可以带动所有小米生态链产品的运行。所以小米空气净化器的大卖不是一个偶然事件，它里面融入了很多的设计，当然还有很多其他的因素，但作为这个单品来说，工业设计是它不可或缺的一个重要因素。

图1-8　小米空气净化器

（二）互联网产品的设计实现

对于互联网产品的设计实现，要有一种产品创新的思维。工业设计本身就是一种生产要素的组合，一个互联网产品涉及多个组合要素，工业设计就是把这些组合要素进行整体或部分的创新。拿智能手机来说，没有哪一家智能手机厂商能做到产业链的全覆盖，就算是苹果公司也没这个能力，智能手机里面有各种各样的组件，其中肯定有来自其他企业的零件。大部分的工业设计是对其中的部分要素进行创新，可能是工艺创新，可能是技术创新，也可能是设计创新，但是总体而言都是实现产品的创新。

2019年9月22日，拼多多相关负责人表示，相比2018年9月20日发售的iPhone XS和iPhone XS Max机型来看，受平台2019年"百亿补贴"活动和"暗夜绿"等较强互动性话题影响，平台iPhone 11系列手机（图1-9）销量同比2018年增长20倍。仅比较iPhone 11 Pro、iPhone 11 Max和iPhone XS、iPhone XS Max的销量，同比2018年翻了12倍。

工业设计要精细化分解，它是一个复杂的过程，如图1-10所示。苹果公司在这一点上做得就很出色，苹果公司产品放大后的细节，会让人感觉到很震惊。苹果公司的工业设计已经精细到肉眼无法看到的地步，通过极其复杂的工业设计做出简单易用又美观的产品。乔布斯的简洁、简单不是留给自己的，他留给自己的是苛刻的复杂。

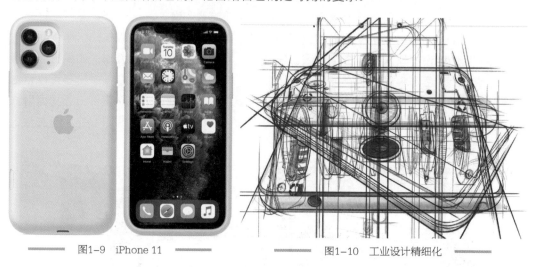

图1-9　iPhone 11　　　　　　　　　图1-10　工业设计精细化

第二节
互联网产品产生流程

本节将搭建一个互联网产品设计流程的框架，向下深入到框架各个环节的具体内容中，向上抽象升华进入到互联网产品价值观和互联网产品理念的领域，同时穿插一些与互联网产品工作相关的小话题讨论。具体的互联网产品设计流程的框架包括以下内容。

一、市场需求

（一）分析业务流程，确定市场方向

首先确定产品服务对象，以及具体服务这些对象的流程，在讲故事的过程中，描述线下业务流程，说明用户碰到的场景问题。根据这些问题，规划功能，定义产品目标。

（二）明确产品目标

优先明确产品的目标，即产品是为了解决什么问题。互联网产品迭代，大部分是因为有了新的需求，才去迭代。比如："饿了么"是为了提供外卖服务，实现商家与消费者的互联。

（三）分析产品功能

根据产品目标，逐步确立产品要具备的功能。比如，支付宝为了实现线上支付的目标，需要具备的功能有：C端用户需要把钱从银行卡转入支付宝个人账户；C端用户在线上购物时把钱转到支付宝，支付宝在C端用户确认收货的时候把钱转入B端商家；在C端用户申请退货的时候，支付宝把钱退回C端用户；B端商家需要把钱从支付宝账户提现。这些是基础功能，还有其他的一系列功能。

（四）整理产品信息

比如，美团网需要对商家进行分类，如表1-1所示。

表1-1　美团网商家分类

分类	商家
一级分类	美食，电影，酒店，休闲娱乐等
二级分类	商家列表页，包括商家图片、商家名称、商家星级、商家主营业务、商家位置、商家的优惠信息等
三级分类	商家的商品列表、套餐列表
四级分类	支付页面的支付信息，分成消费总额、优惠券/代金券/折扣券、实付金额、支付方式

二、用户需求

用户需求是一切产品设计的起源和核心。脱离了用户的产品，设计得再完美，也必然是失败的。产品流程中各个环节都是以用户为基础，用户第一！

（一）明确用户是谁

首先，对用户进行细分，区分不同的用户才能更好地服务用户，满足用户的需求。用户细分有多种方式，有基于性别、年龄、地域等人口学的划分方式，也有小白用户、中级用户、专业用户的划分方式。划分的标准和依据是用户需求是否一致。将需求一致的用户划在一起，总结他们的共同特点，是为了更进一步深挖需求，确定需求范围。

其次，对用户进行分级，可分为粉丝用户、目标用户、普通用户等。有些产品还需要明确非目标用户，确定暂时不能给什么用户服务。进行用户分级的主要目的是对需求分级。目标用户的需求是大需求，需要优先满足。粉丝用户的用户量尽管小，但他们的需求与产品定位和核心价值贴合度高，产品往往能够给用户带来惊喜，因此他们的需求也是优先级高的需求。

最后，完成用户画像，将目标用户具体化，给出姓名、年龄、职业、偏好、使用产品的场景等信息，便于团队成员统一对用户的认知，时刻将用户放在心中。

（二）明确用户的真正需求

首先，收集需求。收集的方法有很多，有直接收集，主要是听用户的描述，看用户的操作过程；也有间接收集，间接收集的需求如运营或市场部门的同事告知的用户需求，或老板直接说的需求。对于所收集的需求，产品经理要先进行一定的判断，判断哪些可能是用户真正的需求，哪些需求不是用户真正的需求，而是用户基于现有的产品自己设想的一个解决方案。

其次，过滤需求。对于需求一定要进行过滤，明确哪些需求做，哪些需求不做。过滤的标准主要是产品定位和产品原则。

最后，对需求分级。哪些需求先做？哪些需求后做？这个也非常重要。主要依据是用户分级和产品定位，产品的核心功能和目标用户的需求优先级高，非核心功能和非目标用户的需求优先级低。另外也要根据产品所处的阶段来判断，初创期、成长期和成熟期的运营和产品策略不同，也会导致优先级的变化。

三、产品概念

（一）阶段目标

将一个想法变为具体的方案，可以在纸上进行逻辑推演。

（二）产出物

用一句话表达的产品定位。

（三）评价标准

能够顺利通过"电梯测试"，在30s内解释清楚产品概念。

（四）重点工作

用户需求分析，明确产品价值，确定产品定位。

① 用户需求分析，主要是明确目标用户以及用户的问题是什么。

② 产品价值包含两个方面。

a. 产品对用户的价值：产品能解决用户什么问题？大体的解决方案是怎么样的？

b. 产品对公司的价值：用户规模有多大？购买产品的频率怎么样？市场体量有多大？预估的收益和成本如何？

③ 在用户需求分析和产品价值分析的基础上，完成产品定位，明确产品要为谁解决什么问题？怎么解决？解决的预期效果如何？能够带来什么收益？

四、可行性评估

（一）阶段目标

从市场、商业、运营、财务、政策等多维角度评估产品概念，分析利弊。

产出物：《可行性评估报告》。

（二）评价标准

能够确定做或者不做这个产品。

（三）重点工作

商业模式分析，运营方式分析，财务状况预估。

① 商业模式分析：分析市场和竞争对手状况，找到产品合适的切入点；确定产品的盈利模式和市场空间。

② 运营方式分析：产品如何推向市场？如何运营？以及对运营关键指标的预估。

③ 财务状况预估：成本预估，收入预估，风险评估。

五、产品设计

设计互联网产品界面流程，用户操作界面的流程需要和用户线下真实流程相匹配，这样可以在线上模拟线下流程，降低用户认知成本。

（一）阶段目标

设计好的产品。

（二）产出物

产品"设计图纸"，PRD（产品需求文档）、交互设计稿和产品原型等。

（三）评价标准

通过产品需求评审。

（四）重点工作

相关内容包括功能设计、流程设计、交互设计、MVP和核心人员。

① 功能设计。功能设计包括功能的过滤整理、确定功能的优先级、划定功能模块、搭建产品的功能框架等内容。

② 流程设计。流程设计包括用户场景和业务流程分析、画出详尽的流程图、形成用户流程闭环等。

③ 交互设计。交互设计要保证产品的可用性、易用性和优秀的用户体验，业界已经有许多成熟的设计规则可供参考。

④ MVP。MVP（Minimum Viable Product，最简（小）可用产品）指可以代表产品价值和产品定位的最小核心功能集的产品。互联网产品的开发都是迭代完成的，更具体地说是MVP 1.0、MVP 2.0这样的迭代，以小步快跑的方式进行，这样可以快速地响应市场和用户的需求。

⑤ 核心人员。产品设计阶段的核心人员是产品经理和设计师，有时也需要架构师的参与。产品经理进行功能和流程设计，确定产品的功能是什么，决定产品的价值。设计师进行交互、视觉和用户体验设计，确定产品的功能，决定产品的可用性。架构师会看产品的技术可行性和实现成本，给出评估意见。

六、产品开发

进行互联网界面视觉设计。在正式视觉设计之前，挑几个典型页面，设计不同的风格

稿，等评审确定视觉风格后，再进入下一步工作，避免推翻之前设计而重做的风险。

（一）阶段目标

把设计好的产品做出来。

（二）产出物

符合设计要求的产品。

（三）评价标准

通过测试。

（四）重点工作

需求管理、项目管理、敏捷开发和产品测试。

① 需求管理。产品需求有很多，开发资源又有限。哪些需求先做？哪些后做？对需求怎么跟踪进度？同步给干系人？需求变更了怎么办？这些都是进行需求管理时需要考虑的问题。

② 项目管理。项目开始之前要做哪些事情？项目进行过程中遇到问题怎么办？项目进度怎么跟踪和保证？

③ 敏捷开发。敏捷开发是互联网产品开发最通用、最普遍的一种形式。敏捷开发是将一个大的产品或项目拆分为若干小项目，使用小步快跑、快速迭代的方式，在1～2周内就完成一个小版本的产品。然后快速投放市场，观察和分析用户的反应，并根据实际用户的需求和喜好调整和完善产品。在产品需求不明朗，需要经常进行变更的情况下，敏捷开发几乎是目前唯一的选择。

④ 产品测试。产品测试主要是对功能的测试，目的是检验最后做出来的产品是否满足之前产品设计的要求，另外就是检验产品是否有明显的缺陷和错误。测试环节主要包含测试用例的设计和评审、用户管理和用户测试等相关的内容。测试是保证产品质量、维护产品良好口碑的最后一个环节，产品经理一定要对这个环节给予足够重视。

七、上线

进行互联网产品市场推广，根据市场上用户反馈的数据，实时更新产品功能，整合新的需求列表，逐一更新。

（一）阶段目标

把产品交付给用户，观察用户反应，开始下一次产品迭代。

（二）重点工作

上线流程、数据分析、复盘、产品迭代。

① 上线流程。在产品上线之前需要制定周密的计划和流程，对于上线后的各种情况要做好预案，并在心中预演几遍。上线前一定要召集团队所有成员开个站会，将上线的步骤细化并记录下来，以防出现低级错误。上线后进行密切监控，发现问题快速解决。

② 数据分析。评估产品的表现，最好使用定量的方式，用具体的数据说话。首先，在产品开发阶段就要对用户的行为和操作数据进行埋点。其次，建立产品的业务数据模型，使用模型来监控产品的表现和用户行为。最后，对产品的实际数据进行统计分析，并根据产品的数据表现确定后续产品的方向和计划。

③ 复盘。一个迭代周期完成后，要对取得的成果和得到的经验教训进行梳理和总结，并对下一步的工作提出具体的改进计划。

④ 产品迭代。对于一个产品，一次迭代的结束，就是下一次迭代的开始。对于产品的迭代，要关注迭代的内容和迭代的频次。根据用户的行为数据、当前的热点以及运营的需要确定下一次迭代的内容。产品迭代的频次主要取决于用户和市场的需求、竞争对手的具体情况，另外在产品生命周期的不同阶段采用不同的迭代频次。

八、设计评价

进行互联网产品优化测试，给指定人员分配账号、密码，实际模拟用户操作，找出设计问题点并及时改正，继续测试。

① 用户需求：找到目标用户真正的需求，产品就成功了一半。

② 产品概念：产品定位的一句话，字字千金，请慎重再慎重。

③ 可行性评估：决定要不要做。

④ 产品设计：产品经理的看家本领。

⑤ 产品开发：产品经理和程序员"打架"的环节。

⑥ 上线：敬畏用户、敬畏线上系统。

| 第三节 |
互联网产品竞品分析方法

"知彼知己，百战不殆；不知彼而知己，一胜一负；不知彼，不知己，每战必殆。"（《孙子·谋攻篇》）随着移动互联网的日益崛起，互联网的更新速度越来越快，可以用瞬息万变来形容。这就要求互联网产品经理对市场、趋势、竞品有着极高的敏锐度，做好竞品的分析工作也是产品经理必备的技能之一。本节从竞品的定义、竞品分析的步骤、如何对获取的竞品数据进行分析，以及如何撰写一份优质的竞品分析报告这几个维度探讨产品经理如何做好竞品分析的工作。

一、竞品的分级

根据竞争关系不同，竞品可分为直接竞品、间接竞品、异业竞品。

（一）直接竞品

直接竞品包括市场目标方向一致、客户群体针对性极强、产品功能和用户需求相似度极高的产品。例如美团外卖与饿了么，淘宝与京东。简言之，直接竞品就是指能为同样的用户提供同样的功能或服务。

（二）间接竞品

间接竞品是指在功能需求方面互补的产品，它们的用户群高度重合，目前不构成直接的利益竞争，但可成为潜在的竞争者。例如QQ游戏中的衣服与QQ秀。

（三）异业竞品

没有直接的用户重合，暂时不存在利益竞争，但在技术、产品概念、盈利模式上具备行业前瞻性的一些产品/团队，或许会杀出来。

二、明确竞品分析的背景和目的

做竞品分析时一定是带着一定的问题对竞品进行分析，比如对某一功能点举棋不定时，可以参考不同App的同一类功能，或者看一下市场整体发展趋势，总之在做竞品分析的时候一定要关注问题和任务，不要为了做竞品分析而做。

一般来讲，做竞品分析的常见目的有：了解市场发展行情，了解和竞品的差距，确认新的产品切入点，提升和改进产品，更好地占领市场。其他一些目的有：决定功能特性取舍，商业模式拓展评估，改进产品体验设计。

三、确定竞争对手

确定真正的竞争对手需要区分导入期、成长期、成熟期和衰退期。产品对应品类的不同时期，竞争对手会有所差别，对应的运营策略也有所不同。对于一个生产豆浆机的厂家来说，如果豆浆机市场刚刚出现，在市场导入期，这个时候主要竞争对手应该是手磨豆浆方式，而不是市场上的同类豆浆机产品。在成熟期，市场上的同品类产品才是主要竞争对手，比如九阳豆浆机。针对不同时期的竞争对手，竞争策略和运营模式需要进行相应的调整。

很多时候，明了竞争对手是谁，提供哪些服务，在竞品策略中是很重要的问题。比如电商类的企业，会经常关注淘宝、京东、当当等国内主流电商平台的新动态。但是有一些小众的产品，并不容易找到自己的竞争对手，这时候就需要团队成员的共同协作了。一般来讲，找到竞品的方式有依靠从业人员对市场的了解、对行业的认知深度，利用身边的一些资源以及团队成员进行头脑风暴。

（一）竞争对手

当寻找到竞争对手的时候，需要了解哪些数据呢？有些读者可能会脱口而出："当然是看竞品的产品体验了！"其实并不是这样，产品体验只是做竞品分析的一部分工作而已，还有很多竞品的信息需要掌握，比如：

① 公司技术、市场、产品、运营团队规模及核心目标和行业品牌影响力；

② 季度、年度盈利数值，各条产品线资金重点投入信息；占据公司主盈利的产品线；

③ 用户群体覆盖面、市场占有率、运营盈利模式；固定周期的总注册用户量/装机量/有效转化率；

④ 产品功能细分及对比；稳定性、易用性，用户体验交互，视觉设计实例，技术实现框架优劣势；

⑤ 产品平台及官方的排名和关键字/外链数。

（二）竞品分析

对于竞争对手，以上这些都是在做竞品分析的时候需要得到并了解的信息，这些信息的获取途径主要包括：

① 从市场、运营部门、战略部门、管理层等收集数据。

② 行业媒体平台新闻及QQ群，搜索引擎，专利网站。

③ 建立持续的产品市场信息收集小组。

④ 调查核心用户、活跃用户、普通用户不同需求，弥补和间接代替的产品。

⑤ 竞争对手官方网站、交流互动平台、动态新闻、产品历史更新版本、促销活动。

⑥ 公司的季度/年度财报。

⑦ 人才网站上同行业人才的简历信息、微博/联系方式、官方网站招聘信息。

⑧ 通过谷歌找到国外同行业的官方网站及行业信息订阅（市场直接竞争概率不大，但盈利模式和功能定义用户群体具备一定的前瞻性和市场趋势导向性）。

⑨ 试用对方产品、客服咨询、技术问答等。

四、线上与线下分析

（一）线上

在进行线上舆情分析时，要注意两点：一是注意负面信息，二是注意在负面信息出现时竞品的应对情况，如是否有专业团队操作，这在竞争当中也是很重要的一个方面。在进行广告渠道分析时，要确认在哪些平台做了广告，特别要注意研究广告投放的持续性，这样可以很直观地甄别广告渠道的好坏，对自身产品投放也是一个借鉴。线上广告渠道如表1-2所示。

表1-2　线上广告渠道

广告渠道	分析内容
竞品官网	官网发布的公司动态以及招聘岗位等
新媒体端	比如微信、今日头条等新媒体发布的内容及方向，粉丝数量
百度搜索	以竞品公司的高管、公司名称、品牌、产品名称等在搜索引擎检索相关信息
百度指数	以公司名称、品牌等为主，确定搜索热度，可反映公司或品牌在全网的某种地位，或识别用户人群是否稳定及与本公司相关的对比
小米手机与华为手机	搜索指数对比

（二）线下

线下广告渠道，如表1-3所示。

表1-3 线下广告渠道

广告渠道	分析内容
行业大会	通过专家讲座、专题研讨等方式，洞察行业最前沿的一手行业信息
沙龙	通过座谈、专业介绍的方式，在权威的同行处得到一手信息
竞品组织会议	以竞品公司的高管及相关人士为主体，组织相关会议等收集特定的信息
经销商	在经销商组织的活动现场获取相关信息
宣传品	通过阅读宣传品，获取相应的互联网产品信息

五、互联网产品设计分析

（一）产品定位分析

用户定位：用户是谁？需求是什么？
市场定位：市场划分？所处的位置？

（二）产品设计分析

① 产品形态：将设计思路总结成逻辑和信息架构，产品经理对该产品从需求理解逻辑设计的全过程复盘，把自己当成设计者，可以用Visio画个流程图。不同产品形态对应的分析内容如表1-4所示。

表1-4 产品形态与分析内容

产品形态	分析内容
硬件软件	是否有软硬结合的
终端类型	是Phone/PC/Mac还是其他设备
技术类型	是原生App/WebApp还是微信公众号

② 产品功能分析常用方法，如表1-5所示。

表1-5 产品功能分析方法

方法	具体操作
比较研究法	设定目标，将同类功能模块或外观细节编组作表，根据比较结果做进一步分析
Yes/No法	适用于功能层面，将功能点全盘罗列出，有就"Yes"，无就"No"
评分法	在调研工作中用到，做问卷调查，对某些功能进行打分（一般1～5分）

交互设计评估：
a. 状态可感知；b. 贴近用户认知；c. 操作可控；d. 一致性；e. 防错；f. 再认好过记忆；g. 灵活高效；h. 易扫；i. 容错；j. 人性化帮助视觉设计评估。
③ 视觉设计的3F及其具体含义，如表1-6所示。

表1-6   3F视觉设计

3F	具体含义
Form（形式）	审美层，好不好看，视觉上是否吸引，颜色是否和谐，字体是否搭配
Feeling（感觉）	是否传递了意图信息，传递的信息是否统一，是否能引起用户的情感共鸣
Function（功能）	是否满足设计目的，是否易于理解，是否可使用

④ 核心策略。进行具体确定商业模式的分析，即分析怎么赚钱及如何提高赚钱效率，如表1-7所示。

表1-7   产品策略作用分析

角色	产品策略作用
投资人	不缺钱
广告	流量变现
ToB	开放API/数据变现
电商	售卖服务，产品（实体虚拟）
ToC	增值服务

⑤ 运营策略分析。通过分析公司战略、版本迭代、战略升级、运营模式及重点案例，进一步分析产品版本迭代侧重点及新的功能点来确定互联网运营策略，如表1-8所示。

表1-8   运营策略分析

运营策略	内容分析
运营模式	分别分析对内容/用户/活动/数据等方面的运营点
渠道资源	渠道资源如何，渠道效率如何
营销策略	哪些策略和方式，应用效果如何
重要活动	活动案例，效果评估

六、竞品数据分析

如何获取数据？

① 需要获取哪些数据？

产品流量—用户数据—盈利数据—市场占有。

② 在哪儿获取数据？

还有一些其他的常用网站资源可用于挖掘互联网产品信息，例如36氪、IT桔子、创业邦等，如表1-9所示。

表1-9   渠道挖掘

渠道	挖掘内容
官方发布	PR稿，财务报表，辩证地看
调研反馈	第三方数据监测调研得出
挖掘推算	产品表现，暗藏玄机

七、报告撰写

撰写报告时一定要有结论，数据分析的最终目标不是数据，而是数据背后隐藏的结论和方向，如表1-10所示。

表1-10　分析报告

分析报告给谁看	竞品分析的成果——竞品分析报告
企业老板	竞品在业内的地位、行业方向如何、产品发展方向、竞争优势与劣势
集团领导	产品运营接地气、按目的分析、想得到什么
产品/研发/设计/运营等部门	分析报告为谁而做
行业专业人士	要着重分析哪些内容
公司市场部、运营部	报告需要为谁带来具有什么样的价值的结论和建议

| 第四节 |
互联网产品的用户研究方法

互联网产品的用户研究是通过定义产品的目标用户群、明确产品概念，并且对用户进行任务操作特性、知觉特征、认知心理特征的研究，使用户的实际需求成为产品设计的导向，从而让产品更符合用户的习惯、经验和期待。互联网产品的用户研究工作就是通过问用户问题，研究"用户怎么想"和"产品怎么样"。

一、互联网产品的用户研究

在做产品的时候，用户数据主要有两个来源渠道。一是产品本身的数据抓取，例如产品团队通过后台看数据，知道每天有多少人用自己的App，某个新功能上线后有没有用户使用，甚至部分产品在用户允许的情况下分析用户的地理位置、性别和历史使用习惯，这些都是为了改进产品而收集的。但是这些数据背后的解读也是很复杂的，例如产品团队可以通过数据知道只有1%的用户使用了新上线的某功能，但是只从数据上看不出为什么。所以在这里就需要第二种渠道"互联网产品的用户研究"，用户研究是从一手的用户数据上判断产品是否符合用户需求，对后台数据做一个补充。

互联网产品的用户研究是贯穿产品开发始终的。在产品初期的概念阶段，要深入了解用户的需求，这是非常关键的基础，常用的方法有日志研究、背景分析、竞品分析、深度访问、问卷等。在产品设计阶段依然离不开用户研究。通过交互原型等低成本的展现方式，通过可用性测试、眼动实验、行为实验等方式验证产品的设计。如果这些问题在上线后才被发现，改进成本就很高了。产品的第一版开发成功后，一般不立刻对外发布，而是做测试。软件工程师会进行稳定性的测试，例如测速度、测死机、测崩溃。而用户研究工程师就要做可用性测试和专家评估。这样在发布上市前就可以避免出严重的错误，影响口碑。

最后就是产品发布阶段，这是一个阶段的结束，也标志着下一个阶段的开始。因为产品还是需要更新迭代的，只要有用户在使用，产品可能就永远不会停止迭代。这一阶段常用的方法有可用性测试、专家评估、焦点小组、问卷、满意度调研等。

二、宏观方法

（一）定量（统计）研究方法

定量研究方法通常用于在项目开始时制定正确的方向，并使用数字或指标评估最终的绩效；涉及收集大量用户数据以了解当前正在发生的事情；主要涉及"在付款过程中人们在哪里放弃"，或"哪些产品最受某些用户群欢迎"和"哪些内容最具/最不具吸引力"等重要的问题。

其调研的共同目标包括：

① 比较两个或更多产品的设计；

② 获得基准来比较未来的设计；

③ 通过一些设计变更计算预期成本节省。

（二）定性（观察）研究方法

定性研究方法也用于在项目开始时制定正确的方向，并在整个构思过程中为设计决策提供信息。涉及直接观察小用户群体，以了解态度、行为和动机。从调研结果中可以了解为什么会发生问题，以及如何解决问题。运用定性方法，通过询问"为什么"，可以看到更好的超越当前最佳界限的机会。

其调研的共同目标包括：

① 揭示思想和观点的趋势；

② 更深入地了解问题；

③ 为定量研究提供假设。

三、核心方法

以上是核心方法的背景知识。接下来开始深入研究方法本身。

值得注意的是：由于每个项目都不同，因此没有快速的方法来严格说明哪种方法最适合什么。但是，对每种方法都列出了利弊。

（一）用户访谈

用户访谈看上去像是和用户聊天，收集反馈信息，可以挖掘用户的主观态度和思想，但缺点是样本量少，对主持人要求也很高。邀请用户来回答产品的相关问题，记录并作出后续分析。用户访谈有三种形式：结构式访谈、半结构式访谈、开放式访谈。设置用户访谈时要注意：用户不可以是互联网行业的专业人员，不可以提出诱导性问题，尽量避免使用专业术语。用户访谈适合产品开发的全部过程。访谈允许用户提出问题，以助于从参与者的角度看问题。它们通常被记录下来，然后进行分析，以找出用户的看法、态度和驱动因素，同时发

现新的考虑因素以帮助构思。访谈长度、风格和结构可能会有所不同，具体取决于要实现的目标，以及参与者的访问权限和可用性。以下是一些不同类型的访谈。

① 一对一访谈。该访谈通常在实验室或咖啡店进行，但几乎可以在任何地方进行一些准备。面对面访谈比通过电话或视频远程访谈更受欢迎，因为访谈对象通过肢体语言提供额外的信息。会议是根据讨论指南进行的，这有助于发现围绕目标的新知识，而不偏离轨道。

② 焦点小组。焦点小组方法采取讨论和演练的形式，是评估人们对产品或服务的期望以及他们对事物的看法的好方法。由于缺乏关注度且具有集体思维偏见的可能性，因此不推荐将它们用于评估界面可用性。焦点小组方法看上去很像用户的头脑风暴，需要一个主持人基于特定的问题引导用户讨论并收集反馈。优点是高效定性地收集用户反馈，但对主持人的主持能力和数据分析能力要求较高。本方法常用于产品需求探索和产品发布后的迭代。

焦点小组一般由6~12人组成，由一名专业人士主持，依照访谈提纲引导小组成员各抒己见，并记录分析。并且在焦点小组的房间里会有一扇单向玻璃窗，用户是看不到里面有谁的。而在里面坐着的通常是开发团队，他们可以清晰地看到用户是如何吐槽他们的产品的，但是他们没有权力直接向用户解释。焦点小组需要特殊的房间和设备，主持人也需要训练有素，焦点小组特别能够分析出用户在没有设计师说明的情况下如何使用设计师的产品和解决用户对产品的不满。

③ 情境调查访谈。情境调查访谈是访谈方法的"圣杯"，是在参与者的日常生活环境中进行。研究人员可以观察参与者，并在活动进行时讨论他们做了什么，以及为什么这么做。与其他访谈方法不同，研究人员通常会在最后将结果汇总给参与者，让他们有机会进行最后的更正和说明。该方法用于从实际情况中生成高度相关且可靠的见解，但这可能非常耗时。

④ 专家评估或启发式评估。专家评估或启发式评估就是让专家帮忙把把关，优点是效率与质量都是最高，缺点是专家一般都比较悲观，有可能抑制创新。

（二）实地研究法

实地研究包括观察人们在日常工作或生活环境中（而不是在实验室中）与产品、服务的互动，以更好地了解用户的行为和背景动机。这些研究通常需要比其他大多数方法更长的时间，产生了大量的实地记录供以后分析。

（三）民族志研究法

涉及研究人员积极参与群体环境，成为自己的主体。这种方法在研究与自己的文化或社会不同的目标受众时特别有用，它可以揭示许多未知因素和重要考虑因素。

（四）直接观察

涉及从远处被动地观察，允许研究人员发现用户旅程和流程中的问题和变通方法，并且还允许未来的改进。

（五）用户日志

它有时也被称为"穷人的实地研究"。它记录了用户在一段时期内特定时间生成的数据，所提供的实时洞察对于理解诸如习惯、工作流程、态度、动机或行为变化等长期行为非常有用。

（六）调查和调查问卷

调查是一种快速、经济、高效且相对简单的方法，可以为现有、失效或潜在的用户提供数据分析。它们可用于各种目的，例如：获得有关新功能的定量反馈，或来自目标受众的态度和想法趋势。

与访谈指南一样，编写调查问卷有一定的艺术性，可以收集满足研究目标所需的适量和有针对性的数据。调查应该简短以避免难以理解，防止误解、偏见或混淆问题。还需要对参与者进行筛选，以确保研究由适当的受众完成。

可以通过各种方式部署调查，以收集参与者的数据。

问卷法简单说就是设计问卷，让用户填写。生活中可能经常遇到这种调研，优点是以低成本找到海量用户。但设计问卷问题难度较高，稍有偏差就会导致最终数据错误。例如，收集目标用户月收入信息时，选项有：A.五千以下，B.五千至一万，C.一万至三万，D.三万以上。看出问题了吗？问卷忽略了部分用户不想透露收入这一情况，导致这批用户会胡乱选一个，数据也就有偏差了。

调查问卷可分为纸质调查问卷、网络调查问卷。依据产品列出需要了解的问题，制成文档让用户回答。问卷调查是一种成本比较低的用户调查方法，适合产品策划初期对目标人群的投放。另外注意一个问题：最好收集10倍于问题量的问卷，也就是说如果有10个问题，那么至少要收集100份问卷才是有效的。要知道不是所有人都愿意耐心地填写问卷，一些敷衍了事的回答会扰乱对问卷结果的判断。

（七）电子邮件调查法

使用Survey Monkey，Google Forms和Typeform等在线工具可以非常快速地将电子邮件调查整合在一起。前提是研究人员已经有一个电子邮件列表来招募参与者，这往往会产生更高的回复率，因为他们可能会被产品或服务所吸引。电子邮件调查法增加了允许研究人员更好地监控和控制他们的样本量，并具有允许参与者在方便时做出响应的好处。

（八）拦截调查和弹出窗口调查法

拦截调查和弹出窗口调查法是与现有和潜在用户联系的好方法，特别是在没有客户数据时。这是在产品体验的背景下获得快速见解的有用方法，例如：进行客户满意度调查。在缺点方面，这种方法可能会提供较低的完成率，并可能导致负面的整体体验，因为它中断了用户正在进行的任务。

（九）面对面的调查法

面对面的调查法不太可能提供足够有用的结果。面对面调查可以用于改进其他研究。例如：可以将简短调查与可用性研究结合起来，以衡量任务完成的难易程度。在密切监控时，这些调查容易产生偏差，因为参与者可能不希望冒犯协调人。

（十）网站分析、数据分析和热力图调查法

分析是一种非常强大且通常很便宜的研究工具。它们是了解人们如何实际使用设计师的产品或服务以及进行基准测试和衡量改进的良好起点。

① 网站分析。网站分析以Google Analytics（GA）等免费工具的形式，可让设计师跟踪访问自己网站的访问者数量，以及他们来自何处、他们到达时的行为、停留时间、完成某些行为的数量等。研究人员可以观察常见的行为模式，并调整GA以跟踪特定业务或项目的目标和事件，例如：表单的完成率。如果尚未设置GA，则可以从类似网站等免费在线工具收集转介等基本客户见解。

② 数据分析。数据分析就是在后台看数据，优点是样本量很大，而且是真实数据，缺点是看不到真人，所以不知道为什么。根据市场提供的反馈和数据得出客观的判断和合理的推测。用户反馈也是用户研究的一个重点，用户反馈主要是用户通过产品的反馈入口主动向开发者提出的意见。

③ 热力图。热力图是UX分析工具包的最新成员。设置完成后，它们会提供页面行为数据的彩色图形表示。诸如Hotjar和Crazy Egg之类的付费工具还提供其他功能，例如：会话重播，可以设置为在特定旅程中匿名记录短会话。从用户的角度来看：例如结账流程。总的来说，这些工具可以帮助设计师更全面地了解正在发生的事情。

（十一）卡片分类和树型测试

① 卡片分类。卡片分类法简单解释就是用卡片对用户进行分类。优点是低成本收集用户对信息框架的分类和概念理解，例如交互设计中的框架设计，初期设计师可以看看用户如何分类。但此方法的缺点是样本量少，要和其他方法结合。

卡片分类是一种研究技术，通常用于将项目分组来评估网站或应用程序的信息架构。这是深入了解用户期望如何组织和标记内容的一种很好的方式，有助于定义导航和过滤器集。可以远程进行，或者亲自进行，通过探究问题获得更多见解。在计划研究时，研究人员需要在开放式或封闭式之间做出决定。开放式卡片分类是指参与者都获得相同的卡片，但被组织成他们自己的类别并被标记，然后可以分析结果以寻找常见的模式和考虑因素。例如：在关于音乐的卡片类别中，一个用户可以按类型对艺术家进行排序，而另一个用户按时间长度进行排序。在封闭的排序中，研究人员为参与者提供了一个项目列表和固定类别，供他们对卡片进行排序。封闭式排序通常遵循开放式排序来验证建议的类别。

② 树型测试。树型测试是封闭排序的替代方案，由于导航界面的视觉相似性，因此有利于验证菜单。这有助于确保人们可以使用设计师建议的类别轻松找到内容。

（十二）可用性测试

可用性测试或用户测试是最常见的用户研究类型之一，提供了关于现有或计划中的产品在为真实用户完成重要任务时的表现的宝贵信息。在尝试实现主持人提供的一系列任务时观察参与者。会议通常在受控的"实验室"环境中进行，观察者记录，供以后分析。测试报告包括现场照片、记录和录像。这使得该方法在说服利益相关方允许产品改进、进一步研究或产品发布方面非常有效。缺点是环境是人为的，并且在测试只完成了一部分的原型时结果可能是不可靠的。

可用性测试简单来说就是设置一些任务看用户是否能完成。优点是可以细致地观察用户，可以问原因；缺点是用户在受控环境下的表现和真实有差距，样本少。尽管可用性测试主要被认为是一种定性研究方法，但可以通过测量任务的成功率和完成任务所需的时间来进行定量分析。这就需要更大的样本量（不少于20位用户）和更严格的脚本。在测试产品时，可用性不是唯一要考虑的因素。已经开发了其他测试来满足其他需求，例如：印象或概念测试，其评估行为和意见。这对于衡量品牌和内容对观众的审美吸引力和影响非常有用。

通常首选现场可用性测试，允许主持人观察肢体语言并知道何时提出问题。但是，当时间表、预算和距离不允许时，可以使用软件来筛选和执行相同的任务集来实现远程测试。通过筛选让不同用户群对产品进行操作，同时观察人员在旁边观察并记录，可用性测试的要求是用户不可以是互联网从业者而应该是真实产品的用户群体。但是可用性测试中一般要有一个可用的软件版本或者原型供用户测试才可以，在软件开发的前期不适合用这个方法。

未经调整的在线测试涉及参与者使用usertesting.com等在线工具单独进行测试。尽管通常不鼓励，但在测试小元素或微小变化时，此方法非常有用。大多数工具都允许跟进问题，但这些问题必须预先定义，并且没有实时支持或解释的能力。需要考虑样本容量，用户测试非常适合发现可用性问题，即使在早期的纸质原型级别，也可以向两个或三个用户展示设计师的草图。随着设计的进展，高保真、可点击的原型应该在一系列设备上对5~8个用户进行测试。

① AB测试。AB测试或多变量测试也很受欢迎，用于测量用户从UI模式和标题到按钮颜色和图像之间的任何偏好。AB测试就是两个方案比一比，线上推广成本比较低，但准备成本比较高，它只能选出相对好，而不是绝对好的方案。

② 眼动试验。眼动试验就是用眼动仪记录用户行为，是研究用户PC网页浏览最好的方法，但遗憾的是这种方法在手机时代没有用了，因为屏幕太小，用户的视觉焦点全在一个区域聚集了。这种方法使用特殊的设备——眼动仪来追踪用户使用产品时眼睛聚焦在哪里，盲区是哪里。比如一个网站通过眼动测试可以知道用户的视觉会自动屏蔽网站的常见广告位置，这时如果希望提高广告的点击率，就需要把广告放置于用户聚焦时间较长的位置。眼动测试的设备比较专业，通常在小公司较难开展。

③ 用户画像。根据产品的调性和用户群体，用户研究团队可以设计出一个用户的模型，这种研究方式被称为用户画像。用户画像是由带有特征的标签组成的，通过这个标签设计师可以更好地理解谁在使用设计师的产品。用户画像建立后，每个功能可以完成自己的用户故事：用户在什么场景下需要这个功能。这样，设计师所设计的功能就会更接近用户实际的需要。用户画像这个方式在1996年之前非常流行，但现在已经很少用了。因为它有"数据黑核"，无法用数据客观验证。目标用户画像的性格、收入、背景以及生活习惯容易受到作者主观意志的删减，经常会想象出很多用户的伪需求。

总之，在开始任何互联网产品设计项目之前，请留出一些时间来预估哪些方法、技术和工具最有可能获得最佳结果，并将研究保持在可用的时间表、预算和资源范围内。

这一切都是为了找到适当的平衡，这是经验所带来的。例如：如果是新产品或完全重新设计，请尝试在开发后期的早期发现阶段和评估阶段中留出一些时间和预算用于定量和定性方法。有时限制是无法克服的。研究是一个耗时且复杂的过程，往往充满了相互矛盾的观点。如果研究人员第一次的研究不完美的话，不要为难自己。将这些知识用于下一个研究项目计划。无论自己听到什么，没有什么是一成不变的；方法和技术可以组合和改变，以适应

解决的项目和问题为准。

当今时代，互联网行业对 UI设计师的要求已经越来越高，如果还只有单一技能，往往很难体现自身的价值。关于UI设计师具体的工作落脚点是什么，更偏重什么，国内很多公司也是一直处在摸索的阶段，很多时候往往是道理说出来容易做起来难。本章主要阐述了什么是互联网产品设计、互联网产品产生流程、互联网产品竞品分析方法、互联网产品的用户研究方法等知识内容，为UI设计师指明了互联网产品设计的思路。比如说产品设计时要具备产品、用途、设计、动效、开发等多维度能力，掌握全面的设计知识，做一个全能型的互联网产品设计师。

互联网产品设计师对标国外的公司时，设计师对应的工作内容会对设计师提出更高的要求，需要掌握的各领域知识越来越多，也逐渐成为设计师提升自己的新标准。设计师的岗位模型进行了较大的改版，种类繁杂的设计师由之前的 UI设计师、交互设计师、视觉设计师等全部统一成了体验设计师和创意设计师两类。另外所有的设计部门也逐步由 UED、UXD全部改为设计中心或者设计团队，可能也是为了顺应越来越国际化的发展趋势。

第二章

感知移动设计

随着移动互联网的快速发展，相关应用领域也越来越受到人们的关注。人们的生活节奏不断加快，需要更多实用的知识来应对学习和工作上遇到的问题，传统的学习方式已经不能很好地满足人们的需求，移动学习方式逐渐在人们的日常学习中占据了重要的地位。随着移动技术和智能终端设备的不断成熟，人们也开始更多地使用智能终端进行学习活动，并逐渐依赖上了移动学习服务。二维码技术在存储大容量信息，对中文、图像、声音信息的支持和快速提取与情境相关的信息方面具有得天独厚的优势，而且纠错能力出众。一维码（即条形码）只能对物品进行简单的标记，二维码则可以携带更多关于物品的信息。作为自动采集信息数据的重要手段之一，二维码技术将得到快速发展和应用，感知移动设计也就成为一门十分专业的课题而被设计师们研究和探索。

【本章引言】

通过移动终端提供与消费者相关的广告内容来促进产品销售是广告主理想的广告投放方式之一。为达到这个目标，广告主需要了解消费者的购买偏好和当前的购买情境，来设计或制定符合目标群体特点的移动终端广告。智能移动设备的发展为广告传播提供了一种新的渠道，同时也提供了收集和了解消费者购买偏好和消费行为的新手段。在这个背景下，通过移动设备获取消费者购买偏好及消费行为，并根据不同的情境来投放适当的广告，恰恰也符合情境感知服务所要达到的目标，即能利用用户的情境信息给用户提供适合当时人物、时间、位置、活动的信息或服务。

为了使移动广告能达到情境感知服务所要达到的效果，并能构建合理的移动广告系统，应首先利用资料调研及用户研究方法了解日常生活中的消费者对移动广告的态度及移动广告的特点。移动广告既能让用户接受又要达到传播效果需要满足四个条件：①内容一定要与消费者相关；②可以更好地融入购物过程；③可以为消费者带来既得利益；④一定是安全的、保护消费者隐私的。其次，构建情境感知移动广告系统的架构及功能。最后，为增强移

动广告交互性，设计情境感知移动广告的优惠交互概念和原型界面，并对概念和原型设计进行基于用户的确认及验证。利用情境感知服务概念为主要指导原则，将以用户为中心的理念应用到整个研究过程中，利用用户研究方法，对移动广告特点进行了解，提出移动广告的设计原则，建立情境感知的移动广告系统体系架构，并设计和验证基于优惠的感知移动设计的方法与原则。

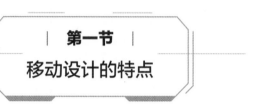

第一节

移动设计的特点

一、移动互联网背景下视觉传达设计特点

（一）遵循用户体验需求

移动互联网时代是一个信息爆炸的时代，也是一个信息快餐化的时代。如果视觉传达设计的效果让用户的体验较差，那么这个产品很快就会被市场所淘汰。设计师可能每天都会听到用户反映某个移动端的应用体验感非常差，比如说界面设计色彩搭配不合理、页面布局不合理、无法在第一时间获得所需要的信息等，还有一些应用只是单纯地堆叠功能，而忽略了功能使用的流畅度，那么这个应用将很快在移动终端中消失。本质上就是在进行视觉传达设计的时候没有将重要的信息准确而直接地传递给用户，在移动互联网时代要避免这种问题就必须要满足用户的体验需求。视觉传达设计作品要提升用户的体验满意度，不仅涉及视觉传达设计这一学科，更多地也涉及诸如心理学、逻辑学等其他学科。要做到这一点就要求设计者在生活中做出详细的调查研究，要搜集大量的数据作为总结用户体验需求的支撑。

（二）高自由度和个性化设计

未来的终端用户界面的发展，需要迎合用户越来越多的个性化需求。在过去的界面中，只能对图标的位置进行摆放。而在新一代的系统中，要求能够对图标进行自定义的设计，如自定义大小、色彩、位置、传达的信息内容等。要求用户对于符号、图形、文字的操作设置有很高的自由度，要求任何文字、符号、图片都可以点击、反馈信息，充分满足个性化的需求。个性化设计也是一把双刃剑，好的个性化设计可以迅速形成对用户的吸引力，反之则可能迅速失去用户，所以在进行设计之前也要对用户的个性化需求进行充分调研。

（三）高效率和及时性的设计流程

俗话说"慢工出细活"，但是在移动互联网的背景下，如果花费时间较多，那么很有可能会被市场所淘汰。这就要求视觉传达设计者要迅速响应用户需求，然后迅速总结出设计方案，最后生成设计产品。从传统层面来讲，视觉传达设计属于艺术设计的一种。但是在移动互联网时代，设计必须要做到工业化和流程化以便迅速响应市场需求。要做到这一点，就需要按照产品设计的思路总结出一整套设计流程。

二、移动互联网产品设计特点

（一）使用场景的区别

用户访问Web页面的时候，大多是固定在一个地方，并坐在电脑前进行操作的；而对于移动设备，用户可能是在地铁中、公交中、电梯中，甚至是走路时使用，在这种多变的使用环境下，开发者就要考虑用户的不同处境。

（二）终端展示的区别

Web页面展示区域比移动页面展示区域要大得多，这也就决定了两者页面布局的侧重点不同。Web页面除了放置核心任务需求外，还可以添加很多非核心任务需求页面，而移动页面则力求在极小的页面中展示用户最核心的任务需求，而这一切都是两者终端展示大小的不同所造成的。

（三）使用时间的区别

移动设备（主要指智能手机和平板电脑）的便携性决定了它的使用特点——使用时间碎片化。用户使用移动产品的时间不是连成片的，而是一段一段的，有的时候中断后再回来，有的时候中断后就不会回来了。而在使用电脑时，用户起码都有几十分钟的完整性操作时间，除了中途因为工作和与同事进行沟通而中断。

（四）任务数量的区别

当用户在用电脑浏览Web页面查资料时可能会打开文档边看边整理，或许还有可能再开着QQ和朋友聊天，这都得益于电脑的大屏幕和系统机制。但对于小屏幕的移动设备来说，用户在同一时期只可能使用一个应用，完成一个流程，然后结束，再去开启另一个应用和另一个流程，所以大部分移动产品在设计时往往讲求遵循的是单一的任务流程。

三、移动设备界面设计特点

对于设计而言，适合的才是最好的。所以，在考虑产品的设计和开发时需要明白，在此之前需要做到了解用户，才是产品在后期进行分析用户的痛点、功能的确定延展以及视觉设计风格确定的根本。那么，就产品而言，需要确定的是用户本身的生活以及工作习惯，包括痛点和需求以及当前用户人群的特点，并且还需要确定当前用户在使用这款产品的时候所处的环境差异，及在什么环境中使用这款产品的概率较大。

（一）图片文字推送

这也是设计师在设计产品之前需要考虑的问题，例如：是室内环境占主导还是室外环境占主导？网络运行环境是稳定的WiFi环境，还是户外、公共场合使用流量的情况居多？一般在这种情况当中，用户在使用产品时的网络环境是不够稳定的，所以这就会影响到产品应该

是以图片文字推送为主，还是以视频为主。

（二）用户信息输入

用户在进行信息输入时是保持传统的文字输入为主？还是需要加入语音输入来减小用户对于产品的操作成本？产品背景色是深色还是浅色为主？是否需要调取极速模式来应对一些特殊的网络环境？等。产品会被这些因素所影响，所以在设计和规划一款产品之前，需要考虑的方面是很多的，包括用户，也包括使用环境方面。其中一个重要的因素，就是产品所存在的终端以及硬件。用户在进行信息输入时的手势如图2-1所示。

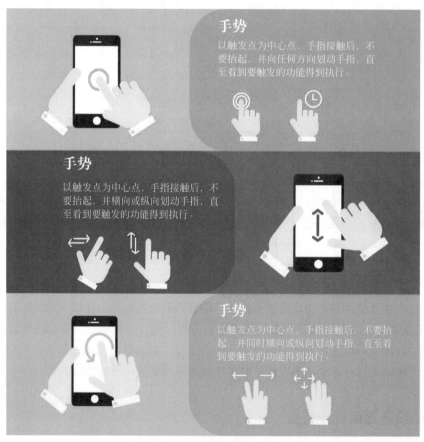

图2-1　用户在进行信息输入时的手势

（三）交互方式

对于产品而言，它所存在的终端不同，用户在操作产品时的交互方式也会有很大的区别，对于移动互联这个时代来说，人们使用的终端是以智能手机为主，当用户在进行人机交互时，其实更多是通过手指和屏幕的操作来进行的。其中，手势操作是最为常见的，也是最普遍的，如图2-2所示。

随着智能手机为第三方应用（Application）提供的功能接口越来越丰富，传统的交互方式也在发生着不断的变化和更新。除了传统的手指点击之外，现有的交互方式中也加入了语音、眼动、指纹、动作捕捉等新的人机交互方式，以便减少用户在交互时的操作成本，提高操作效率。

例如，苹果在推出iPhone 6s以及iPhone 6s Plus时，对于屏幕加入了新的手指点击模式3D touch技术。3D touch技术是一种基于手指点击力度的不同而识别的立体触控技术，运行于iOS系统当中。相比于多点触控的二维平面空间，3D touch增加了对屏幕纵深的利用，用户只需通过手指重按屏幕便可收到产品给的新信息推送，如图2-3所示。

3D touch最初是作为Force Touch运用于iWatch的屏幕中，以便对于小屏幕进行多维度的重复利用。但是，3D touch的操作要比作用于iWatch上的Force Touch更加灵敏，并且可调取相关的功能操作进行情景化菜单的呼唤，所以iPhone的3D touch的操作体验要优于Force Touch，如图2-4所示。

3D touch的出现是为了在操作中更好地连接列表页面与详情页面，在列表页面也可以快速预览详情内容并进行一些重要操作。不需进入详情页面，就可以更好地提高用户操作产品时的效率，节省操作的时间成本。同时也缓解了手机屏幕所特有的"页面刷新"所带来的不便。

手机操作手势

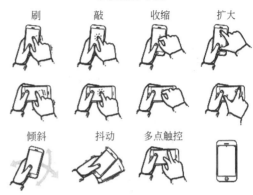

图2-2　手势操作

图2-3　3D touch在iOS中的应用

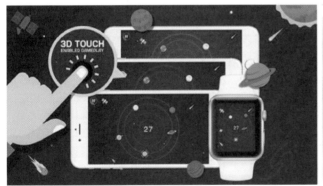

图2-4　3D touch在iWatch中的应用

（四）动作捕捉

除了3D touch的植入之外，动作捕捉也成为了人机交互方式中最为重要的一个组成，人们所熟知的微信"摇一摇"找好友就是一个非常典型的案例。但是后来运动记步类App的流行将动作捕捉推向了一个高潮：只需携带手机甚至佩戴智能手表或者手环，就可以统计用户今天

完成的步数。UI团队进行运动类App的视觉设计样稿制作时，在有视觉设计工作者参与的情况下，其设计对象主要包括手机端、手表终端的页面及服务于iOS系统等，如图2-5所示。

图2-5 手机端和手表终端页面

| 第二节 |

移动应用的生命周期

一、移动应用生命周期平均为10个月

2016年，工业和信息化部起草了《移动智能终端应用软件预置和分发管理暂行规定》，并公开征求意见。长期以来，智能手机用户抱怨不断的"流氓"捆绑吸费软件受到进一步整治，App仰赖手机厂商预装的黏附性生存模式即将告终。

近日，iiMedia发布的《2020年中国移动App行业分析报告》指出：移动App，是一种针对手机移动连接到互联网的业务或者无线网卡业务而开发的应用程序。近年来，我国移动App行业持续向前发展。数据显示，在2020年里，我国移动网民人均安装App总量持续增长至60款，如图2-6所示；在第4季度里，人均App每日使用时长达5.1h，相较2019年同期有近1h的增长，如图2-7所示。

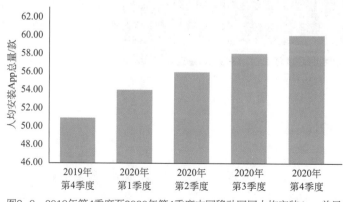

图2-6 2019年第4季度至2020年第4季度中国移动网民人均安装App总量

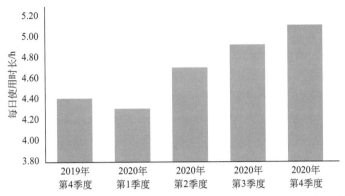

图2-7　2019年第4季度至2020年第4季度中国移动网民人均App每日使用时长

从头部企业的安装情况来看，2020年，我国市值前10公司旗下App的安装量占比呈现不断增长趋势，从2019年第4季度的23.3%增长至2020年第4季度的27.5%。在用户时长方面，2020年第4季度，头部企业所占据的用户时长份额达到70.7%，如图 2-8所示。

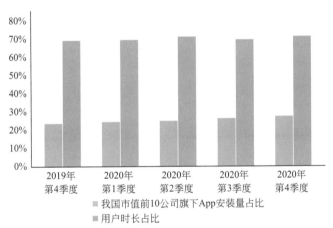

图2-8　2019年第4季度至2020年第4季度头部企业App安装量及用户时长占比

（一）社交App成争夺焦点

2020年，我国第三方移动应用商店市场趋于稳定。iiMedia数据显示，2018年中国第三方移动应用商店活跃用户达4.72亿人，2020年活跃用户达到4.85亿人，如图2-9所示。

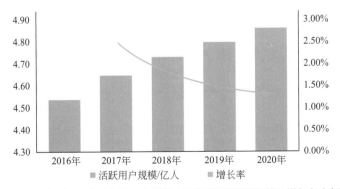

图2-9　2016年至2020年中国第三方移动应用商店活跃用户规模及增长率分布情况

中国市场五大手机巨头格局形成，使得头部手机厂商应用商店的产业聚集效应更强。苹果App Store位居手机厂商应用商店榜首。而360手机助手凭借着个性化定制功能、依靠360产品矩阵支撑及依托360安全大脑提供安全保障，形成覆盖信息内容安全、账户安全、文件安全等多维度手机应用安全管理能力和应用服务能力，也越来越受到消费者的喜爱，在第三方应用商店中位居第一。

2020年，在中国第三方移动应用商店用户年龄分布中，24岁以下用户占据着大部分市场，在所有年龄中占比达到38.9%，年轻化将成为第三方应用商店的发展主流，如图2-10所示。

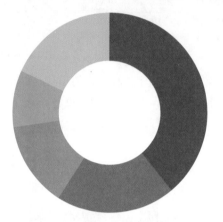

● 24岁以下　● 24～30岁　● 31～35岁　● 36～40岁　● 41岁及以上

图2-10　2020年中国第三方移动应用商店用户年龄分布情况

专家指出，社交需求仍是移动用户的"刚需"，社交功能越来越为非社交类App所青睐。社交类App经过尝试、整合，进入越来越理性的阶段，移动化、社会化、多媒体化、云化成为发展趋势。过去的社交圈比较泛化，是大而杂的状况，现在则更加细分，更加个性，更加垂直化。

（二）行业App需做到极致

《2020年中国社交类App市场分析报告》显示，社交是人类生活中必不可少的一部分，随着智能手机的出现，社交产品从PC端开始走向移动端，而用户也在不断增长。数据显示，2018年中国移动社交用户规模为7.37亿人，2020年突破8亿人，预计未来两年仍将稳步增长，如图2-11所示。

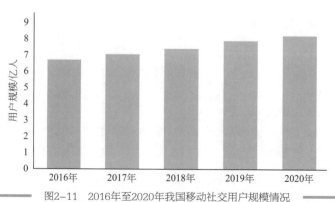

图2-11　2016年至2020年我国移动社交用户规模情况

　　2019年，多款面向年轻用户群体的社交产品备受资本青睐，它们以新技术、新玩法、新场景等要素为切入点，抢占移动社交细分赛道。有分析认为，资本向来较为重视年轻人市场，定位于00后、95后等年轻群体的社交产品更易收获资本的支持，但资本的入局并非意味着这些社交产品未来道途坦荡。

　　与此同时，5G、人工智能、VR等技术的发展与变迁让声音、图片、视频等新型社交方式加快落地，而以00后、95后为代表的年轻群体正在崛起，他们的社交需求呈现出新变化，这些因素的叠加有望触发中国移动社交行业的重大变革。在行业变革的重要窗口期，能够实现功能和形式上的创新并有效满足用户需求的社交产品更易脱颖而出。

　　目前我国社交类App市场主要由微信、QQ、微博等占据。据中国企业品牌研究中心数据显示，2020年我国社交类App品牌力指数得分排名第一的是微信，达到839.3分；有86%的消费者首先提到微信，品牌联想度达到96.9%，如图2-12所示。

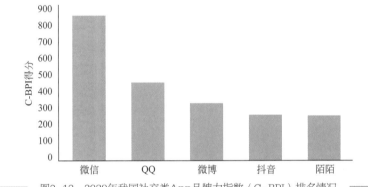

图2-12　2020年我国社交类App品牌力指数（C-BPI）排名情况

　　专家指出，"内容为王"仍旧是新闻客户端取胜的最大砝码。而与所有App共同遵循的生存之道相同，"用户体验"也成为越来越多新闻客户端角逐的战场。比如，人民日报客户端里有提问、评论和偏好设置，用户可以定制自己喜欢的内容，甚至还有美食、电影、酒店等生活服务类的栏目链接，有时候看完新闻顺便还能查看最近有哪些电影。

　　目前聚合类的新闻客户端传播方式非常新颖，基本上颠覆了过去做新闻的方法，新闻不再由编辑主观推送，而是通过机器识别用户的喜好程度，推荐一些与其兴趣相关的新闻。未来新闻客户端的发展会将技术与传统的新闻生产有机结合，实现双赢甚至多赢的局面。据了解，不少行业类App已开始尝试在主流功能之外拓展附加功能，另辟蹊径开发附属产品，或走技术路线，迎合用户对新技术、新玩法的体验。

　　要想在手机App市场里做一个长销App，首先要满足目标用户的基本需求。其次要有极致性，尽可能成为该类别App中最全面、最好的。此外，要个性化：一方面是满足人们需求的方式个性化，是别人无法完全复制的、具有个人风格的；另一方面是针对某一阶层，具有其他App无法代替的能够满足目标阶层需求的功能。

二、移动App应用生命周期中的五个环节

　　在和大量移动应用开发者接触的过程中，很多开发者只注意应用的下载量和激活量，他们把这些指标看成是一款应用成功与否的标志，于是很多应用出现了"重推广、轻运

营"，甚至是"有推广、无运营"的情况。为了帮助那些移动应用开发者认清这一点，通常用AARRR模型向他们解释一个移动应用背后的运营模式。AARRR是Acquisition、Activation、Retention、Revenue、Refer这个五个单词的缩写，分别对应一款移动应用生命周期中的5个重要环节。

（一）获取用户（Acquisition）

运营一款移动应用的第一步，毫无疑问是获取用户，也就是大家通常所说的推广。如果没有用户，就谈不上运营。

（二）提高活跃度（Activation）

很多用户可能是通过终端预置（刷机）、广告等不同的渠道进入应用的，这些用户是被动地进入应用的。如何把他们转化为活跃用户，是运营者面临的第一个问题。当然，这里面一个重要的因素是推广渠道的质量。差的推广渠道带来的是大量的一次性用户，也就是那种启动一次，但是再也不会使用的用户。严格意义上说，这种用户不能算是真正的用户。好的推广渠道往往是有针对性地圈定了目标人群，由此带来的用户和应用设计时设定的目标人群有很大吻合度，这样的用户通常比较容易成为活跃用户。另外，挑选推广渠道的时候一定要先分析自己应用的特性（例如是否为小众应用）以及目标人群。对别人来说的好的推广渠道，对自己却不一定合适。另一个重要的因素是产品本身是否能在最初使用的几十秒内获得用户的好感。

（三）提高留存率（Retention）

有些应用在解决了活跃度的问题以后，又出现了另一个问题：用户来得快，走得也快。有时候也说是这款应用没有用户黏性。通常保留一个老客户的成本要远远低于获取一个新客户的成本。解决这个问题首先需要通过日留存率、周留存率、月留存率等指标监控应用的用户流失情况，并采取相应的手段在用户流失之前，激励这些用户继续使用应用。

留存率跟应用的类型也有很大关系。通常来说，工具类应用的首月留存率可能普遍比游戏类的首月留存率高。

（四）获取收入（Revenue）

获取收入其实是应用运营最核心的一块。极少有人只是纯粹出于兴趣而开发一款应用，绝大多数开发者最关心的就是收入。即使是免费应用，也应该有其盈利的模式。

应用的收入有很多种来源，其中主要的有三种：付费应用、应用内付费以及广告。付费应用在国内的接受程度很低，许多应用商店只推免费应用。无论是哪一种，收入都直接或间接来自用户。所以，提高活跃度、提高留存率对获取收入来说是必需的基础。用户基数大了，收入才有可能上涨。

（五）自传播（Refer）

社交网络的兴起，使得运营增加了一个方面，那就是基于社交网络的"病毒式传播"，这已经成为获取用户的一个新途径。这个方式的成本很低，而且效果有可能非常好；唯一的前提是产品自身要足够好，有很好的口碑。从自传播到再次获取新用户，应用运营形成了一个螺旋式上升的轨道。而那些优秀的应用就很好地利用了这个轨道，不断扩大自己的用户群体。

三、移动App应用生命周期的具体应用

通过上述AARRR模型，获取用户（推广）只是整个应用运营中的第一步。如果不重视运营管理中的其他几个层次，放任用户流失，那么应用的前景必定是黯淡的。如何使用AARRR模型？通常大家在推广应用时，头痛的是后台统计的激活量比渠道提供的下载量小很多。应当关注什么样的数据？什么样的数据表现才是正常的？只知道AARRR还不够，还要会用才行。

（一）获取用户

这个阶段中，激活量成为了这个层次中大家最关心的数据。另一个非常重要的数据，就是分渠道统计的激活量。因为在渠道推广时，很多应用开发者选择了付费推广。结算的时候，自然要了解在某个渠道有多少真正激活的用户。即使没有付费关系，开发者也需要知道哪个渠道是最有效果的。但是站在更高的高度看，CAC（用户获取成本，Customer Acquisition Cost）才是最需要去关注的数据。目前行业里有种粗略的说法：每个Android用户的获取成本大约在4元，而iOS用户大约在8元以上。当然，应用市场下载、手机预置、广告等不同渠道的获取成本是完全不同的。这里面有一个性价比的问题，有些渠道的获取成本比较高，但是用户质量也比较高。

（二）提高活跃度

活跃度的指标是DAU（日活跃用户）、MAU（月活跃用户）。还要看另两个指标：每次启动平均使用时长和每个用户每日平均启动次数。当这两个指标都处于上涨趋势时，可以肯定应用的用户活跃度在增加。此外跟活跃度相关的，还有日活跃率、周活跃率、月活跃率这些指标。当然活跃率和应用的类别是有很大关系的，比如桌面、省电类的应用的活跃率就比字典类的应用高。

（三）提高留存率

下载和安装—使用—卸载或者遗忘，这是每个应用对用户而言的生命周期。成功的应用就是那些能尽量延长生命周期，最大化用户在此生命周期内的价值的应用。

通常用户新安装使用应用后的前几天是流失可能性最大的时期。所以这两个指标在留存率分析时是最重要的。有些应用不是需要每日启动的，那样的话可以看周留存率、月留存率等指标，会更有意义。留存率也是检验渠道的用户质量的重要指标，如果同一个应用的某个渠道的首日留存率比其他渠道低很多，那么这个渠道的质量就是比较差的。

（四）获取收入

ARPU值是考察平均每用户收入的指标。还有个对应的比较少提的指标叫ARPPU，即平均每付费用户收入。ARPU是一个和时间段相关的指标（通常讲得最多的是每月的ARPU值），还不能完全和CAC对应，因为CAC和时间段并没有直接关系。所以还要多看一个指标：LTV（生命周期价值）。每个用户平均的LTV = 每月ARPU × 用户按月计的平均生命周

期。LTV－CAC的差值，就可以视为该应用从每个用户身上获取的利润。所以最大化利润问题，就变成在降低CAC的同时，如何提高LTV，使得这两者之间的差值最大化。更进一步地，对不同渠道来源用户做断代分析，根据他们不同的CAC和LTV，就可以推导出不同渠道来源的利润率差异。

（五）自传播

自传播，也叫病毒式营销，是最近十年才被广泛研究的营销方法。量化评估中K因子（K-factor）这个衡量指标是十分重要的。K因子的计算公式不算复杂：K＝每个用户向他的朋友们发出的邀请的数量 × 接收到邀请的人转化为新用户的转化率。当$K > 1$时，用户群就会像滚雪球一样增大。如果$K<1$的话，那么用户群增长到某个规模时就会停止通过自传播增长。很遗憾的是绝大部分移动应用还不能完全依赖于自传播，还必须和其他营销方式结合。但是从产品设计阶段就加入有利于自传播的功能，还是有必要的，毕竟这种免费的推广方式可以部分地减少CAC。

| 第三节 |
移动设计的创新——互联网思维

一、互联网思维的概念和特点

"互联网思维"一词最早是李彦宏在百度的一次大型活动中提及的，希望传统企业家可以运用互联网思维去思考问题。2013年11月3日，新闻联播播出了关于"互联网思维带来了什么"的专题报道，使"互联网思维"更进一步地深入人们心中。互联网思维是在（移动）互联网、大数据、云计算等科技不断发展的背景下，对市场、用户、产品、企业价值链乃至整个商业生态进行重新审视的思考方式。互联网强调民主、开放、参与、生态、融合、连接和去中心化，它的思维特点主要表现为如下几点。

（一）用户思维

站在"用户为中心"的角度深度思考问题，在市场定位、产品研发、生产销售及售后服务整个价值链的各个环节中，都要把握住用户的想法。

（二）简约思维

在整个产品规划和品牌定位中要聚焦于一点，做到专注。

（三）极致思维

在任何环节都要把相关事务做到最好，尤其是产品，更要超出用户预期。

（四）迭代思维

以"快"占领制高点，针对用户的建议做出最快速度的调整。

（五）流量思维

通过免费服务不断积累用户，当用户数量积累到一定程度，则会产生质的改变。

（六）社会化思维

聚集具有相同爱好、特点的群体，这将为企业生产、销售、营销等环节带来新的改变。

（七）大数据思维

通过数据的处理为企业创造新的商业价值。

（八）平台思维

创造一个开放、共享、共赢的平台生态圈。

（九）跨界思维

综合多方信息，提高企业各机构或其他的效率。

二、传统设计思维模式

设计思维是一种以解决方案为导向的思维形式，是以设计结果为起点，通过对当前和未来的关注，探索问题的解决方案。传统的设计思维模式是建立在设计师单向为消费者设计服务的模式之下的，通常为满足大众的某种需求而将技术和艺术相结合的创造性实践活动。在传统的设计思维模式下，设计师通过运用形象思维、逻辑思维、发散思维、收敛思维、逆向思维、联想思维、灵感思维、直觉思维、模糊思维、定量思维等方法，通过科学思维（逻辑思维）和艺术思维（形象思维）的综合思考，创造满足使用功能的、符合人们审美趣味的、创新的、环保的、安全的、应用现代或未来工艺和技术的、制造成本合理的、符合社会道德和伦理价值观念等评判标准的设计作品。

三、设计的互联网思维模式

互联网思维是一种交互的、快速的、数据化的思维模式。在互联网思维的前提下，首先，用户思维、流量思维及社会化思维通过对消费群体的精确定位，改变了传统的大批量生产宗旨，未来的设计将会朝着个性化定制的目标发展；其次，设计服务过程的紧密互动将打破传统的以产品生产为中心的设计模式，互联网背景下的设计会更多关注消费者主观需求和虚拟化感受，及时地为消费者进行全方位的服务；再次，在（移动）互联网、硬件、软件等科技的技术支持下，不同产品之间的相互联系将变得更加密切，产品将从独立的状态转入可相互连接的信息物理融合系统，信息物理融合系统被定义为由具备物理输入输出且可相互作用的元件组成的网络；最后，大数据、云计算对于市场的分析统计，将对设计环节中各种需

求产生决定性影响，数据化、模块化和定量化的设计潮流势不可挡。综上所述，设计的互联网思维主要有服务明确化、关系多维化、分析数据化和模式多元化等特征，朝着更加系统、全面和立体交互的创新设计思维模式方向发展。

（一）设计服务明确化

设计服务的明确包括消费目标群体化和设计产品定制化两方面。首先，互联网通过对用户群体的精确定位，可以在线上聚集具有相同兴趣爱好、相似价值取向的目标群体，形成特定的消费群体，再结合物流运营体系，就可以连接具有相同需求的消费者，从而形成明确的设计供应链。如小米手机就是通过聚集"米粉"，关注米粉的共同需求，进行特定化的设计服务。其次，互联网拉近了人与人之间的距离，使消费者可以快速准确地表达自己的想法与需求，设计师在这种环境下可以精确地把握消费者的需求，以进行明确化的、个性化定制的设计生产，而不是传统的"盲目性"的生产方式。如今，在摩托罗拉的在线定制平台上，用户可以自由选择自己喜欢的颜色、材质、壁纸、内存大小及其他项目，定制属于自己的Moto手机，实现了设计需求明确的生产。

（二）设计关系多维化

随着（移动）互联网、大数据、云计算等科技不断发展以及人们观念的不断进步，以独立产品开发为主的设计开始向着相互联系的系统化产品设计发展。传统的设计思维模式是以单个产品为设计中心，产品的存在是独立的，而在互联网思维下的产品却是一个相互联系的整体，因此设计时要考虑不同产品之间相互联系的多种问题，这是一种多维整合的思维模式。这就要求设计师要考虑不同维度设计之间的相互影响，对各产品之间的设计，对产品与使用者、使用流程、使用环境之间的设计关系都要做到更加系统的考虑。这种关系不是传统意义上的产品合理、美观实用、操作性强和符合工效学等，而是要关注整个系统环境的设计。在谷歌（Google）的无人驾驶汽车设计中，不仅要考虑人与车的使用关系，还要考虑车与车之间的安全问题、车与交通系统的畅通运行问题、车与自然之间的环保问题等，这就需要将独立的设计融入到整体的系统环境设计之中。

（三）设计分析数据化

在大数据、云计算等技术支持的背景下，设计师的决策将不能以纯粹的专业设计方法为标准，而要结合大数据统计的信息进行分析，再做出符合市场需求的最终决定。在武汉东湖绿道系统规划暨环东湖路绿道实施规划方案中，通过"众规平台"，收集了大众设计的线路和相关设施布点方案，内容包括东湖绿道线网规划、绿道线路走向、入口建议及停车场、驿站等设施布点；还有节点设计方案，内容包括环东湖路绿道主要节点景观、驿站以及相关附属设施的设计方案等。"众规平台"通过对公众提出的千余项在线规划方案进行空间相似度分析，根据这些数据统计出大众最需要的路线分布以及节点选择，再结合专业的设计知识，最终得出最优规划方案。

（四）设计模式多元化

快速的设计思维模式，是对用户的改进建议做出最快速的反应。在互联网快速更新换代的背景下，很多问题在产品设计的初期是料想不到的，所以就要求设计师具备应对新问题快速反应的意识，在初期设计时要充分考虑到产品可能带来的回收、换代问题，如基于环保或商业价值的原因，在材质选择上合理使用相适应的材料，避免出现新问题而没有修改余地的状况。

跨界设计思维模式是综合不同学科的信息，加以多角度设计。面对互联网思维下用户的多元化需求，设计师只了解单一设计领域的知识已经不能满足当下设计市场的需求，所以要求设计师广泛涉猎，多角度了解设计信息，而不是只专攻于某一设计领域。

极致设计思维模式是理想化的思维模式，要求在设计中处处做到最好，是一种"只有第一，没有第二"的互联网思维模式。理想是一代人的追求，是现阶段达不到的憧憬。但正是这种不断创新、不断改进的追求，将使整个时代的设计发生质的改变。所以为了整个社会的进步，还有对用户的责任、对自己职业的追求，极致设计思维模式应贯穿设计活动始终。

| 第四节 |
移动设备的三大主流平台和应用

所谓移动平台，就是移动设备上的操作系统，它是安装各个应用程序的载体。由于它最初主要是建立在移动通信功能的基础上，因此又称为移动通信平台，一般由移动终端、移动通信网络和数据中心组成。移动终端主要指智能手机、平板电脑、便携式计算机等，移动通信网络包括电信通信网络和移动互联网，数据中心一般由信息平台、用户管理平台和中心数据库组成。目前，市场上的移动平台种类很多，但最主流的主要有3个，也就是苹果公司的iOS平台、谷歌公司的Android平台和微软公司的Windows Phone平台，这里将其统称为三大平台。

一、iOS平台

iOS平台是由美国的苹果公司开发的移动设备操作系统。苹果公司最早在2007年1月9日的Macworld大会上公布了这个系统。它最初是设计给iPhone手机使用的，因此当时命名为iPhone OS，后来陆续套用到iPod touch、iPad以及iPad mini 等苹果移动产品上，在2010年6月7日的WWDC大会上苹果公司宣布将其改名为iOS。iOS平台的发展是三大平台中最成功，也是最稳健的。2011年10月4日，苹果公司宣布iOS平台的应用程序已经突破50万个。2012年2月，应用总量达到552247个，其中游戏应用最多，达到95324个，约占17.26%；图书应用排在第二，总量为60604个，约占10.97%；娱乐应用排在第三，总量为56998个，约占10.32%。2012年6月，苹果公司在WWDC 2012上宣布了iOS 6，提供了超过200项新功能。随着苹果WWDC 2018大会正式召开，iOS 12正式亮相，从

WWDC 2018发布会来看，全新的iOS 12带来了诸多新特性。2019年9月20日，在iOS 13系统开始推送，2019年9月25日，苹果又发布了iOS 13.1的正式版更新。如今，iOS 14已经面世。

iOS 13拥有许多非常优秀的应用和功能，比如说以全新角度呈现的地图应用，可以通过语音来发送信息的Siri功能，带有iCloud超强分享功能的照片浏览应用，高效管理和使用各种票据、卡的Passbook，FaceTime视频电话，全新的邮件功能和Safari网络浏览器，等。更多的应用程序、影音文件及书刊报纸可以通过iOS官方的应用商店iTunes Store、App Store和iBookstore购买和下载安装。通过iCloud，用户的浏览历史记录会在所有的设备上保持更新。因此，用户可以在iPhone上开始购物，然后在iPad上继续而不必退出使用中的应用。

iOS的用户界面非常严谨，同时带有创新精神，如图2-13所示。在界面上，用户可以使用多点触控直接操作。控制方法包括滑动、轻触开关及按键。与系统的交互包括各种手势，如滑动、轻按、挤压及旋转。此外，通过其内置的加速器，可以在竖屏和横屏之间切换，这样的设计使iOS平台的移动设备更便于使用。在屏幕下方，有一个主屏幕（Home）按键，屏幕底部则是苹果操作系统特有的Dock应用启动平台，用户可以将经常使用的程序的图标在Dock上固定4个（iPad上可增至6个）。屏幕上方是状态栏，能显示时间、电池电量和信号强度等相关数据。其余的屏幕面积用于显示当前的应用程序。启动iPhone应用程序的唯一方法就是在屏幕桌面上点击该程序的图标，退出程序则是按屏幕下方的Home键（在iPad上，可使用五指捏合手势回到主屏幕）。当第三方软件收到了新的信息时，苹果公司的服务器将把这些通知推送至iPhone、iPad或iPod Touch上，不管它是否在运行中。在iPhone上，许多应用程序之间无法直接调用对方的资源。然而，不同的应用程序仍能通过特定方式分享同一个信息。

图2-13　iOS平台的用户界面特点，左图为iPhone 5，中图为iPad 4，右图为iPad mini

iOS是三大平台中拥有应用程序最丰富的移动平台，几乎每个分类中的应用都有数千款，而且每款应用都很精美。这是因为苹果公司为第三方开发者提供了丰富的工具和API，从而让他们设计的应用能充分利用每部iOS设备蕴含的先进技术。所有App都集中在一处，只要使用Apple ID，即可轻松访问、搜索和购买这些应用，如图2-14所示。iCloud可以存放照片、应用、电子邮件、通讯录、日历和文档等内容，并以无线方式将它们推送到用户所有的设备上。如果用户用iPad拍摄照片或编辑日历事件，iCloud能确保这些内容也会出现在用

图2-14　在iTunes Store上购买并安装应用

户的Mac、iPhone和iPod touch上而无需用户进行任何操作。

二、Android平台

　　Android操作系统最初由Andy Rubin开发，当时只是针对手机而开发的，2005年8月被谷歌收购并注资。2007年11月，谷歌与84家硬件制造商、软件开发商及电信运营商组建开发手机联盟，并共同研发改良的Android系统。

随后，谷歌以Apache开源许可证的授权方式，发布了Android的源代码。2008年10月，第一部Android智能手机发布。如今，Android已经逐渐扩展到平板电脑及其他领域上，如电视、数码相机和游戏机等。Android一词的本意指"机器人"，因此它的Logo（标志）是一个全身绿色的机器人。此外，绿色也是Android的标准色。Android系统的标志如图2-15所示。

图2-15　Android系统的标志

　　在竞争力上，Android可以说是超乎想象。2010年10月，谷歌宣布Android系统达到了第一个里程碑，即在电子市场上获得官方数字认证的Android应用数量已经达到了10万个。2010年12月，谷歌正式发布了Android 2.3操作系统Gingerbread（姜饼）。2011年1月，谷歌称每日的Android设备新用户数量达到了30万，到2011年7月，这个数字增长到55万，而Android系统设备的用户总数达到了1.35亿，此时Android系统已经成为智能手机领域市场占有率最高的系统。2011年8月2日，Android手机已占据全球智能机市场48%的份额，并在亚太地区市场占据统治地位，终结了Symbian（塞班）系统的霸主地位。2011年9月，Android系统的应用数目已经达到了48万，而在智能手机市场，Android系统的占有率已经达到了43%，继续排在移动操作系统首位。之后，谷歌发布了全新的Android 4.0操作系统，如图2-16（左）所示，这款系统被谷歌命名为Ice Cream Sandwich（冰激凌三明治）。Android 5.0是谷歌于2014年10月15日（美国太平洋时间）发布的全新Android操作系统。北京时间2014年6月26日0时，Google I/O 2014开发者大会在旧金山正式召开，发布了Android 5.0 Lollipop。Android 8.0是谷歌推出的智能手机操作系统，2017年3月21日Google为开发者推出了新的Android O首个开发者预览版。2018年8月7日，谷歌发布了Android 9.0操作系统，它的名字是Android 9，被命名为Android Pie即Android P，如图2-16（右）所示。

图2-16　安装在移动设备上的Android 4.0（左）与Android 9.0操作系统（右）

作为普及性最广的移动平台，Android系统的优势很多，具体如下。Android开发平台允许任何移动终端厂商加入到Android联盟中来，而这个优越的开放性可以使Android拥有更多的开发者。在移动通信发展的早期很长一段时间里，特别是在欧美地区，手机应用往往受到运营商制约，使用什么功能、接入什么网络，几乎都受到运营商的控制。自从2007年iPhone上市后，用户可以更加方便地连接网络，运营商的制约减少。随着2G至3G移动网络的逐步过渡和提升，手机已经完全可以随意接入网络而不受运营商的约束。Android平台拥有丰富的移动设备硬件产品，这一点还是与Android平台的开放性相关。由于Android的开放性，众多厂商会推出造型规格丰富、功能特色各异的移动产品。功能上的差异和特色，却不会影响到数据同步、软件兼容以及资料的转移。Android平台提供给第三方开发商一个十分宽泛、自由的环境，不会受到各种条条框框的阻扰。可想而知，在这样宽松的环境下，将会诞生多少新颖别致的移动应用软件。当然，Android也有自己的官方应用发布平台"Google Play"，如图2-17所示。

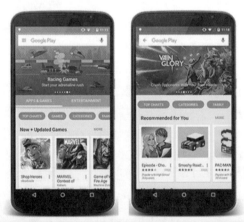

图2-17　Android 平台官方应用商店"Google Play"里的Android应用

三、Windows Phone平台

Windows Phone是微软公司2010年发布的一款移动设备操作系统，它将微软旗下的Xbox Live游戏、Xbox Music音乐与独特的视频体验整合至其中。2010年10月11日，微软公司正式发布了智能手机操作系统Windows Phone，同时将谷歌的Android和苹果的iOS列为主要竞争对手。2011年6月21日，微软正式发布了最新的手机操作系统Windows Phone 8，它采用和Windows 8相同的内核。Windows Phone 8平台的Logo如图2-18所示。

相比于iOS和Android两大平台，Windows Phone的个性更加明显且独树一帜，出现了桌面定制、图标拖动、滑动控制等一系列前卫的操作体验。它的主屏幕通过可以反转的磁贴来显示新的电子邮件、短信、未接来电等，让人们时刻保持对重要信息的更新。此外，它还包含一个增强的触摸屏界面，更方便手指操作，以及一个最新版本的IE Mobile浏览器，凸显出微软在提高用户操作体验上所做出的努力。微软公司首席执行官史蒂夫·鲍尔默也表示："全新的Windows手机把网络、个人电脑和手机的优势集于一身，让人们可以随时随地享受到想要的体验。"

Windows Phone操作系统在2010年2月首次亮相，并正式向外界展示。2010年10月，微软正式发布Windows Phone智能手机操作系统的第一个版本Windows Phone 7，简称WP7，并于2010年年底发布了基于此平台的硬件设备。2011年9月27日，微软发布了Windows Phone系统的重大更新版本Windows Phone 7.5，首度支持中文。2012年6月21日，微软在美国旧金山召开发布会，正式发布全新的操作系统Windows Phone 8（简称WP8）。Windows Phone 8放弃了WinCE内核，改用与Windows 8相同的NT内核。此外，Windows Phone 8系统也是第一个支持双核CPU的WP版本，这标志着Windows Phone进入了双核时代，同时宣告着Windows Phone 7退出历史舞台。2014年7月，微软发布了Windows Phone 8.1更新1，在Windows Phone 8.1的基础上添加了一些功能，并且做了一些优化。2015年2月，微软在推送Windows 10移动版第二个预览版时，第一阶段推送了Windows Phone 8.1更新2，在Windows Phone 8.1更新1的基础上改进了一些功能的操作方式。

图2-18　Windows Phone 8平台的Logo

动态磁贴，如图2-19所示，是出现在Windows Phone系统中的一个新概念，也就是界面上可以动态反转的矩形图块，这可能会令人联想起家里冰箱门上的那个磁性贴牌。在Windows Phone系统里面，它们无处不在，而且在操作中也离不开这东西。Metro UI是一种界面展示技术，它和苹果的iOS、谷歌的Android界面最大的区别在于：后两种都是以应用为主要呈现对象，而Metro界面强调的是信息本身，而不是冗余的界面元素。它的一大亮点是

在每一个页面上会显示下一个界面的部分元素，这个功能巧妙地提示用户"这儿有更多信息"，同时在视觉效果方面，这样的设计也有助于形成一种身临其境的感觉。该界面概念首先被运用到Windows Phone系统中，如今同样被引入到Windows 10操作系统中。

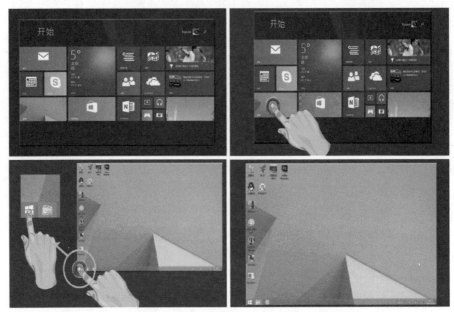

图2-19　Windows Phone平台界面上的动态磁贴和Metro界面

当然，移动设备的系统操作平台绝不仅仅这3种，人们熟知的还包括"黑莓""Palm""塞班"和"Windows Mobile"等。但是在上述的三大平台面前，它们的市场占有率和设备的保有量相对较低，有些甚至已经被淘汰出局。

第五节
移动设备中的人机交互设计

现今社会处于信息爆炸阶段，移动通信为人们生活所必须，成为人们重要的交流方式。根据相关统计分析，虽然2009年手机行业的销售量不乐观，但是2010年手机销售量大大上升，达14亿部，并保持该种态势到现今。各种手机款型中，智能机为人们所青睐，2010年14亿部手机销售量中，智能机占比达30%左右，且该比重持续增长。不管是国内的手机公司还是外国手机公司，均将主要研发力量集中在智能手机上，而智能移动学习方向的人机优化越来越得到大众的认可。

① 优化短信式移动人机化。移动人机化对人们来说是重要的学习通道，通过发送短信到云端，由云端进行技术分析，并及时给人们以反馈。

一般情况下，短信的内容包含代码和文字两种成分。其中代码一直是人们记忆的难点，使得人机交互出现障碍。虽然短信式移动人机方式较为传统，但其存在有一定的必要性。因此，需要解决代码难记忆问题。App通过智能手机被人们广泛应用，在占有市场份额层面亦十分可观。与此同时，随着人们对网络需求及应用的增加，App成为人们解决生活问题的重要方法，用户通过下载App，安装了相关教程后就可以熟练应用了，如此的便捷性导致App用户群迅速增大。3G网络研发后网络App操作更加顺畅，这一点深受人们欢迎，快速成为网络主流。而现今4G、5G带给用户更加高速的云端操作环境，在运行中对文字内容进行编辑时，代码问题只需要交由App解决就可以了，用户可以把自己的需求信息通过短信的形式发送到云端，云端技术再将解决办法反馈给用户，云端技术真正实现了短信式移动人机交互学习功能。

② 优化网络软件学习的人机交互功能也开始逐渐进入人们的视野。

手机之所以如此普及，从经济层面分析，原因在于经济发展迅速、城市化速度加快等。现今人们普遍应用短信来解决快节奏的生活问题，这个方法与人机软件学习的解决方法是相似的。手机用户在现实生活中，其居住地与工作地往往是不一致的，这成为一种较为常见的情况。在上下班的空余时间里，通过下载手机软件来随时进行系统的学习。但是这种方法也有其弊端：

a. 通过移动设备进行学习时，有课程不太同步的现象。

b. 软件功能有限制，对所存储的知识无法及时补充。

c. 软件教学与学习反馈均具有滞后性。

d. 软件优化缓慢，在软件内添加交流对话平台补充知识需要一定的时间。

智能手机有三项功能受到手机用户的欢迎，一是网页浏览迅速，二是知识评价与教学内容同步，三是即时通信聊天。随着手机更新换代，可以在软件中嵌入短信模式，及时更正老师的联系方式。消费者的需求催生了大批高智能手机，其中iPhone、HTC、三星等均推出了软件页面内App相互切换，即时交流等智能化功用。具有App通信等功能的双核手机更是引领消费潮流，让大型游戏以及媒体影视成为人们浏览的热点，学习者在学习时，能够做到顺畅交流。

③ 优化网页移动人机交互的智能手机功能。

现今，移动设备已经成为人们生活的必需品。网页式移动设备由两部分构成：一是PC网站，可以从Web网站点击移动设备，人机交互优化进入；二是在手机上进行，即WAP网站。两者比较而言，WAP网站表现出展示区域有限、交互内容不完整以及页面布局混乱等特征。在WiFi没有普及的情况下，手机不管是在运行能力、保证导航简洁还是上网费用等方面，都存在限制因素。这些问题可以通过优化页面板块布局的方法加以解决。因此，在安卓系统设计过程中，通过分级归类，设置第一导航窗格，用分支与小类设计等手段来优化手机页面板块布局，保障导航的简洁性，这种设计方法是非常重要的。

④ 优化点赞与分享置为折叠涵盖，将二者包含于第一导航窗格内。

点赞与分享最先起源于电子书，之后在社交网站开始流行。该操作可以通过点击信息的大类导航点，同时进行搜索，之后获得用户所需要的信息。这种方式能够让好东西被更多人注意到，这种方式也致力于形成统一的信息。例如：用户想点击QQ社交软件，在一般手机的导航中，用户可能需要不断翻页，才能找到该软件；而采用第一导航窗格，则可以由此直接进行查找，用户寻找QQ软件更为方便。同时，市场上的动画导航较为常见，但是该种导航方式存在弊病，会经常由于硬件设备性能不够而导致卡顿现象，可以将动画导航转化为纯文本导航加以解决。

随着信息时代的到来，移动人机互动成为人们交流的重要方式，对该种方式的情感体验往往取决于移动设备自身的运行速度。因此，提高移动设备的硬件与软件功能十分重要。在移动设备的人机交互中，Home按钮的应用使得操作变得更加清晰。从移动设备的人机交互优化角度来看，Home按钮能够大大减少人机交互的难度，UI设计师可以在虚拟按钮以及移动方向的两个人机互动角度做出合理优化。用户在进行信息获取的过程中，虚拟按钮在移动设备上是十分适用的。在交互环境中，用户会进行一层一层的点击，主菜单键让用户最快回到主页面，混乱的情况下可随时退回，该种方法目前已经在绝大多数的智能手机上得到应用。希望UI设计师能够为今后的移动设备人机优化提供更多的设计思路与设计手段，不断为人们营造出更好的移动信息交流环境。

第六节
移动UI设计发展新趋势

因为种类繁多的用户需求，移动用户界面设计的发展趋势一直在变化。但是，这不代表移动UI设计趋势不能被预测，事实上，通过仔细分析过去几年UI设计的趋势和创新，会发现一些背后的定律及可能出现的趋势。

一、互联网到移动互联网的发展大体可以分为三个阶段

（一）阶段1：1994—1997年

1994年4月20日，通过一条64K的国际专线，全功能接入国际互联网，中国互联网时代正式开启。1997年，中国互联网络信息中心（CNNIC）正式成立后第一次发布了《中国互联网络发展状况统计报告》：截止到1997年10月31日，中国共有上网计算机29.9万台，上网用户数62万，CN下注册的域名4066个，WWW站点约1500个，国际出口带宽25.408M。

（二）阶段2：1997—2006年

1997年，ISP（互联网服务提供商）逐渐退出历史舞台，ICP（互联网内容服务提供商）接过大旗。1998年，互联网作为一种新的开放力量出现，中国商业互联网兴起。新浪、搜狐、网易三大门户网站均已亮相，马化腾在1998年底创办了腾讯，中国互联网正式进入门户时代。2000年，以网络游戏和博客为代表的应用兴起，给一直"烧钱"的互联网企业注入了来自市场的新鲜血液。2006年，中国互联网络信息中心（CNNIC）发布的第18次互联网报告显示，截至2006年6月30日，中国网民总人数为1.23亿，增加2000万人，与2005年同期相比增长19.4%。这一年的统计报告中第一次公布我国手机上网人数为300万人。

（三）阶段3：2006—2018年

2006年之后，中国互联网迎来应用的飞速发展，互联网的每个变化开始让普通人挂记。

网络视频、网络广告、游戏、电商、SNS不仅是互联网起飞的引擎，也让普通人的生活得到了极大丰富。WiFi和3G、4G网络的全面铺开，使互联网开始向移动互联网转型。伴随着移动互联网的高速发展，各种移动App应用给市场注入了更多活力。2008年开心网代替了之前的Chinaren校友录，成为SNS平台的霸主，争车位、买房子送花园、偷菜、钓鱼等各种游戏，成为一些上班族每天必需的"工作"。2008年开始导入的云计算概念，也使得互联网企业在分布式存储系统、数据中心虚拟化等云计算关键技术方面取得了突破。2010年是微博元年：搜狐微博、新浪微博、网易微博、腾讯微博，全免费时代，发私信时代。2011年是微信元年，从此进入微信时代。2013年，手机网民数量首次超过PC网民，移动互联网的发展方兴未艾。2015年，全国两会上，"互联网+"首次进入政府工作报告，我国将互联网提升至战略性新兴产业的高度加以鼓励和扶持。2017年，中国互联网络信息中心（CNNIC）已完成第39次《中国互联网络发展状况统计报告》，报告中详细分析了中国网民规模等情况：截至2016年12月，中国网民规模达7.31亿，全年共计新增网民4299万人；互联网普及率为53.2%，较2015年底提升了2.9个百分点。到了2018年，大屏的时代，比特币、区块链、大数据、人工智能的时代，移动互联网已经进入每个人的生活，移动互联网已经跟每个人的生活分不开了。

二、移动UI设计的趋势和创新

移动UI设计趋势往往会受到当今主流媒体、技术、时尚趋势等影响，移动UI设计趋势一般是慢慢形成的、循序渐进的，当然，也会随着时间以新旧交替的形式变化。

（一）重叠效果

字体、图形和颜色的重叠不仅能使UI更加吸引用户的眼球和与众不同，而且还可以创造出一种空间感，这也是不同的移动应用UI设计元素的重叠在近年来被设计师广泛使用的原因。

此外，在某些情况下，相同元素的重叠，加上阴影效果，也会使整个移动应用界面更炫丽和令人印象深刻。因此，移动应用程序用户体验设计中不同元素的重叠也将成为趋势，如图2-20所示。

图2-20　元素的重叠效果

（二）色彩渐变

在过去的几年里，越来越多的设计师在设计手机应用界面的标识、按钮和背景时采用了色彩渐变。这是为什么？答案很简单：即使选择了一种颜色，也可以同时用色彩渐变和不同的图形来绘制出一幅层次结构感丰富的优秀画面，如图2-21所示。

图2-21　色彩渐变效果

（三）不透明度

对于同样的元素，通过调整和设计它们的不透明度可以产生不同的效果，因此，在设计移动应用程序界面时，设置不同组件的不透明度是一个设计优秀作品的好方法。此外，不同颜色或图形的透明设置也可以为应用界面元素创建彩色玻璃纹理。这就是设计师们将这种方法广泛应用于手机应用的Logo设计上的原因。总之，无论如何给移动应用的UI设计工作添加不透明效果，设置不同元素的透明度这一操作一定会流行的，如图2-22所示。

图2-22　不透明度效果

（四）简单曲线和几何图形

与复杂多变的UI设计风格相比，越来越多的设计师在移动应用UI设计中采用了更简单、更自然的设计风格，如图2-23所示。例如，与一个铺满了各种颜色、图形、按钮、图片、动画和更复杂元素的手机应用界面相比，一个具有简单曲线、几何图形和按钮的手机界面可以更有效地将用户的注意力集中于移动应用程序的主要功能内容和特点上。因此，这种方式在今后也将成为趋势。

（五）对比强烈的颜色和字体可以获得更好的可读性

强烈的颜色或字体对比也可以帮助设计师设计出优秀的UI作品来吸引用户的注意。例

图2-23　更简单、
更自然的设计风格　　　　　　　　　　　图2-24　对比强烈的颜色和字体

如，设计不同样式、字体、尺寸或表单的文本，也可以传递出层次和空间感。不同类型和风格的颜色也会形成鲜明的对比，使整个设计更加鲜艳夺目，如图2-24所示。

（六）自定义插画界面

在2020年，自定义插画在移动应用UI设计中也扮演着重要的角色，并且在未来也会很受欢迎。移动应用界面的插画风格不同，如手绘、简约风格、剪纸风格、名画风格等，不仅使应用更加有趣和与众不同，还使手机应用个性化，给用户留下了更深刻的印象，如图2-25所示。

图2-25　界面的插画风格

（七）功能性动画和交互

给图标、字体、照片和按钮添加动画或交互的移动UI界面总是对用户带来积极的影响，给用户更多愉快的体验，如图2-26所示。这一趋势在今后还将继续。此外，值得注意的

是，由Dan Saffer最初介绍并高度推荐的微交互，也将在今后获得持续开发和使用。

（八）语音激活界面

如图2-27所示，移动应用的语音激活界面简化了用户的操作。就像使用Siri一样，用户可以通过语音指令轻松启动或登录语音激活的手机应用程序，而不用点击任何按钮或输入任何密码。大多数语音订购服务的移动应用也最终成为了互联网上最受欢迎的应用。因此，语音激活的移动应用程序也将持续流行。当然，除了语音激活界面之外，指纹激活界面在未来的移动应用界面设计中也扮演着重要的角色。

图2-26 功能性动画和交互

图2-27 语音激活
界面

（九）不同趋势的混合

在实际的设计案例中，设计师不仅会使用上面提到的方法来完成他们的应用UI设计。而且，他们通常会采用两种或两种以上的方法，比如重叠效果、颜色渐变、功能动画和颜色对比等，从而得到更好的和意想不到的效果。因此不同趋势的混合也将是未来发展的趋势。

| 第七节 |
移动设计就业要求

互联网技术给人们的生活带来的最重大改变也许就是新媒体的产生。手机、平板电脑、微店、微商这些互联网时代的新生事物更加推动了纸质模式的电子交互需求。作为移动UI设计师，要及时适应这些设计载体，将设计成果展现在网络、LED屏幕、手机等多媒体平台上，给大众流畅的视觉体验。目前移动UI设计师这一职业非常热门，一般的称谓有软件UI设计师/工程师，iOS App设计师，App UI设计师，移动UI设计师，Web App UI设计制作师等。这些职位的要求都是大同小异，基本的就业要求如下。

一、掌握摄影后期商业修图技术和图像合成技术

在移动多媒体上展现出来的图片以摄影图片居多，想要做出高质量的设计，高质量的素材是基础，所以摄影后期修图就显得尤为重要了。图像合成技术是建立在后期修图的基础上的，图像合成水准也有高低之分，只有掌握了高技巧的图形图像处理技术，才能在设计水平上提高一个档次。

① 熟练掌握Photoshop运用技能，能够顺利地进行商业修图及后期图像合成。

② 熟练掌握摄影摄像技能，能够进行一般的摄影工作与独立完成摄像作品。

③ 掌握图片及视频文件的移动UI页面上传工作，具备基本的UI页面制作能力。

二、掌握字体设计与Logo设计技术

为什么特别强调字体设计呢？在互联网设计中，文字是视觉信息的重要组成部分，它是贯穿着整个视觉信息的最为重要的视觉元素。虽然现在应用软件中自带的字体库非常多，让人应接不暇，但是在做大大标题或企业特定标题时，新颖独特的字体设计无疑更能吸引人们的视觉走向，也会更加准确地传达企业的文化精神。

① 掌握字体设计与Logo设计等企业形象设计技能，为产品推广和形象设计服务，关注所负责的产品设计动向，为产品提供专业的美术意见及建议。

② 负责公司网站的设计、改版、更新，对公司的宣传产品进行美工设计。

③ 其他与美术设计、多媒体设计相关的工作，与设计团队充分沟通，推动提高团队的设计能力。

三、擅长UI界面设计

互联网媒体注定了手机、电脑就是它的载体。脱离了纸质载体，UI设计在新媒体上的运用就值得设计师深入探讨和研究了。UI设计更是版式设计的升级，一个操作简洁美观的界面会给人们带来一种愉悦的视觉体验，从而拉近人与电脑的关系，为商家创造卖点。而UI界面设计不仅仅需要单纯的美术绘画基础，它还需要设计师综合考虑使用者、使用环境、使用方式等因素，然后为用户设计出最好的体验方案。

① 进行移动手机客户端软件及WAP与Web网站的美术创意、UI界面设计，把握软件的整体及视觉效果。

② 准确理解产品需求和交互原型，配合工程师进行手机软件及WAP、Web界面优化，设计出优质用户体验的界面效果图。

四、掌握网页代码应用基础

作为普通UI界面设计师，由于在学校专业课程设置上涉及计算机代码的部分可能非常

少，所以在基础网页代码的掌握上可能也存在欠缺，但网页代码主要会涉及一些简单的网页特效，即使是最简单的特效，在必要的时候也能给网页锦上添花。所以与其只能在后台下载现成的特效，不如自己掌握基础代码知识，把自己的设计构思变成现实。

① 熟练掌握手机客户端软件UI制作技术，能熟练使用各种设计软件，例如Photoshop、Illustrator、Dreamweaver、Flash等。

② 有优秀的用户界面设计能力、网页代码撰写能力，及对视觉设计、色彩有敏锐的观察力及分析能力。

现今，移动UI设计师的就业要求与网页美工的任职要求大体上是相同的。唯一的区别就在于移动UI设计师针对的是移动手机客户端的界面设计，包括iOS、Android、Win7等界面设计。互联网设计趋势就在于产品的用户体验设计，谁的产品体验做得好，谁就能有一席之地！而用户体验设计的重点在于界面的设计，移动客户端的界面设计从而显得更加重要。移动UI设计师这一职业已经开始受到众多青年的青睐，原因有两点：第一，移动UI设计是一个崭新的职位，也是设计师追求新鲜刺激感觉的驱动力！更具有挑战性！第二，一个新的热门的职业伴随着的就是高薪！

统计数据显示，近年来，北京、上海、广州三个城市的UI设计师职位严重空缺。其中，移动UI设计相关行业招聘职位达三万多个，薪水比传统设计行业高2～4倍。由此可见，真正符合企业职位要求的专业UI设计师很少。在这个就业趋势的带动下，相当一部分的设计相关专业毕业生和在职设计师们开始重新规划职业发展方向，并实现华丽转身。

如何才能设计一款成功的移动App？为了满足专业的就业需求，针对目前就业前景良好的智能设备研发行业，本章主要涉及了移动设计的特点、移动应用的生命周期、移动设计的创新——互联网思维、移动设备的三大主流平台和应用、移动设备中的人机交互设计、移动UI设计发展新趋势、移动设计就业要求等内容。

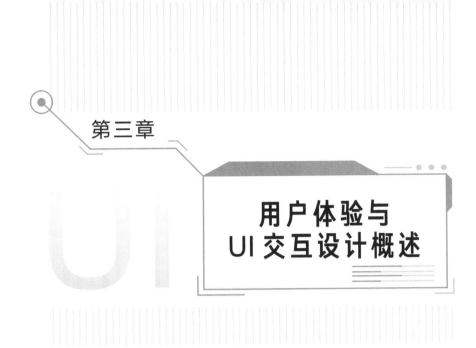

第三章

用户体验与
UI 交互设计概述

随着电子设备和信息技术的快速发展，UI交互设计也在快速发展并得到用户与设计者的重视。从早期用户只寻求能够满足其使用功能的产品，到如今众多产品都可以满足用户基本使用需求，以至于用户开始寻求更深层次的满足，这种深层次的满足也就是用户体验。产品的开发者与设计者也已经认识到，只有优秀的用户体验才能抓住用户的"心"。因此，依靠优良的交互设计来增加用户对其产品的友好度和依赖感成为在产品竞争中胜出的最佳方法。如何通过优良的交互设计来提升用户体验俨然已成为现代信息技术发展中的重大课题。

【本章引言】

在计算机科技高速发展的背景下，人机交互技术开始走进大家的视野，以人为本的交互设计理念越来越多地被提到，用户开始注重产品的互动感和体验效果。强大的需求催生了交互设计，最大分支之一便是UI设计。好的UI设计是实现优秀用户体验的关键，它将直接影响到用户对品牌的友好度和依赖性。本章将从用户体验视角来讨论移动端的UI交互设计的由来、现状以及未来发展。

在交互产品的开发周期中，尽早开始UI界面设计至关重要，因为对于非专业用户来说，UI界面是实现交互操作的途径，界面就是他们所认为的产品。用户在使用产品时所面对的和一直使用的都是界面，而不是交互背后的技术体系结构。用户在通过界面进行交互操作的过程中，视觉认知起到至关重要的作用，而且视觉系统也是信息接收与处理的部分。通过视觉系统对信息的处理，用户能获取其需要的信息和其他心理活动、情感上的体验。在整个交互过程中，设计师主要通过图形、色彩、交互动作、文字、语言以及界面布局来影响用户的视觉认知。因此，在UI交互设计之前要以实际用户的视觉思维作为设计的一个非常重要的依据。

一、UI设计概述

（一）概念

UI即User Interface（用户界面）的简称。其中，"Interface"前缀"Inter"的意思是"在一起、交互"，而翻译成中文"界面"之后，"交互"的概念没能得到体现。UI设计（或称界面设计）是指对软件的人机交互、操作逻辑、界面美观的整体设计。UI设计分为实体UI和虚拟UI，互联网常用的UI设计是虚拟UI。

好的UI设计不仅是让软件变得有个性、有品位，还要让软件的操作变得舒适简单、自由，充分体现软件的定位和特点。以车为例，方向盘、仪表盘、中控都属于用户界面。从字面上看，"用户界面"由用户与界面两个部分组成，但实际上还包括用户与界面之间的交互关系，所以可分为三个方向：用户研究、交互设计、界面设计。

（二）意义阐释

通过以下三个层面来理解UI的概念。

首先，UI是指人与信息交互的媒介，它是信息产品的功能载体和典型特征。UI作为系统的可用形式而存在，比如以视觉为主体的界面，强调的是视觉元素的组织和呈现。这是物理表现层的设计，每一款产品或者交互形式都以这种形态出现，包括图形、图标（Icon）、色彩、文字设计等，用户通过它们使用系统。在这一层面，UI可以理解为User Interface，即用户界面。

其次，UI是指信息的采集与反馈、输入与输出，这是基于界面而产生的人与产品之间的交互行为。在这一层面，UI可以理解为User Interaction，即用户交互，这是界面产生和存在的意义所在。人与非物质产品的交互更多依赖于程序的无形运作来实现，这种与界面匹配的内部运行机制，需要通过界面对功能的隐喻和引导来完成。因此，UI不仅要有精美的视觉表现，也要有方便快捷的操作，以符合用户的认知和行为习惯。

最后，UI的高级形态可以理解为User Invisible。对用户而言，在这一层面上UI是"不可见的"，这并非是指视觉上的不可见，而是指让用户在界面之下与系统自然地交互，沉浸在他们喜欢的内容和操作中，忘记了界面的存在（糟糕的设计则迫使用户注意界面，而非内容）。这需要更多地研究用户心理和用户行为，从用户的角度来进行界面结构、行为、视觉等层面的设计。在大数据的背景下，在信息空间中，交互会变得更加自由、自然并无处不在，科学技术、设计理念及多通道界面的发展，导致普适计算界面的出现，进一步促使用户体验到的交互变成下意识甚至是无意识的。用户研究工程师一般具有心理学或人文学背景比较合适。综上所述，UI设计师就是软件图形设计师、交互设计师、用户研究工程师。

二、UI设计原则

（一）简易性

界面的简洁是要让用户便于使用、便于了解产品，并能减少用户发生错误选择的可能性。

（二）用户语言

界面中要使用能反映用户本身的语言，而不是游戏设计者的语言。

（三）记忆负担最小化

人脑不是电脑，在设计界面时必须要考虑人类大脑处理信息的限度。人类的短期记忆有限且极不稳定，24h内存在约25%的遗忘率。所以对用户来说，浏览信息要比记忆更容易。

（四）一致性

它是每一个优秀界面都具备的特点。界面的结构必须清晰且一致，风格必须与产品内容相一致。

（五）清楚

在视觉效果上便于理解和使用。

（六）用户的熟悉程度

用户可通过已掌握的知识来使用界面，但不应超出一般常识。

（七）从用户习惯考虑

想用户所想，做用户所做。用户总是按照他们自己的方法理解和使用界面。通过比较两个不同世界（真实与虚拟）的事物，完成更好的设计。如：书籍对比竹简。

（八）排列

一个有序的界面能让用户轻松地使用。

（九）安全性

用户能自由地作出选择，且所有选择都是可逆的。在用户作出危险的选择时有信息介入系统的提示。

（十）灵活性

简单来说就是要让用户方便地使用，但不同于上述的简易性，这里的灵活性指互动多重性，即不局限于单一的工具（包括鼠标、键盘或手柄、界面）。

（十一）人性化

高效率和用户满意度是人性化的体现。应具备专家级和初级玩家系统，即用户可依据自己的习惯定制界面，并能保存设置。

三、UI设计流程

（一）确认目标用户

在UI设计过程中，需求设计师会确定软件的目标用户，获取最终用户和直接用户的需求。用户交互要考虑到目标用户的不同引起的交互设计重点的不同。

例如：对于科学用户和对于电脑入门用户的设计重点就不同。

（二）采集目标用户的习惯交互方式

不同类型的目标用户有不同的交互习惯。这种习惯的交互方式往往来源于其原有的针对现实的交互流程、已有软件工具的交互流程。当然还要在此基础上通过调研分析找到用户希望达到的交互效果，并且以流程形式确认下来。

（三）提示和引导用户

软件是用户的工具。因此应该由用户来操作和控制软件。软件响应用户的动作和设定的规则。对于用户交互的结果和反馈，提示用户结果和反馈信息，引导用户进行用户需要的下一步操作。

（四）一致性原则

① 设计目标一致。软件中往往存在多个组成部分（组件、元素）。不同组成部分之间的交互设计目标需要一致。例如，如果以电脑操作初级用户作为目标用户，以简化界面逻辑为设计目标，那么该目标需要贯彻软件（软件包）整体，而不是局部。

② 元素外观一致。交互元素的外观往往影响用户的交互效果。同一个（类）软件采用一致风格的外观，对于保持用户焦点，改进交互效果有很大帮助。遗憾的是对于如何确认元素外观一致没有特别统一的衡量方法。因此需要对目标用户进行调查取得反馈。

③ 交互行为一致。在交互模型中，对于不同类型的元素，用户触发其对应的行为事件后，其交互行为需要一致。例如，所有需要用户确认操作的对话框都应至少包含确认和放弃两个按钮。对于交互行为一致性原则，比较极端的理念是相同类型的交互元素所引起的行为事件相同。但是可以看到这个理念虽然在大部分情况下正确，但是的确有相反的例子证明不按照这个理念设计，会更加简化用户操作流程。

（五）可用性原则

① 可理解。软件要为用户使用，用户必须可以理解软件各元素对应的功能。如果不能为用户理解，那么需要提供一种非破坏性的途径，使得用户可以通过对该元素的操作，理解其对应的功能。比如：删除操作元素。用户可以点击删除操作按钮，界面会提示用户如何进行删除操作或者

是否确认删除操作，用户可以更加详细地理解该元素对应的功能，同时可以取消该操作。

② 可达到。用户是交互的中心，交互元素对应用户需要的功能。因此交互元素必须可以被用户控制。用户可以用诸如键盘、鼠标之类的交互设备，通过移动和触发已有的交互元素达到其他在此之前不可见或者不可交互的交互元素。要注意的是交互的次数会影响可达到的效果。如果一个功能被深深隐藏（一般来说超过4层），那么用户看到该元素的概率就大大降低了。可达到的效果也同界面设计有关。过于复杂的界面会影响可达到的效果。

③ 可控制。软件的交互流程，用户可以控制。功能的执行流程，用户可以控制。如果确实无法提供控制，则用能为目标用户理解的方式提示用户。

四、UI设计规范

（一）一致性原则

坚持以用户体验为中心的设计原则，确保界面直观、简洁，操作方便快捷，用户接触软件后对界面上对应的功能一目了然，不需要太多培训就可以方便使用本应用系统。

① 字体。保持字体及颜色一致，避免一套主题出现多个字体；不可修改的字段，统一用灰色文字显示。

② 对齐。保持页面内元素对齐方式的一致，如无特殊情况应避免同一页面出现多种数据对齐方式。

③ 表单录入。在包含必须与选填的页面中，必须在必填项旁边给出醒目标识（＊）；各类型数据输入需限制文本类型，并做格式校验，如电话号码输入只允许输入数字、邮箱地址需要包含"@"等，在用户输入有误时给出明确提示。

④ 鼠标手势。可点击的按钮、链接需要切换鼠标手势至手型。

⑤ 保持功能及内容描述一致。避免同一功能描述使用多个词汇，如编辑和修改、新增和增加、删除和清除混用等。建议在项目开发阶段建立一个产品词典，包括产品中常用术语及描述。设计或开发人员严格按照产品词典中的术语词汇来展示文字信息。

（二）准确性原则

① 使用一致的标记、标准缩写和颜色，显示信息的含义应该非常明确，用户不必再参考其他信息源。

② 显示有意义的出错信息，而不是单纯的程序错误代码。

③ 避免使用文本输入框来放置不可编辑的文字内容，不要将文本输入框当成标签使用。

④ 使用缩进和文本来辅助理解。

⑤ 使用用户语言词汇，而不是单纯的计算机专业术语。

⑥ 高效地使用显示器的显示空间，但要避免空间过于拥挤。

⑦ 保持语言的一致性，如"确定"对应"取消"，"是"对应"否"。

（三）可读性原则

① 文字长度。文字的长度在大块空白的设计中很重要。太长会导致眼睛疲劳，阅读困难。太短又经常会造成尴尬的断裂效果，断字的使用也会造成大量的复合词，这些断裂严重

影响了阅读的流畅性。

② 空间。每个字符的长度、间距的设置是十分重要的。每个字符之间的空间至少等于字符的尺寸，大多数数字设计人员习惯选择文字空间距离为最小文字的1.5倍。

③ 对齐方式。无论是在文本中心，还是偏左，或者是沿着一个文件的右侧对齐，文本的对齐都相当重要，可以极大地影响可读性。一般而言，文本习惯向左对齐，因为它反映了基本的阅读方式——从左至右。熟悉每一行开始和结束的地方。

（四）布局合理化原则

在进行设计时需要充分考虑布局的合理化问题，遵循用户从上而下、自左向右地浏览、操作习惯，避免常用业务功能按键排列过于分散，造成用户鼠标移动距离过长的弊端。多做"减法"运算，将不常用的功能区块隐藏，以保持界面的简洁，使用户专注于主要业务操作流程，有利于提高软件的易用性及可用性。

① 菜单。保持菜单简洁性及分类的准确性，避免菜单深度超过3层。菜单中功能是需要打开一个新页面来完成的，需要在菜单名字后面加上"…"（只适用于C/S架构，B/S请无视）。

② 按钮。确认操作按钮放置在左边，取消或关闭按钮放置在右边。

③ 功能。未完成功能必须隐藏处理，不要置于页面内容中，以免引起误会。

④ 排版。所有文字内容排版避免贴边显示（页面边缘），尽量保持10～20像素的间距并在垂直方向上居中对齐；各控件元素间也应保持至少10像素以上的间距，并确保控件元素不紧贴于页面边缘。

⑤ 表格数据列表。字符型数据保持左对齐，数值型右对齐（方便阅读对比），并根据字段要求，统一显示小数位数。

⑥ 滚动条。页面布局设计时应避免出现横向滚动条。

⑦ 页面导航（面包屑导航）。在页面显眼位置应该出现面包屑导航栏，让用户知道当前所在页面的位置，并明确导航结构，如：首页 > 新闻中心 > 某智能招商服务平台正式发布，其中带下划线部分为可点击链接。

⑧ 信息提示窗口。信息提示窗口应位于当前页面的居中位置，并适当弱化背景层以减少信息干扰，让用户把注意力集中在当前的信息提示窗口。一般做法是在信息提示窗口的背面加一个半透明颜色填充的遮罩层。

（五）系统操作合理性原则

① 尽量确保用户在不使用鼠标（只使用键盘）的情况下也可以流畅地完成一些常用的业务操作，各控件间可以通过Tab键进行切换，并将可编辑的文本全选处理。

② 查询检索类页面，在查询条件输入框内按回车应该自动触发查询操作。

③ 在进行一些不可逆或者删除操作时应该有信息提示用户，并让用户确认是否继续操作，必要时应该把操作造成的后果也告诉用户。

④ 信息提示窗口的"确认"及"取消"按钮需要分别映射键盘按键"Enter"和"Esc"。

⑤ 避免使用鼠标双击动作，因为双击不仅会增加用户操作难度，还可能引起用户误会，认为功能点击无效。

⑥ 表单录入页面，需要把输入焦点定位到第一个输入项。用户通过Tab键可以在输入框

或操作按钮间切换，并注意Tab的操作应该遵循从左向右、从上而下的顺序。

（六）系统响应时间原则

系统响应时间应该适中。响应时间过长，用户就会感到不安和沮丧，而响应过快也会影响到用户的操作节奏，并可能导致错误。因此在系统响应时间上坚持如下原则：

① 2～5s窗口显示处理信息提示，避免用户误认为没响应而重复操作；

② 5s以上显示处理窗口，或显示进度条。

五、UI设计方向

前文已提到，UI设计方向可分为3个方向，分别是：用户研究、交互设计、界面设计。下面对这3个方向进行具体的说明。

（一）用户研究

用户研究包含两个方面：一是可用性工程学（Usability Engineering），研究如何提高产品的可用性，使得系统的设计更容易被人使用、学习和记忆；二是通过可用性工程学研究，发掘用户的潜在需求，为技术创新提供另外一个思路和方法。

用户研究是一个跨学科的专业，涉及可用性工程学、人类工效学、心理学、市场研究学、教育学、设计学等学科。用户研究技术是站在人文学科的角度来研究产品，站在用户的角度介入到产品的开发和设计中。

用户研究是通过对用户的工作环境、产品的使用习惯等的研究，使得在产品开发的前期能够把用户对于产品功能的期望、对设计和外观方面的要求融入到产品的开发过程中去，从而帮助企业完善产品设计或者探索一个新产品概念。

用户研究是得到用户需求和反馈的途径，也是检验界面与交互设计是否合理的重要标准。

（二）交互设计

这部分指人与机之间的交互工程。在过去，交互设计也由程序员来做，其实程序员擅长编码，多数不善于与最终用户交互。所以，很多的软件虽然功能比较齐全，但是交互方面设计很粗糙，烦琐难用，学习困难。使用这样的软件后，不是使人聪明与进步而是让人感到受愚弄与羞辱。许多人因为不能操作电脑软件而下岗失业，这样的交互使电脑成为让人恐惧的科技怪兽。于是需要把交互设计从程序员的工作中分离出来，单独成为一个学科，也就是人机交互设计。它的目的在于加强软件的易用、易学、易理解性，使计算机真正成为方便地为人类服务的工具。

（三）界面设计

在漫长的软件发展中，界面设计工作一直没有被重视起来。做界面设计的人也被贬义地称为"美工"。其实软件界面设计就像工业产品中的工业造型设计一样，是产品的重要卖点。一个友好美观的界面会给人带来舒适的视觉享受，拉近人与电脑的距离，为商家创造卖点。界面设计不是单纯的美术绘画，它需要定位使用者、使用环境、使用方式并且为最终用户而设计，是纯粹的、科学性的艺术设计。检验一个界面的标准既不是某个项目开发组领导的意见，也不是项目组成员投票的结果，而是最终用户的感受。所以界面设计要和用户研究紧密结合，是一个不断为最终用户设计满意视觉效果的过程。

一、概述

（一）用户体验的定义

用户体验（User Experience，简称UE/UX）是用户在使用产品过程中建立起来的一种纯主观感受。但是对于一个界定明确的用户群体来讲，其用户体验的共性是能够经由良好设计实验来认识到。计算机技术和互联网的发展，使技术创新形态正在发生转变，以用户为中心、以人为本越来越得到重视，用户体验也因此被称作创新2.0模式的精髓。在中国面向知识社会的创新2.0——应用创新园区模式的探索中，更将用户体验作为"三验"创新机制之首。

ISO 9241—210标准将用户体验定义为"人们对于所使用或期望使用的产品、系统或者服务的认知印象和回应"。通俗来讲就是：这个东西好不好用？用起来方不方便？因此，用户体验是主观的，且其注重实际应用时产生的效果。

上述ISO标准对用户体验的定义有着如下补充说明：用户体验，即用户在使用一个产品或系统之前、使用期间和使用之后的全部感受，包括情感、信仰、喜好、认知印象、生理和心理反应、行为和成就等各个方面。该说明还列出了三个影响用户体验的因素：系统，用户和使用环境。

（二）用户体验设计

用户体验设计（User Experience Design），是以用户为中心的一种设计手段，是以用户需求为目标而进行的设计。设计过程注重以用户为中心，用户体验的概念从开发的最早期就开始进入整个流程，并贯穿始终。其目的就是保证：

① 对用户体验有正确的预估；

② 认识用户的真实期望和目的；

③ 在功能核心还能够以低廉成本加以修改的时候对设计进行修正；

④ 保证功能核心同人机界面之间的协调工作，减少bug（程序漏洞）。

（三）狭义和广义的用户体验

① 狭义的用户体验。用户体验刚被提出时，只局限于互联网产品的用户操作感受，而事实上，人们看到和使用的互联网产品只是其中一种商品存在的场景。

狭义的用户体验更多的是指用户在获得某些商品或信息过程中，使用互联网产品时的主观体验感受，那只是用户体验中的一个小环节，即产品体验设计环节。

② 广义的用户体验。用户体验是站在用户的立场所用的词语，用户在获得某些商品或信息时，通过中间场景载体获取。这个中间场景载体可以是线下店，也可以是线上App（PC）。整个流程中的主观体验感受中最主要的是商品给用户的感受，而不是获得商品过程的感受。

所以，用户体验包括了服务给用户的体验和产品给用户的体验，包含了服务设计和产品设计，这里的产品设计包括商品设计和场景载体设计。

二、用户体验发展历程

用户体验这个词最早被广泛认知是在20世纪90年代中期，由用户体验设计师唐纳德·诺曼（Donald Norman）所提出和推广。

近些年来，计算机技术在移动和图形技术等方面取得的进展已经使得人机交互（HCI）技术渗透到人类活动的几乎所有领域，这导致了一个巨大转变——系统的评价指标从单纯的可用性工程，扩展到范围更丰富的用户体验。这使得用户体验（用户的主观感受、动机、价值观等方面）在人机交互技术发展过程中受到了相当大的重视，其受关注程度与传统的三大可用性指标（即效率、效益和基本主观满意度）不相上下，甚至比传统的三大可用性指标的地位更重要。

在网站设计的过程中有一点很重要，那就是要结合不同利益相关者的利益——市场营销、品牌、视觉设计和可用性等各个方面。市场营销和品牌推广人员必须融入"互动的世界"，在这一世界里，实用性是最重要的。这就需要人们在设计网站的时候必须同时考虑到市场营销、品牌推广、审美需求三个方面的因素。用户体验就提供了这样一个平台，以期覆盖所有利益相关者的利益——使网站容易使用、有价值，并且能够使浏览者乐在其中。这就是早期的用户体验著作都聚焦于网站用户体验的原因。

三、用户体验设计优化方法

（一）用户体验设计搜索引擎运用

随着智能手机不断增长的使用情况和市场占有率，做一个移动版本的网站是一个必然的趋势，如果还没设计移动版本网站，那么是时候开始着手考虑了。如果建立的移动网站不仅能够吸引用户，还能吸引搜索引擎，那么用户体验设计就会得到很大的优化。主要体现在以下几个方面：

① 了解手机消费者如何与网站互动；

② 恢复手机界面；

③ 保持一贯的品牌；

④ 避免任何Flash或JavaScript文件；

⑤ 消除弹出窗口；

⑥ 包含一个链接以回到完整的网站（主页面）。

（二）用户体验设计减少HTTP请求数

用户在打开一个网页的时候，后台程序响应用户所需的时间并不多，用户等待的时间主要花费在下载网页元素（即HTML、CSS、JavaScript、Flash、图片等）上了。统计显示，每增加一个元素，网页载入的时间就增加25～40ms（取决于用户的带宽情况）。

所以，想要提高网页打开速度，就要减少HTTP请求数，方法有3种。

① 减少不必要的HTTP请求。例如用CSS圆角代替圆角图片，减少图片的使用。

② 使用CSS Sprite技术。将一个页面涉及的所有零星图片都包含到一张大图中去，这样一来，当访问该页面时，载入的图片就不会像以前那样一幅一幅地慢慢显示出来了。

③ 优化缓存。对于没有变化的网页元素（如页头、页尾），用户再次访问的时候没有必要重新下载，直接从浏览器缓存里读取就可以了。

（三）感官体验的改善

感官体验是用户体验中最直接的感受，是给用户呈现视听上的体验。网站的舒适性很关键，用户看到网站的第一眼感受，是决定用户是否继续浏览网站的基础。

① 改善方法。对于网站的调整需要针对网站的目标人群进行分析，然后在网站的设计细节上进行适当的改善，如对网站设计风格、色彩的搭配、页面的布局、页面的大小、图片的展示、网站字体的大小、Logo的空间等的改善。要达到的目的就是，当用户一进网站，就能很清楚网站是干什么的，以及用户能在网站上得到什么有价值的东西，这个很关键。

② 交互体验的改善。交互体验是呈现给用户操作上的体验，强调易用/可用性。

（四）用户体验目标信息要醒目而亲近

在关注缩短完成路径这个问题的时候，优化操作步骤是第一位的。因为，首先要简化用户的任务。接下来要在任务内部优化指点设备（鼠标或手指等）运动轨迹和眼球运动轨迹等细节。根据菲茨定律，使用指点设备到达一个目标的时间与以下两个因素有关：

① 设备当前位置和目标位置的距离。距离越短，所用时间越短。

② 目标的面积。面积越大，所用时间越短。

通俗来说，就是如果希望用户注意或点击某个元素（如文字、图片、按钮等），那么这个元素就不应该距离指点设备的当前位置太远（比如出现在屏幕的右侧），并且它的面积要足够大。伴随着Web2.0的热潮，网站设计也有了一系列的革新，其中最大的革新之一就是"以大为美"——大大的Logo，大大的图片，大大的按钮，它们不光看起来更有冲击力，也使用户的识别和点击更方便。

（五）用户体验目标信息保持更新

要抓住访问者的心理，就得时刻保持网站上内容的更新。在更新网站内容的时候，不要过于追求量，而要追求质，更新再多的信息，如果不能保证质量的话，就等于没有更新。而且网站的内容只有经常更新，才能给人们一种新鲜的感觉，也才能满足用户的需求，因为用户都喜欢浏览最新的信息。

四、用户体验的不同形式

（一）用户体验分类

① 感观体验：呈现给用户视听上的体验，强调舒适性。一般通过色彩、声音、图像、文字内容、网站布局等呈现。

② 交互用户体验：界面给用户使用、交流过程的体验，强调互动、交互特性。交互体验的过程贯穿浏览、点击、输入、输出等过程给访客带来的体验。

③ 情感用户体验：给用户心理上的体验，强调心理认可度。让用户通过站点能认同、抒发自己的内在情感，那说明用户体验效果较深。情感体验的升华是口碑的传播，形成一种高度的情感认可效应。

（二）瞬间体验与全局用户体验

对于用手机与亲人通过短信交流的用户体验，按照时间长短来划分，可以从几个方面入手来研究这一系统的用户体验。在上述情况下，可以研究浏览者在互动过程中的情绪变化。比如，浏览者在这一情境下的用户体验（暂称之为情境体验），或者他对于该电话系统的一般态度（也就是浏览者长期的、全局的体验）。在上面的例子里，注重浏览者一时的情绪未必是理解浏览者用户体验的最好方式，因为浏览者的情绪主要由内容决定，而不是由系统（手机和短信服务）决定。不过，在一些由内容占主导地位的系统（例如电子游戏系统）中，情绪的波动可能就是评价用户体验的最佳方式。

（三）独立的用户体验与全局用户体验

独立的用户体验会影响到全局用户体验。例如，按键的手感影响了短信输入过程中的用户体验，而短信输入的体验影响了收发短信这一过程的用户体验，并且最终影响到手机的全局用户体验。全局用户体验并不是独立用户体验的简单相加，因为总会有某些体验（带来的正面或负面效益）比其他体验更为突出。全局用户体验还会受到外部因素的实际作用影响，如：品牌，价格，朋友的意见，媒体的报道等。

五、用户体验设计目标

（一）有用

最重要的是要让产品有用，这个有用是指能满足用户的需求。20世纪90年代推出的第一款PDA手机，叫牛顿，是一个非常失败的案例。在那个年代，其实很多人并没有PDA的需求，而一个公司把90%以上的投资放到1%的市场份额上，所以失败是必然。

（二）易用

易用，这非常关键。不容易使用的产品，也是没多大用的。目前市场上手机有上百种品牌，每一个手机有一两百种功能，当用户买到这个手机的时候，用户可能不知道怎么去用，一百多个功能他可能用的就五六个。当用户不理解这个产品对他有什么用时，用户可能就不会花钱去买这个手机。产品要让用户一看就知道怎么去用，而不需要去读说明书。这也是设

计的一个方向。

（三）友好

设计的另一个方向就是友好。早些时候，要加入百度联盟，百度批准后会发这样一个邮件：百度已经批准你加入百度的联盟。批准，这个词非常生硬。所以后来改为：祝贺你成为百度联盟的会员。表达上的这种感觉也是用户体验的一个细节。

（四）视觉设计

视觉设计的目的其实是要传递一种信息，是让产品产生一种吸引力。正是这种吸引力让用户觉得这个产品可爱。产品其实就有这样一个概念，即能够让用户在视觉上受到吸引，爱上这个产品。视觉能创造出用户黏度。

（五）品牌

前四者做好，就融会贯通上升到品牌。这个时候去做市场推广，可以做得很好。前四个基础没做好，推广再多，用户用得不好，他也会马上走，而且永远不会再来。他甚至还会告诉其他人说这个东西很难用。

设计师进行用户体验设计时经常犯的错误是直接开发、直接上线。很多人说，互联网作为一个实验室，用户一上线就可以知道结果了。这当然也是一个正确的理念。但是在上线之前如果有太多的错误，那么就会大大地影响事态结局。一开始的时候就能很准确地做出一些判断，做出一些取舍，才能够在互联网这个实验室里做得更好。

六、用户体验效益要点

很多企业网站成为一个陈列品。网站制作完毕后不会为企业带来任何效益，这将是巨大的浪费。如何让企业网站带来效益？在日常运营企业网站中需要注意以下十点。

（一）体验元素

一个注重个性化体验的时代，能为消费者提供独特的与产品及企业相关的各种体验将对促进销售与提高亲和力有积极的帮助。网站也可以作为顾客体验的重要部分，要让企业网站成为浏览者的体验场地，巧妙地把线上与线下接触结合起来，让浏览者参与进来。比如很多电脑制造企业的网站制作了三维产品模型，浏览者可以通过鼠标点击查看产品的任意位置，甚至可以打开虚拟电脑的屏幕或光驱等。当体验者有任何疑问时，线上线下多条沟通管道可以在5秒内使浏览者与商品客服人员取得联系，如果确定购买，很快货物便会被送到府上，此时便可以在网站上查到自己电脑和用户的相关信息并可以参加用户或会员的各种活动。宜家家居的网站更推出了房间与家具之间自由搭配组合的体验功能，浏览者可以把喜欢的家具一样样"拽"进一间虚拟的房间中自由摆放，以便在购买前便可以看到购买后的效果，此举极大地促进了其产品的销售。像这样的线上线下互动与创新，会让浏览者充分体验到网站的真实性和实用性，以后自然会把这家网站作为购买相关商品最便捷的途径。

（二）便捷按钮

设置一些只要浏览者点击一下就可以完成操作的便捷功能按钮，比如收藏本站、设为首页、推荐给朋友等。这些"举手之劳"可以有效增加自己网站被再次浏览和推介的机会。

（三）视觉统一

网站的视觉方面要和企业的VI视觉识别系统相统一，如果企业没有VI视觉识别系统，那么也要和企业或商品有视觉化的联系，这样可以增强浏览者对企业及产品的视觉化一致性认识及加深印象。

（四）切忌虚大

很多企业的网站做得非常大，且功能齐全，以为这样才能吸引人气，其实这样做不仅要在网站建设上花很多的钱，而且功能过多还会使浏览者眼花缭乱，不知所措。请检视一下企业的网站，是否有很多功能从没有人使用过呢？很可能会有。所以，网站不求大，不求全，只求最实用的功能。尽量使页面整洁简单，一目了然，并且一定要制作网站导航，这样便增加了目标浏览者使用网站各种功能的可能性，否则杂乱烦琐的设置会使浏览者产生负面的浏览体验，很快就会失去耐心而离去。

（五）制造氛围

浏览者在线购买商品时，很多时候想购买，却又有很多顾虑，这时就要利用人们的从众心理来塑造购买气氛，以此来打消浏览者的顾虑，比如在订购商品页面显示大量其他购买者的购买信息，这会增加浏览者的购买信心，甚至没有购买打算的浏览者看到大家的举动也会参与到其中。就像超市的整点打折促销一样，看到别人疯狂地抢购商品，自己本能地也会产生购买欲并加入其中，即使自己根本没有购买计划。也可以用一些权威的推荐及证明来打消浏览者的顾虑，如专家推荐、相关机构推荐及认证等。

（六）域名选择

网站制作好后就要上传到网络上了，这时选择一个容易记忆、与企业或产品相关的域名就很关键。但网络域名资源日益紧缺，不一定能选到既容易记忆又符合自身特点的域名，这时就要有一个侧重点。首先网站的域名要容易记忆，但不要陷入容易记忆的域名必须简单、要由尽可能少的字符组成或使用容易记忆的重复符号等误区中。其实在中国使用的网站有时使用中文名的拼音字母同样适合并更容易记忆，注册域名最好要注册".com"而不要注册".cn"域名，因为后者在主流搜索引擎中收录效果会差些。

（七）设计关键

恰当的关键字会把使用搜索引擎的浏览者吸引到网站上来，但对于企业网站来说，关键字的设置方法不应该和以网站为经营主体的相同。企业网站关键字的使用原则是一定要抓住浏览者关注的核心，即浏览者最关心的问题。而对应关键字，网站上必须要有相应的解决方案或对浏览者有价值的信息，只有这样吸引来的浏览者才可能转化为有价值的目标消费者。单纯靠关键字吸引来大量的浏览者对企业网站来说是没有太大意义的。

（八）培养浏览者

点击率被称作网络价值衡量器，非常重要。但对于企业网站来说就并非是这样，有高的流量固然重要，但可以产生商业价值的流量更重要，即吸引更多目标顾客群体，而后发展注册用户。当然，注册用户可以享受一些其在意的特权，以此培养忠诚的浏览者，最终转化为消费，因为偶尔浏览到某个网站便马上消费的情况很少，这中间有一个浏览者建立了解与信任的过程。

（九）有所收获

一个成功的网站必须要具备这个功能，虽然浏览者不一定会马上购买所宣传的产品，但通过网站有所收获的话也会增加其对企业及产品的好感度与再次光顾的可能。比如网站上如果有目标顾客关注的各种新闻、常识、提醒等，那么只要目标浏览者（目标消费者）感兴趣并常光顾，迟早会进行消费。

（十）高度互动

网站必须具有高度的互动性，而非仅是一个网络版的宣传单。要让浏览者可以通过网站进行各种互动行为，包括直接联系企业客服中心、在线留言或咨询、在线订购物品、发表评论等。总之，要让网站（企业）和浏览者互动起来，通过网站把浏览者和企业连接起来。能互动的地方越多，这个网站的价值就越大。因为只有和浏览者产生交流并可帮浏览者解决实际问题，比如可以回答他的提问或直接购买产品，对浏览者来说网站才是有生命的，有价值的。例如网站可以在线订餐或者鲜花，浏览者若使用服务并获得成功体验，以后会经常光顾网站并进行消费。如果网站只介绍企业（饭店）或产品（鲜花），那么对浏览者的吸引力就小得多，而不能通过网站来更多地了解或购买产品对浏览者来说是一种遗憾，对企业来说则是一种损失。所以网站一定要有互动，并且要让浏览者的各种互动行为简单流畅。可以互动的东西很多，除了订购商品、咨询这两大主要功能外，还可以通过网站进行顾客调查等市场营销活动。不要被现有的形式所局限，结合自身特点探索新型网络模式更可能为企业带来意想不到的功效。

以上只是企业网站能真正发挥效用的十大核心点，但并不是全部，还需要更多地结合实际情况才能将企业网站的真正作用最大化。

第三节
用户体验设计三大流程

一、流程一：创意和原型草图阶段

该阶段需要做的是对应用的概念和功能进行规划和设计。

（一）市场调查

在设计师看来，这一步是非常重要的，所谓不打无准备的仗，知己知彼，百战不殆。首先确定一下创意是否已在市场上存在。当然，存在是难免的，如果发现有类似创意的应用，那需要做的是比它做得更好，具有更多独特的优化设计。常用的调查方式就是到各大平台的应用商店下载同类的App。下载完App后，进行试用，归纳同类产品中已有的功能并提取各个应用中值得一提的亮点，为之后的设计提供参考依据。

（二）应用的定位

对自己设计的产品有一个明确的定位，它决定了整个App的设计重点。在iOS的《人机界面指南》中提到应用设计的定位方法，分为五个方面：serious（重要）、tool（工具）、fun（有趣）、entertainment（娱乐），中心是utility（实用）。应用定位离中心越远，特点越鲜明，越独特，这样的应用比较容易做出自己的个性而吸引到用户。

（三）用户分析

通过对应用的用户及用户群体的分析和了解来确定应用的核心功能。这一步对于整个用户体验设计来说是极其重要的。在设计的前期，最容易出现的就是对功能的取舍，团队成员均提出各自的功能需求设想，推荐通过"头脑风暴"的方式来解决。

（四）绘制原型草图

不是所有问题都是想清楚了就可以开始在电脑上进行图形界面设计甚至编码，在进入具体设计之前，需要在纸上画出应用的原型草图。画出应用的功能点、操作流程、界面布局以及交互元素，去除多余或不合理的因素，加强应用的核心功能。

二、流程二：原型的中保真阶段

该阶段就是在电脑上进行应用的图形界面设计，不需要过多的细节修饰，只需把草图数字化。

（一）选择布局和导航方式

合理的布局和导航方式影响到应用在使用和操作过程中页面跳转的清晰、流畅和条理性。

（二）设置控件和界面元素

对界面上的细节元素进行细致的设计、排版和调整，对应用的交互方式、工效学以及视觉的整体协调进行反复调整。

（三）可用性测试

将设计好的应用原型输入到移动设备的相册里，让团队外的人来进行简单页面跳转，以此来测试应用布局、导航和控件位置的合理性和操作的体验感。

三、流程三：高保真原型及设计的完成阶段

这一阶段的主要设计任务是进一步进行创意和修饰。

（一）个性设计

对应用的界面进行色彩、图形细节、字体和特效上的修饰和创意。

（二）图标设计

完善界面中的各类图标。

（三）交付开发人员

最后就是要切图。

四、用户体验设计流程与文档编制

正如简约用户体验倡导者Jeff Gothelf在Smashing Magazine的一篇文章中所介绍的那样，在用户体验方面单纯用作未来参考的详细交付成果基本上从制作完成起就已经没用了。在当今这个崇尚简约、灵活的时代，用户体验的关键应该是产品的核心，而不是整体交付成果。不论选择简单的还是详细的流程，关键是要保证文档能够帮助设计向前推进（而不能只是一个滞后的指标）。下面是产品设计开发文档编制、各个元素及阶段的概览。不同公司的产品开发和文档编制过程各有不同，例如Spotify，但是下面的很多交付成果在一定程度上是大多数公司所通用的。

（一）各自关系

在产品设计文档编制方面，理论和实践是完全不同的两码事。UI设计师都知道用户中心设计的基本原则。UI设计师也都能从纷杂的方法中认出各种不同的研究方法、原型制作阶段以及文档编制技巧的整体流程。但是，UI设计师还是会经常问自己这个问题：在实践中到底怎么操作？

简单来说，就是要让文档与设计流程形成互补，而不是作为设计流程的简单补充。在深入探讨之前，先从宏观上快速看一下产品设计开发期间的文档编制工作，如图3-1所示。从实践的角度分析，设计文档编制的各个步骤之间的联系如下。

① 在产品定义的初始阶段，需要和所有必要的相关人员就产品以及项目的开展方式进行一次头脑风暴。头脑风暴可能带来一套启动计划、一个精简的框架和一系列比较初步的概念图以及模型。

② 接下来开始调研。在这一阶段，团队需要对所有假设进行完善，并填补空白的内

文档与设计流程形成互补

命题 ➡ 创意　用户测试　设计小样 ➡ 集思&发散 ➡ 分析&归纳

—— 图3-1　文档与设计流程形成互补 ——

容。根据产品复杂性、时间安排、现有知识程度等各种因素的不同，这一阶段可能会有所差异。但是，从整体上说，开展竞争性市场分析并执行客户调查是有益无害的。如果有现成的产品，审查分析技术、启发式方法、内容、产品背景和用户测试等也会很有帮助。

③ 在分析阶段，截至目前所收集到的产品营销数据可以为用户特性、体验地图和要求文档提供基础。在这一时间点，产品定义、产品优先级和产品计划都已经经过界定并做好成为更正式的设计交付成果的准备。在这一期间也可能连续产出草图和流程图。

④ 这一阶段的成果将导向使用场景、概念图和模型，进而进入设计阶段。常见的文档类型包括草图、线框图、原型、任务流程图和设计规格等。例如，调研和分析阶段所得到的竞争分析和用户特性将应用到模型、概念图和使用场景中。反过来，这些内容又将影响到线框图、故事板和详细模型等中间或高级交付成果。有些公司会把调研、分析和设计阶段视为一个大的流程。

⑤ 在执行阶段，需要把代码和设计资源组合打造成符合设计规格的产品。

⑥ 在实际产品发布时，还需要依靠支持记录、bug报告及其他分析技巧继续通过后续的版本迭代和升级推动产品的完善。在后续的生产模式下，需要以分析和报告的形式持续不断地生成并监控各类数据以确保成功的延续。

⑦ 最后，生产环境下通过性能指数表和分析技术进行不断的测量与迭代，可以保证实现连续不断以数据为驱动的产品改善。

（二）指导原则

UI设计师在了解了各个阶段之间的联系之后，还要熟知哪些原则有助于推动产品在各个阶段内前进，并说明如何运用产品冲刺方法让流程随着时间推进不断向前，而不是停留在初始的定义阶段。设计冲刺是指在1～3周的时间内集中精力解决具体产品和设计问题。据3Pillar的用户体验领导人Alok Jain所称，设计冲刺的三大关键要素是协作、减少交接摩擦和团队精力的集中。简单地说，UI设计师的设计文档应该集合各方的工作成果，而且必须始终以用户为核心。由于UI设计师需要快速执行各个阶段，所以应当保持冲劲，尽量减少浪费，因此UI设计师要具有号召力，要做设计成员的精神领袖。更重要的是，UI设计师要着手处理小问题，以便保证能进行更加深入的探索和具有更高的风险承担能力。

下面详细地说明如何在了解产品、设计产品、发布和完善产品时运用这一思维。

① 了解产品。在构建产品之前，需要了解其存在的背景。例如：有哪些相关人员？公司和用户为什么关心本产品的创意？能否向前推进？等。

根据Smashing Magazine的介绍，UI设计师所要开展的活动应当能够满足商业需求和用户需求，还需要通过最佳的设计解决方案同时满足这两方。这里的关键是"活动"，因为尽管商业模式蓝图和简约化蓝图之类的文档都很重要，但UI设计师还需要给其他相关人员提供动力，否则就是在花大价钱请一帮人闲聊众所周知的话题。这些活动应当高效并能够促成协作。

第一步：相关人员访谈——使用模板，可以让每个团队成员访谈3个相关人员。产品会给客户带来什么感觉？他们应该怎么操作？通过记录相关人员所认为的客户的思考、感觉、操作方式，设计师就可以设定出用来进行可用性测试和用户分析的基准。

第二步：要求工作坊——让相关人员聚集到一起讨论项目计划，然后探讨概念如何融入产品以及技术要求。UI设计师可以拿出一个空的商业模式蓝图或简约化蓝图，与设计师的团

队一起进行填写。

第三步：速8——拿起马克笔让所有人在5分钟内草拟8个不同产品或功能创意。让每个人给每个创意打分，然后就能看出整体的趋势和偏好情况。

在打完基础后，UI设计师就可以邀请大量用户进行访谈和测试以便获得实际环境的数据进行调研分析。UXPin的CEO Marcin Treder的做法是在确认了问题和工作范围后深入开展客户开发和可用性测试。在UXPin还只是纸上的原型创建工具时，Marcin和用户体验界的明星Brandon Schauer、Luke Wroblewski、Indi Young等人共同对50多次用户访谈和面对面可用性测试进行了详细记录。随后，产品团队使用所记录下的内容制订了用户特性，写了几十套用户背景故事并最终规划出了产品要求。

Amazon所使用的"倒推"方法中的第一步是构想出成品内部新闻发布会的场景。这一方法有助于从客户角度进行倒推，而不是将客户局限到一个创意当中。通过对发布后的产品进行反复迭代修改直到完善，其产品团队会立刻进行可信性检查并编写基准文档以便后期设计开发使用。

② 设计产品。一旦UI设计师有了产品使用目的的基本概念，下面的主要目标就是构建原型。不管UI设计师的团队是愿意用餐巾纸随便画画还是喜欢创建高保真或低保真度的线框图，最后的成果都应当具有功能性。这一阶段的独特性在于，对于大部分交付成果来说，文档就是设计本身，如图3-2所示。

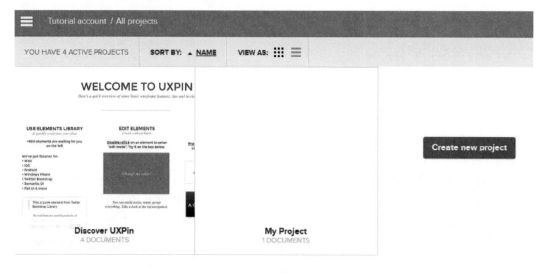

图3-2　设计文档

Twitter的设计经理Cennydd Bowles表示，产品团队应当提前调研两个迭代，提前设计一个迭代并对之前的版本迭代进行审查，如果UI设计师想要保持灵活性，他建议直接打造低保真原型，让"交互凌驾于流程之上"。如果更倾向于注重细节，同时不失灵活，可以先从概念图或草图着手，然后迭代低保真线框图，最后打造高保真原型。不管UI设计师使用哪种方法，一定要和相关人员及用户进行测试。

如果预算和时间允许，UI设计师还可以画出体验图来强调产品在哪些方面能满足或不能满足用户需求，并做出任务模型表现用户为达到各自目标所需要执行的各项活动。虽然这些内容不属于设计的组成部分，但是考虑到UI设计师还需要了解自己的产品在人们脑中和市场上的定位，因此也不无裨益。有趣的是，Yelp会编写包含常用代码的风格指南作为设计阶段的补充，从而让文档能够真正地融入产品。

图3-3　UI设计师的全局概念

在UXPin，用户体验的流程是先使用细记号笔和网格纸组织小组进行草图绘制，然后遴选出几个线框图，之后逐步添加细节直到达到高保真模型。如果需要进行用户测试，会把模型打造成高保真原型。如果要发布重要功能，还会进行广泛的用户测试，让原型的用户满意率达到70%。

③ 构建及发布产品。在开始集中进行技术工作时，一定要编制文档帮助UI设计师获得全局概念。具体的要求可以随着产品的精细化而改变，但是文档一定要能够帮助设计师了解产品发布时的优先事项，如图3-3所示。

RedStamp的用户体验经理Kristofer Layon的观点是，UI设计师可以将产品要求和技术规格文档以路线图的形式进行视觉呈现。产品路线图可以展现用户故事，帮助设计师对功能主次进行排序，从而满足用户需求。有的时候，还可以在路线图中加入特定的日期，让它起到时间轴的作用。路线图的好处在于它能够帮助设计师分清优先次序，对产品要求和技术规格所确定的构建方法进行补充。在确定功能时，UI设计师可以使用Kano模型以三个类别对功能进行评估：

a. 基本属性——产品工作所必需。例如，笔记本电脑的基本属性是要有键盘和屏幕。

b. 性能属性——可以作为KPI（关键绩效指标）用来与不同产品进行比较。例如，笔记本电脑的CPU速度和硬盘容量是衡量优劣的关键，人们一般倾向于速度快、容量大的电脑。

c. 加分属性——根据顾客偏好不同而确定的主管属性。例如，Macbook Air的超薄和光滑触感。有些用户会觉得这些是好卖点，但有的人不注重这些。

根据这个模型以1至5分给功能评分，然后把功能放到优先级矩阵中，可以帮助设计师初步形成产品路线图的轮廓。苹果公司的做法是使用其《路线规则》和《Apple新产品流程》作为产品路线图，并在其中规定职责、创造阶段以及从概念形成到发布期间的重大里程碑。事实上，苹果公司的《路线规则》受到了极高的重视，如果偏离路线会被立刻纠正。

④ 优化产品。在构建（及最终发布）产品时，文档还需要注重于定义和跟踪产品销售情况及其他KPI。毕竟，如果不知道要优化哪些指标，优化产品也就无从谈起。产品优化流程如图3-4所示。

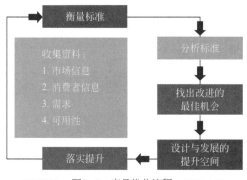

图3-4　产品优化流程

Launch Clinic的创始人Dave Daniels的建议是写下发布目标，例如30天内下载量达到30000。然后确认UI设计师是否有正确的工具来记录进度。使用指标工具和bug报告软件可以让UI设计师建立起可以重复使用的报告，以便在产品发布前几周以及后期进行跟踪记录。在客户方面，设计师还可以对用户进行分类，然后给他们发客户调查问卷，评估进行迭代的内容和时机。

Spotify的迭代阶段是产品开发中最长的

一个阶段。其产品团队使用当前的指标和优先级矩阵对以超出"局部最大值"程度对部分产品进行改善所需的工作量，与能够带来的好处进行比较权衡。如果他们觉得付出这些工作量是值得的，就会返回到定义阶段重新修订产品，以达到"全局最大值"。

五、主观环境下的客观流程

在产品设计文档方面，没有终南捷径。几乎所有UI产品都会或多或少地使用到这些设计技巧。虽然产品开发和用户体验设计是一项高度主观的工作，但UI设计师的流程和文档不一定要很主观。毕竟，产品的最终目标就是获得收入，这一点没什么主观可言。

六、用户体验设计流程的根本——用户需求

百度推出的"空间"，从功能上来说比其他同类产品没有什么特别大的不同，就是三个最基本的功能：上传文章，上传图片，交友。这三个功能，所有博客都有，而且有的还有更多的功能。但是之前大部分的博客，不管是CSP还是门户网站，都不能解决一个问题：速度。性能很不稳定，文章上传了，可能登录就进不去了，可能上传的东西没了。其实用户最基本的需求，就是速度和稳定性。百度虽然后做博客，但百度有很大的平台，有很多的服务器，有很大的流量，完全可以从稳定性和速度上把用户体验做好，其次再添加一些功能。很难用的产品注定会失败，这一点是非常关键的。

（一）百度的搜索

百度的搜索可以用五个字归纳：快、准、全、新、稳。每一个字可以分解成很多小项，每一个字后面都代表着一种用户体验。一个博客一推出来就有几百个链接，几十种功能，很多网站说自己可以这样做，国外都是这样做的，像My Space做得很成功，自己可以模仿它。但是在很多方面，很多中国用户其实跟美国用户是不一样的。很多功能拿到中国，中国人是不习惯用的。

（二）百度的易用性

百度就有一个专门做易用性研究的团队，每天请各种用户来做各种各样的调研。特别提出：不要忽视文字的力量。原先注册一个eBay的账户，到第三步是这样说的："客户只要在邮件确认一下，他就成功了。"这样一句话，很长。但是用户不是一个字一个字去读，他是扫描，一眼扫过去，他的意向可能就是"成功了"。把"成功"两个字记住他就走掉了，不会再去确认这个邮件了。eBay后来将其改成五个大字，叫"快要成功了"。五个大字，非常大。用户一看，自己没有成功，还需要在邮件上确认一下。所以几个字就让eBay提升了10%~20%的注册率，相当于每天给他们带来一百万的最终价值。怎么能让用户爱上宣传的产品？可以通过视觉去改善，去提供一种感觉。这就是百度和谷歌要做节日Logo的原因，因为搜索这个产品也是太普通了。节日的时候做一做Logo，用户产生一种感觉、情感，用户黏度会更好。这一类的东西UI设计师都可以从视觉上去提高。

七、用户体验设计流程质量管理

随着互联网的蓬勃发展，经历了市场的"适者生存，劣者淘汰"，存活下来的却时常遭

遇发展的瓶颈。全面质量管理（total quality management，TQM）是以人为中心的管理系统，旨在不断提高为用户服务的水平，从而不断地降低实际成本。乍一看，这个目标是不可能实现的。但企业能以三种形式实现这一目标。

第一种，分析用户的实际需求，并设计满足这些需求的商品和服务。

第二种，学会怎样用最短的时间以尽可能低的费用提供这一产品。

第三种，通过改善，连续地提高这一过程。

当实施全面质量管理时，遵循的基本原理就是：在第一时间完美地完成。无论是对大公司还是对小公司而言，这都是很重要的。开发出完美无瑕的网站，就等于节省了返工所带来的花费。这个战略主要依赖于管理者对全面质量管理本质的理解，依赖于他们接受这些思想的意愿。

全面质量管理的特征如下。

① 由用户驱动的质量。对以用户为中心设计的网站而言，用户的反馈让UI设计师了解他们需要什么。为了获取这个信息，团队要设法给予用户比他们想要的更多的内容，这样来引起"用户偏好"。

② 领导能力。公司的管理层必须理解TQM所有有关的内容。领导层必须认识到用户体验质量管理的重要性，既要准备实现这些构想，也要鼓励UI设计师去贯彻这些构想。

③ 持续改进。无论UI设计师所在公司网站做得有多好，仍然需要付出不断的努力以做得更好。如果网站已经完美无瑕而不能被改进得更好，那么公司就要想方设法做得更快。用户体验的全面质量管理是无止境的，对每一个步骤、工序、产品和服务都应该不断检测，寻找比原来更好的方法。

④ 全员参与。公司必须建立一个表彰和奖励系统，以鼓励全体员工都参与到TQM的进程中来。比如，用内部培训来传授改进工作质量的方法，解决与工作有关的问题，还可以用奖金来奖励工作业绩突出的人。

⑤ 迅速反应。公司必须不断努力以减少提供产品和服务所需时间。这意味着要做到工序流程化，削减不必要的任务并寻找顾客，使其在需要的时候或更早的时候得到产品。

⑥ 主动发现。必须密切关注、寻找能够避免错误和问题的方法，而不是发生后再寻找和纠正。管理应该主动地而非被动地发现问题。

⑦ 长期展望。除了不断挖掘用户所需的商品和服务外，实施用户体验的全面质量管理的公司还要尝试寻找在未来可能有需求的产品，并在现在开始计划以实现这一目标。通过这种形式，公司预期顾客的需求，并通过有效的长期计划努力领先于这些需求。

⑧ 事实管理。网站实施TQM要通过数据收集、分析和比较来记录他们的成果。通过这种方法，使用量化的资料来比较变化，并能确切地知道改进了多少、还需要改进多少。事实管理有助于公司证明网站的进步，而不是依赖于有关其进程的预感、舆论和直觉。

⑨ 建立合作关系。引入合作关系和其他外界组织一起来帮助改进产品和服务，比如与用户建立合作关系、和厂商建立合作关系，从而使他们能看到自身的作用并了解他们能够帮助网站做些什么。

⑩ 公共义务。实施TQM要承担起为顾客提供安全、没有缺陷的产品和服务的责任。为开发更少bug和不良体验而工作。

第四节
交互设计

一、交互设计量化方法

新时代的信息构建师（包括网站设计师、架构师等）应当特别掌握好网站的用户体验（User Experience）设计方法，以给用户提供积极丰富的体验，为网站提高利润。在用户体验方面，信息构建师Peter Morville由于长期从事信息构建和用户体验设计的工作，对此深有体会。他对用户体验设计进行总结，并设计出了一个描绘用户体验要素的蜂窝图，如图3-5所示。

图3-5 用户体验要素的蜂窝图

该蜂窝图很好地描述了用户体验的组成元素，信息构建师在设计网站或其他信息系统时应当参照这个图进行。这个蜂窝图也说明，良好的用户体验不仅仅是指可用性，而是在可用性方面之外还有其他一些很重要的东西。评价指标如下。

（一）有用性（Useful）

它表示设计的网站产品应当是有用的，而不是局限于上级的条条框框去设计一些对用户来说毫无用处的东西。

（二）可找到性（Findable）

网站应当提供良好的导航和定位元素，使用户能很快地找到所需信息，并且知道自身所在的位置，不至于迷航。

（三）可获得性（Accessible）

它要求网站信息应当能为所有用户所获得，这个是专门针对残疾人而言的，比如盲人，网站也要支持这种功能。

（四）满意度（Desirable）

它是指网站元素应当满足用户的各种情感体验，这个是来源于情感设计的。

（五）可靠性（Credible）

它是指网站的元素应是能够让用户信赖的，要尽量设计和提供使用户充分信赖的组件。

（六）价值性（Valuable）

它是指网站要能盈利，而对于非营利性网站，也要能促使其实现预期目标。

二、提高交互设计网站的用户体验

搜索引擎算法的不断更新完善，目的是让用户有一个更好的体验，说白了就是让用户找到自己所找的东西，进而让网站能留住用户，提高网站的用户体验度。其实网站用户体验一直都是个很宽泛的概念，总结起来，用户体验要从以下几个方面来做：网站性能、视觉设计、导航分类、站内搜索、网站内容、交互设计、登录（付款）方式。

第一，网站性能，主要指网站页面打开速度是否快。网站打开速度的快与慢直接影响用户的体验，一个打开慢的网站肯定是不受用户喜欢的。还有网站不要有过多的图片，图片量过多会直接影响网站打开速度。网站性能不仅影响用户的浏览体验，也直接影响SEO效果。

第二，视觉设计。颜色搭配是否符合网站定位？风格设计是否符合目标用户喜好？这是决定用户是否驻足停留的关键。主要要求是符合大众的喜好，只有这样才能吸引用户，增加用户体验度，给网站带来很好的权重。一般的网站至少有三个层面，即首页、栏目页、终极页面。点入一个网页，要让用户知道如何返回上一个页面，或者用新窗口的形式弹出终极页面，关闭后能返回上一个页面。而且要指导用户了解怎样找到他想要的内容或者产品。

第三，导航分类。对于没有明确目的的用户，在网站上放置搜索功能，让用户方便地找到想要的内容。大型网站一般都会有自己的搜索引擎，而且有自己的算法，研究如何设置算法才能搜索到用户想要的内容。这对提升用户体验有很大帮助，尤其是对想在设计师设计的网站产生交易的用户而言。

第四，网站内容是网站的血液，所谓的"内容为王"，这是恒久不变的真理。不管算法怎么变，搜索引擎都是喜欢原创文章，因为这是用户所需要的。一篇文章被复制多少遍，对于用户来说毫无意义，所以只有原创文章对用户才有帮助，于是搜索引擎就更加喜欢原创文章，对于这个网站就会更加信赖。

第五，交互设计包含三个方面：界面设计、导航设计和信息设计。可以留下设计师的联系方式，也可以做一个浮窗让用户主动联系设计师。

| 第五节 |
原型设计工具推荐

一、UI原型设计工具特点

首先，一款优秀的移动App界面原型设计工具应该具备：

① 支持移动端演示；

② 组件库（高效可复用，谁用谁知道）；

③ 可以快速生成全局流程；

④ 在线协作；

⑤ 手势操作、转场动画、交互特效。

二、典型的UI原型设计工具

（一）POP（Prototyping on Paper）

它算是移动App原型设计神器，很多公司（Quora、Sina、豆瓣、36氪、ifanr等）在用。

它的操作轻巧简单：先用手机拍下草图原型（存到POP App内），如图3-6所示；然后开始编辑图片的哪个区域（按钮）链接到什么页面，添加跳转链接热区，就可以在iPhone上给小伙伴们演示了，并且只需使用POP内嵌的交互动作，如侧滑、展开、消失等，即可满足一般的动态演示需要。

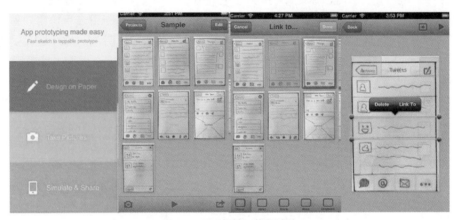

图3-6　用手机拍下草图原型

（二）Pencil Project

Pencil是一款开源的可以用来制作图表和GUI原型的工具，可以作为一个独立的App，也可以作为Firefox插件。内置模板可以帮设计师绘制桌面和移动界面中用到的各种各样的用户界面，包括流程图、UI和一般的通用图形，如图3-7所示。

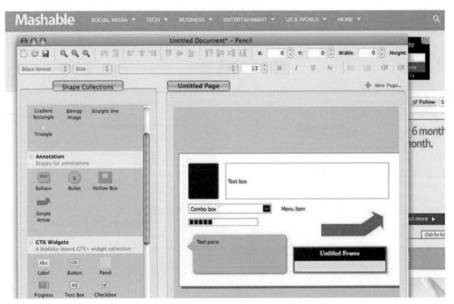

图3-7　绘制桌面和移动界面

通过它内置的模板，设计师可以创建可链接的文档，并输出成为HTML、PNG、OpenOffice、Word、PDF等格式的文件。Pencil Project还包含大量移动App模板。

（三）Axure

对于Axure，UI设计师都很熟悉了，这里主要说下移动端的演示，这样才能充分表达原型意图。按F5生成原型的时候，在"Mobile/Device"选项中可以设置适配移动设备的特殊原型（Axure 6.5以下版本），再用移动设备访问生成的原型链接即可（该页面创建一个桌面快捷方式），如图3-8所示。

图3-8　生成原型链接

对于原型设计，想做到功能全面，那就难免会和代码挂上钩。在这一类原型设计工具中，Axure应该是UI设计师最为熟悉的一个。也可以说，Axure是原型设计工具中在设计难度和可用性的平衡上把握得比较好的一个了。但是，即便如此，它的变量、判断等功能还是难倒了许多交互设计师。

（四）Proto. io

Proto.io是一个专用的手机原型开发平台——可以构建和部署全交互式的移动程序的原型，并且可以模拟出相似的成品，如图3-9所示。它可以运行在大多数的浏览器中，并提供了3个重要的接口：dashboard、编辑器

图3-9　Proto.io手机原型开发平台

以及播放器。

dashboard可以用来管理项目。编辑器是构建原型的环境，由一组设计和开发原型的工具组成，另外还可以构建交互。播放器用来观看原型，与原型进行交互，并提供了相关工具来标注和保留反馈信息。借助该平台，可以直接在真实的移动设备上对原型进行测试，并且可以使用iOS或Android上的浏览器以全屏模式运行原型。

（五）Moqups

Moqups是一个非常好的、免费的HTML5应用，通过它可以创建可爱朴素的线框图、实体模型和UI概念。该程序使用起来非常简单，并且有内置的模板可以直接使用（模板包括单选按钮、链接、图像占位符、文本框以及滑块等），如图3-10所示。

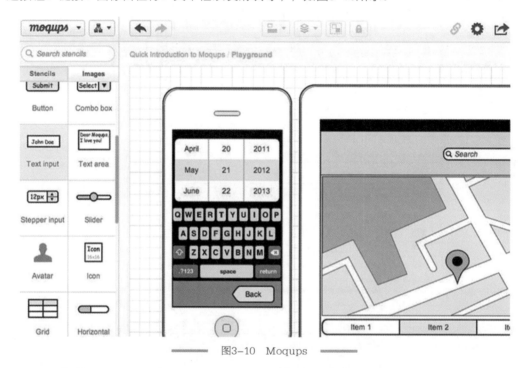

图3-10　Moqups

它还提供了iPhone和iPad模板，以及iOS相关的按钮、提示框、picker、菜单、开关以及键盘等，还可以设置网格的尺寸，并预览和分享线框图。Moqups提供了一个很有用的功能——对齐网格，可以使对象精准对齐。

（六）UXPin

UXPin是DeSmart团队开发的一个简易快速的实体模型和在线可点击原型创作工具。它基于优秀的用户体验设计原则，在构建原型中，提供了一个完整的工具包（该工具包具有良好的用户设计模式和元素）来从头构建一个出色的原型，如图3-11所示。

UXPin具有响应式的断点功能，创建的响应式原型和线框图可以运行在不同的设备和分辨率上。另外该软件还提供了版本控制和迭代功能，可以轻松地共享预览，直观地注解和实时地协同编辑和聊天。该软件拥有大量具有吸引力的用户界面元素风格（包括Web、iOS、Android等），并且具有快速、灵敏的响应拖放接口。

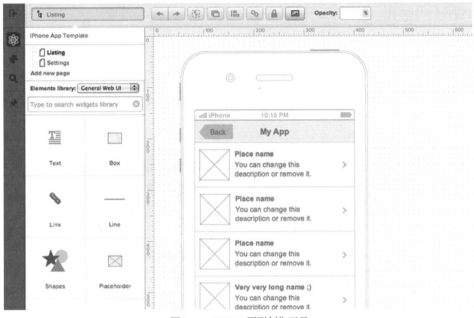

图3-11　UXPin原型创作工具

（七）OmniGraffle

OmniGraffle是由The Omni Group制作的一款带有大量模板，可以用来快速绘制线框图、图表、流程图、组织结构图以及插图等类型图的App，也可以用来组织头脑中思考的信息，曾获得2002年的苹果设计奖。它采用拖放的所见即所得界面，可以用钢笔工具绘制自定义的模板或者图形，此外还自带Graffletopia提供的多个iPhone、iPad以及Android模板，如图3-12所示。

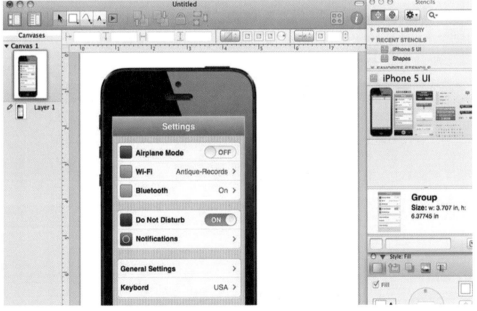

图3-12　OmniGraffle

（八）Fluid UI

Fluid UI是一款用于移动开发的Web原型设计工具，可以帮助设计师高效地完成产品原型设计。Fluid UI内置超过1700款的线框图和手机UI控件，并且还会经常进行更新，如图3-13所示。

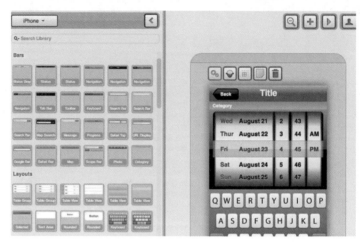

图3-13　Fluid UI原型设计工具

Fluid UI无设备限制，无平台限制（Windows、Mac以及Linux系统等均可），支持Chrome和Safari浏览器（Chrome浏览器上的App也可离线使用）。可以使用Fluid Player来预览完成的设计页面，收集意见和反馈。还可以以PNG、PDF方式输出。

Fluid UI使用方法简单，采取拖拽的操作方式，不需要程序员来写代码。另外，Fluid UI资源库非常丰富，有针对iOS、Android以及Windows 10的资源。如果觉得库存资源不能满足设计师的需求，也可以自行添加。

（九）ProtoShare

ProtoShare，即在线网站开发协同制作工具，是一个十分便捷的在线原型制作工具，侧重于团队协作，如图3-14所示。团队成员可以通过这个工具对工作进行审查，并及时提供反馈，对线框图或内容进行建议。

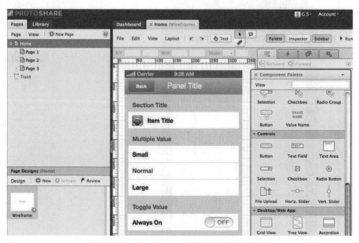

图3-14　ProtoShare在线原型制作工具

作为一个强大的线框图和原型平台，ProtoShare提供了大量移动工具集（有来自中心资源库的大量移动模板和大量2D、3D动画过渡）。通过"拖放"界面，可以快速创建交互式的线框图和移动原型，然后发送至iPhone、iPad或者Android设备进行测试，体验App的功能实现情况。

另外，ProtoShare还支持分享和反馈功能，项目成员可以根据标记和跟踪的反馈信息来做出决定。而丰富的资源库意味着设计师可以使用模板和获得的反馈创建移动产品线框图，进而演变为高保真的原型。

（十）MockPlus：墨客

MockPlus是在这四款工具中比较具有代表性的，相对于Proto. io 6这种由小组件组成容器，再由容器组合为其他组件的设计模式，MockPlus则是更多地直接提供高度封装组件，如图3-15所示。许多设计师对这种化繁为简的方式甚是喜爱。而且依靠着这种简单的操作方式和程序本身自带的超过2000枚的矢量图标，甚至可以在完全没有网络的情况下仍然出色地完成原型设计。导出的演示包、HTML的离线包也会让预览变得不受网络的限制。

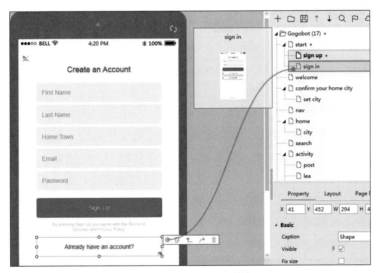

图3-15　MockPlus：墨客

总的来说，该软件有以下5个优点。

第一，使用起来异常方便快捷，容易上手；

第二，PC端和Web端都有很好的支持；

第三，初步免费和高级收费，小的设计不用花钱，大的设计也是按月来收费的，需求来了，再买来使用，这一点做得非常好；

第四，包含所有设备的设计方案，如PC、Web、MP，而且设计支持很棒的素材库的下载；

第五，也是最棒的一点，使用墨客的交互利器设计的Web原型，可以创建局域网，马上进行分享式的预览。

（十一）Modao：墨刀

墨刀是一款在线原型设计与协同工具。借助墨刀，产品经理，设计师，开发、销售、运营人员及创业者等用户群体，能够搭建产品原型，演示项目效果，如图3-16所示。墨刀同时

也是协作平台，项目成员可以协作编辑、审阅，不管是产品想法展示，还是向客户收集产品反馈，向投资人进行原型展示，或是在团队内部协作沟通、项目管理，都可以使用该软件协作进行。

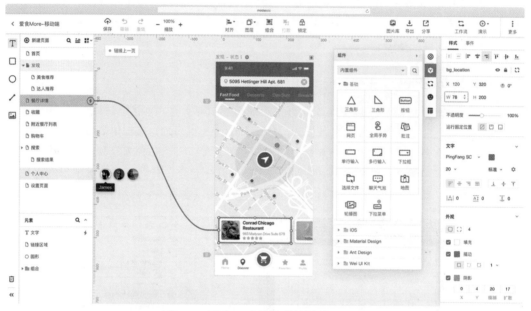

图3-16　墨刀——在线原型设计与协同工具

墨刀的主要功能如下：

① 简单的操作。通过简单的拖拽和设置，即可将想法、创意变成产品原型。

② 演示。具有真机设备边框、沉浸感全屏、离线模式等多种演示模式，项目演示效果逼真。

③ 团队协作。与同事共同编辑原型，效率提升；一键分享发送给别人，分享便捷；还可在原型上打点、评论，收集反馈意见，高效协作。

④ 交互简单。简单拖拽就可实现页面跳转，还可通过交互面板实现复杂交互，包含多种手势和转场效果，可以实现一个媲美真实产品体验的原型。

⑤ 自动标注及切图。将Sketch设计稿墨刀插件上传至墨刀，将项目链接分享给开发人员，无需登录即可直接获取到每个元素宽高、间距、字体颜色等信息，支持一键下载多倍率切图。

⑥ 素材库。内置丰富的行业素材库，用户也可创建自己的素材库、共享团队组件库，高频素材直接复用。

⑦ 免费版。支持产品设计、工作流、原型预览、Sketch标注插件、移动端演示，可免费创建3个项目，每个项目20个页面，以及总共50MB素材容量。

⑧ 个人专业版。享受免费版所有功能，可以创建不限数量的项目及页面，支持文件导出。

⑨ 企业版。享受专业版所有功能，支持添加企业成员，进行成员协作及管理，共享企业自定义素材库。方便进行成员管理、项目管理及数据管理。

⑩ 适用平台。浏览器注册使用，Windows、Mac桌面客户端，同时支持iOS、Android端预览。

⑪ 适用企业。墨刀为企业级用户提供权限控制、项目管理及基础项目数据统计等功能。

（十二）JustinMind：沉思

JustinMind是由西班牙JustinMind公司出品的原型制作工具，可以输出HTML页面。与目前主流的交互设计工具Axure、Balsamiq Mockups等相比，JustinMind Prototyper更为专属于设计移动终端上App应用，如图3-17所示。

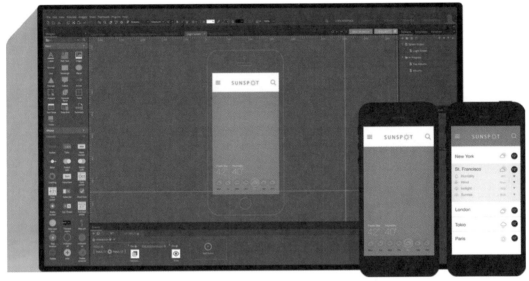

图3-17　JustinMind原型制作工具

JustinMind的可视化工作环境可以让设计师轻松快捷地以鼠标的方式创建带有注释的高保真原型。不用进行编程，就可以在原型上定义简单连接和高级交互。JustinMind的主要特性如下。

① 快速制作原型。使用JustinMind，可以在几分钟内利用其广泛的组件和交互绘制高保真原型。它提供了一些基本的形状，如矩形和文本，还有特定的组件，如菜单、表单或数据列表。

② 手势交互效果。JustinMind提供了多种触屏的交互效果，例如滑动、缩放、旋转，甚至捕捉设备方向等等。在需要产生效果的部件中选择对应的手势即可。

③ 用户可建立自己的组件库。JustinMind为iPhone、iPad、黑莓、Android提供了多样的组件。用户可以创建自定义组件库，方法是将排列好的单个组件放在一起，并将它们集体框选拖动到组件库。设计师可以直接使用自己定义好的组件。

④ 便捷的定义样式。相比Axure，JustinMind提供了更好的属性窗口，并且更好地支持捕获PS等软件的图像属性。

⑤ 共享原型测试。JustinMind支持将原型上传到服务器并提供给他人进行测试，为产品的改进做出了良好的贡献。最为特别的是，基于usernote的服务允许将原型放到移动设备上进行测试。

⑥ 定义交互方式。在JustinMind中，可以通过拖拽等方式来实现跳转、定向等交互效果，无需像Axure一样每一步都只能通过点击来完成，并且显示更为直观，如进度条。同时，可以通过一些简单的无代码逻辑语句实现更为高级的交互效果。

⑦ 全球范围内的复用、数据共享。每一个模板都让这一套组件有不同的视觉风格，变

量允许将数据从一个屏幕迁移到另一个，甚至使用它们来检查是否满足条件。

⑧ 发布和收集反馈意见。发布Prototyper作品到usernote后，全球各地的人将通过Web浏览器访问原型页面。客户的反馈结果将会实时地呈现在原型页面上。

（十三）Gui Design Studio

单从英文单词看，就可以知道这是一个元老级别的Studio的软件，如图3-18所示。这个元老级别的东西，让人感觉回到了20世纪80年代，即计算机界面刚刚流行的年代，这是设计师刚进公司时往往都会接触到的。这款软件主要用于设计PC端的用户界面。

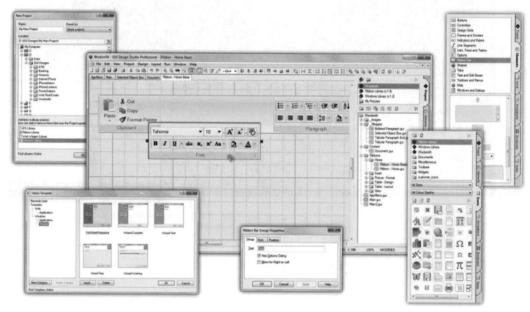

图3-18　元老级别的Studio的软件

整体分析：

墨客和墨刀犹如海尔兄弟，一个黑头发，一个黄头发。青年就有活力，年轻就是资本，轻量级的原型设计方案，非常适用于新手学习UI的原型设计。当然，设计师要拿出好的设计作品，就必须下功夫了。工具是死的，人是活的。国外的三款，都是比较专业的，但同时也是昂贵的。沉思主打的是Web和MP，Gui Design主打的是PC，Axure主打的是Web设计。设计师初步使用时，需要花费一些学习的时间。

以用户体验为中心的移动应用交互设计的好坏对于移动应用产品的开发是否成功起着决定性的作用。用户体验与UI交互设计是以行业对数字媒体人才的需求为导向，将实际项目贯穿于UI交互设计中。首先，对于用户体验与UI交互设计，从感知移动设计讲起，分析、总结了移动设计的特点、生命周期、三大主流平台的应用以及人机交互设计的相关知识，并对移动设计的发展前景和就业趋势进行了分析、总结；其次，以用户体验的三大设计流程为主线，详细分析了每个流程中涉及的新技术、方法、原则、思路和设计标准。同时，根据自身的移动应用设计经验，介绍了一些常用的设计工具和使用技巧，对UI设计师在设计领域中迅速转型也有很大的帮助。

第四章

移动产品的创意和
原型草图设计

随着UI交互设计技术的快速发展，在如今的用户体验及产品创意设计圈子里，越来越多的人开始了解到草图及相关的原型工作对于整个设计流程的重要意义。不过在实际工作中，真正会拿起纸和笔的人似乎不是很多。作为一名用户体验设计师，几乎每天都会画草图，设计师一般还会占着办公室的一整面墙，在上面铺满草图，标注着各种上下文情景脚本。

确实，使用电脑中的原型设计软件代替纸和笔，在很多时候是一种省时省力的做法。不过从可视化与实体化的角度来看，这并不是最好的解决方案。当UI交互设计师正在构思网站页面或是移动应用的布局，琢磨着功能流程及上下文情景脚本的时候，拿起笔画画草图才是更加直接有效的方式——它可以帮助设计师集中精力解决眼前的问题，尽情地勾勒各种想法，而不必为工具软件的使用方法或功能限制等方面的因素分散注意力。

很多UI交互设计书籍都会要求设计师具备绘制草图的能力，但是基本不会从实战的角度进行深入而细致的讲解；本书则不然，在本章会实打实地从具体执行的角度，介绍一些常用技巧及其背后的道理，这些都是很多用户体验设计师在每天的工作中所要用到的。

【本章引言】

在做移动交互原型设计的时候，一定要多画点草图，这对设计师后续的用户需求分析、深入的导航、控件设计和可用性测试都有很大帮助。手绘原型草图的一个重要优点就是"粗糙"或者是"潦草"。对于绘画艺术的表现手法来说，粗糙在很多情况下都是优点。

有些UI交互设计师利用了近乎儿童画的粗略笔法，表现了一些既现实又荒诞的意象，虽然看起来有些费解，但实际上最大限度地激发了观看者的想象力，也使人们很容易受到艺术家情绪和想象力的感染，进而产生共鸣。那么对于原型草图也是一样，简略潦草的笔法，更有利于激发出设计师的联想、创意和思路。再说，设计师画出来的并不是最终的设计结果，而是一个充满了各种可能性的草图，可修改、可发展、可沟通、可推翻，所以越粗糙的草图余地越大。

在手绘的原型草图的基础上，设计师会给出多种不同的设计样式供受众挑选和讨论。可以看出，虽然手绘的原型草图线条非常简略而且模棱两可，但是它为最终的设计创意和表现手法提供了很多的思路和可能性。因此，手绘的原型图是用来快速表达移动产品的创意和想法的，把想法抓住是最重要的，并不用耗费时间在原型草图上面精雕细刻。同时，观看草图的过程就是激发设计师的灵感和继续创意的过程。

而面对一张精确、细致的移动产品原型草图或者电脑生成的原型图，消费者看到了会认为设计师的设计工作已经快要完成了，也就不愿意再提出什么修改的意见或者不愿意有重大的改变了。设计师自己无论从心理上还是感情上也都不愿意过多地修改或推翻现有设计。而且，由于先入为主，产生了已经成为既定事实的心理，这也会阻碍创意的继续、发展和讨论。所以，无论绘画水平如何，哪怕从来没画过画也没问题，只要多画、快画，不怕粗糙和潦草，画出来就有用。不过粗糙和潦草可不是胡乱涂抹，关键是把创作中的移动产品创意想法展现出来，有形象、有逻辑、有细节，粗糙但要认真，这才是UI交互设计师画草图时要关注的重点所在。

| 第一节 |
移动产品的创意

一、移动产品的创意总论

（一）移动产品的创意和创新能力

作为移动产品交互设计师，必须具备创新能力，将自己发散的思维具体化到产品中去，完成概念创意到产品设计实现的转化落地过程。

移动产品的创意从四大环节展开：一、选择适合移动产品交互创新的工作流；二、对移动产品创新交互模型建立方法的介绍与演练；三、对创新提案方法的介绍与演练；四、用户体验维度的收益评估。

创意过程中，要重点关注具体的移动产品交互设计进阶过程，即如何有效提升创意转化率的问题。UI设计师还要注意"让人很好地理解设计师的设计，也是设计师工作的一部分"。最后，UI设计师要做出好的移动产品创意就要做到：少些匠气，多些思考。

（二）移动产品的创意和商业模式平衡发展

这是一个永恒的话题。移动产品的创意和商业模式是否需要平衡发展呢？创业者在创业早期就把用户模式和商业模式都做得很好是有一定难度的。风险投资关注商业模式，但他们关注更多的是用户增长。大多数创业团队拿不到投资并不是因为没有商业模式，而是因为用户数已经不再增长。在PC互联网时代只要赢得用户就可以获得收入，在移动互联网时代也必然是用户为王。所以，创业团队不要太关注商业模式，商业模式会在不断的尝试发展中探索出来。

　　商业模式是一个很宽泛的概念，目前最广为人接受的是Rappa的定义，即商业模式就其最基本的意义而言，是指做生意的方法，是一个公司赖以生存的模式、一种能够为企业带来收益的模式。商业模式决定了企业在价值链中的位置，并指导其如何盈利。移动互联网商业创业，商业模式是一个绕不过去的问题。商业模式的一个更直白表达就是：怎么赚钱？商业模式会在不断的尝试发展中探索出来，这种"尝试"指的就是打造团队、完善产品、解决需求、获得用户。创业发展到中后期，特别是在受到来自投资方的压力以后，对创业和商业模式间的平衡就不得不考虑了，某种程度上也可以看成是要获得与投资人之间的平衡。完全忽视商业模式，对创业者和投资人来说，都是致命的灾难。

　　管理大师彼得·德鲁克说："当今企业之间的竞争，不是产品之间的竞争，而是商业模式之间的竞争。"在某种意义上，商业模式创新对企业来说，比技术创新和产品创新更具挑战性。互联网产业联盟是移动互联网的商业模式的核心，移动互联网领域在移动通信终端实现多种信息处理，需要操作平台商、应用开发商、移动运营商、手机制造商、芯片厂商、内容提供商等在平台、应用、运营、硬件、芯片、内容资源方面的全面合作。产业联盟涉及的产业链环节越来越多，所需要的各方合作程度也越来越密切。以产业链为基础的产业联盟的关键就是开放、合作、共赢。以产业联盟为核心的移动互联网商业模式主要有"终端+服务"一体化商业模式、"软件服务化"商业模式、广告商业模式、电信与广电双网运营商业模式、FON类商业模式、传统移动增值商业模式等六类。

　　在移动产品的创意和商业模式平衡发展中，商业模式没有对错之分，只有适合的才是最好的。要做到这一点，关键就是要坚持创新。移动互联网共有九大商业模式：平台模式、免费模式、软硬一体化模式、O2O模式、品牌模式、双模模式、核心产品模式和速度模式等。

（三）移动浏览器的前途

　　移动时代和PC时代最大的不同，是在移动时代App非常强势，因为App的用户体验更好，使用更方便。也正是App的存在，使得移动浏览器流量降低。在PC时代一开始，浏览器只能展示文字，用户只能使用各种软件客户端解决其他需求。但现在，用户的各种需求都可以在浏览器上实现，比如看视频、玩游戏等。移动浏览器也会经历这么一个过渡的时期，随着HTML5的发展，移动浏览器必然会成为移动互联网流量的重要入口。

　　当下，移动浏览器的竞争也十分激烈。现在市场格局是2+2+2，指的是UC浏览器+QQ浏览器，苹果Safari+谷歌Chrome等，最后的一个2是其他互联网巨头。现在的移动浏览器还处于较粗糙低端的阶段，基本上延续了PC浏览器，但在移动环境下，用户的操作行为和PC环境下有很大不同，移动浏览器用户体验还有很大的改善空间，这也是设计师们大多认为HTML5并不是移动浏览器能否有大前途的决定因素的原因。用户什么时候能够获得像PC浏览器一样的使用体验，什么时候才能证明移动浏览器做好了。

二、移动产品的创意流量池思维

（一）流量池思维与流量思维

　　流量池思维是指获取流量，并通过流量的存储、运营和发掘，再获取更多的流量。流量池思维的最核心思想就是存量找增量，高频带高频。

流量思维是指获取流量，实现流量变现。它与流量池思维最大的区别在于流量获取之后的行为。单纯的流量思维显然已无法解决今天的企业流量困局，而流量池思维则更强调如何让流量更有效地转化，用一批用户找到更多的新用户。流量思维是漏斗型思维，而流量池思维是运营思维，所以流量池思维比流量思维更强大。流量池包括App、微信、DMP（数据管理平台）、社群、品牌；流量源包括BD（商务拓展）、社会化营销、数字广告、传统广告。

流量池可以通过运营实现流量的长期存续和源源不断，比如一个家长社群，可以通过订立规则门槛和提供升学、家庭教育等内容，促进家长群体的口碑传播。而流量源是一次性的，很珍贵，要么能直接转化，要么引入流量池里进行运营，比如投放头条信息流广告，获取的线索第一次就要转化，而转化不了就要标签化，之后尝试其他策略。流量池成本可控，流量源成本不可控，这是另一个区别。

（二）流量的获取方法

① 品牌营销。品牌是最稳定的流量池，让品牌成为稳定的流量池一般包含定位、符号、场景三个方面。

a. 定位。一个产品或App必须要解决某些用户的真实需求，而只有精准定位用户需求，才能获得更精准的品牌，才能快速立足并带来流量。所谓品牌就是，想到某个词或句子，就想到设计师。

有效的品牌定位有以下三种。

差异化定位：找到与对手有显著差异的地方，即人无设计师有，人有设计师优。最快的方法就是从市场领导者身上找到差异。市场上差异化定位的例子有：特仑苏（不是所有牛奶都叫特仑苏）、百度（百度更懂中文）、瓜子（瓜子二手车直卖网，没有中间商赚差价）。

USP定位：这是物理型定位。本质是不以传统方式营销，甚至是与用户对着干的反营销，其中的一种是强调产品的功能特点和特殊功效。大众需求做精、小精放大，强化功能，打造卖点。市场上USP定位的例子有：红牛（困了累了喝红牛），农夫山泉（农夫山泉有点甜），OPPO（充电五分钟，通话两小时）。

升维定位：这是和前两种思路相反的战略和定位，即不和对手在同一概念下竞争，而是升级到更高维度。其本质是彻底忽视既有的类别定义，把用户从习惯性消费节奏里拉出来。原则是，要以用户需求为导向，创造新的需求、新的品类、新的领域，适合创新型产品。市场上升维定位的案例：锐澳的预调酒概念，小米等的互联网电视概念。

b. 符号。一个产品的品牌定位很好，但是如何让大家迅速认识本品牌、记住本品牌？怎样用更少的费用，让本品牌传播的效果更好？这是需要深入探讨的问题。要解决这些问题，就需要依赖符号传播。

品牌工作的本质就是打造符号、强化符号、保护符号。好的符号主要是能够刺激人的感知系统（视觉、听觉、嗅觉、触觉等），让人产生强烈的关联印象。其中，视觉和听觉又是主要的两种符号形式，广告人常说"视觉的锤子，语言的钉子"。

视觉符号又分为扁平化色和形象符号，扁平化色就是使用单一色块刺激人体的感官，形象符号则采用创始人或员工去营造品牌形象。

听觉符号主要有口号（Slogan）和韵曲（Jingle）两种形式。在口号上，很多广告语都是因为朗朗上口，才被大家口耳相传，从而形成品牌记忆，如"送礼只送脑白金"这种口号。除了口号外，Jingle是品牌听觉符号的另外一种形式。Jingle在牛津词典中的解释为"吸引人又易记的、简短的韵文或歌曲"。企业可以主动在用户沟通中设置Jingle点，可以让用户对品牌产生记忆。公众所熟知的微软和诺基亚的开机声就是成功的Jingle案例。

② 场景化营销。场景化营销就是帮助产品找到具体的消费环境（时间、地点、心情、状态），从而促进购买转化。场景化营销是让品牌这个玄而又玄的东西能够迅速接地气、带流量、出效果的关键。

星巴克创始人认为，家庭是第一空间，办公室是第二空间，人们需要第三空间来进行社交。社交不应该在家，也不需要在办公室，而应该去咖啡馆。这是咖啡馆能够迅速覆盖全球的一个重要的商业理论基础。

但是在互联网时代，这个观点就落伍了。因为这个时代所有人都太忙了，大家需要很多即时的社交。所以今天的社交主要发生在互联网上，发生在微信里。互联网上的场景是非常多的，是一种无限场景。无限场景的流量远远大于传统的第三空间的流量。

（三）裂变营销

裂变营销是一种最低成本的获客方式。广告的费用是在实际营销结果未知的情况下就被付给了广告公司，但是裂变营销是在营销结果已知的情况下，把广告的费用变成了用户福利，是在已经获得用户的情况下再给用户补贴和福利，这个钱是非常划算的，成本非常低。裂变营销的核心就是存量找增量，高频带高频。

① 裂变分为App裂变、微信裂变、产品裂变三个渠道。

a. App裂变：一切裂变手段基于App实现，目的是提高App的下载量，分享渠道是微信、QQ、微博等平台。

b. 微信裂变：目前多数裂变都在这个平台进行，已经出现较为完善的裂变产业链，工具主要有公众号、微信群、个人号和小程序。

c. 产品裂变：线下裂变的主要形式，很少有人关注，既可以与线上结合，也可以做单纯的线下促销，比如集瓶盖、集瓶身、集纸卡等。

② 要想裂变成功，则需要三个因素：存量用户、福利补贴和趣味性。

a. 存量用户的选择。裂变的目的是通过分享的方式获得新增用户，所以必须选择影响力高、活跃度高的产品忠实用户作为种子用户。有了存量用户之后，才有裂变的基础。可以通过广告、地推、体验营销等方式，把基础用户量搞起来。

b. 福利补贴。在当前社交媒体丰富、便捷的环境下，广告的创意成本已经大大降低，但投放成本却依然居高不下。如果企业愿意把投放广告的费用分批次回馈给用户，让用户养成领取福利的习惯，就会让裂变起到强大的流量转化作用。在福利的诱导之下，再加入一些创意作为分享催化剂，就会更容易撬动用户的社交关系，产生情感共鸣，从而获取社交流量。

c. 分享趣味的满足。除了利益刺激，裂变本身的趣味性也是决定其发展程度的重要一环。对于一些微商、微店来说，有些平台也给设计师提供了裂变的机会，但这些裂变都太单调了，没有趣味性，大家会觉得分享到朋友圈里都有点丢脸。

（四）转化

品牌解决了"用户是谁"的问题，裂变解决了"用户怎么来"的问题，转化则是要解决

用户付费的问题。

① 社会化营销。对待微信服务号要像对待超级App一样，并且将创意、技术、福利融入其中；同时遵循轻、快、有网感的原则，通过社会化的营销引爆话题。

② 事件营销。这一营销方案要"轻快爆"：内容轻、发力快、爆点强。"爆"有五点可寻：热点、爆点、卖点、槽点和时间节点。

③ 数字广告。利用搜索引擎营销（SEM）、搜索引擎优化（SEO）、应用商店优化（ASO）三个方向，将付费与免费结合，同时利用ASO拦截到"最后一公里"流量。

一次SEO可以保持至少半年到一年，一次投资长期有效。其中从淘宝指数和百度指数可以看出商品火爆程度和变化程度，方便命名，好找到热点。

同时不要忘记"落地页是第一生产力"。任何广告的落地页都可以在稳定的流量池中进行测试，不断修改素材，确认落地页质量，选取优质落地页进行保留，以方便在其他渠道推广复用。好的落地页必须具备以下6要素。

a. 用户思维：软文的撰写及落地页的介绍要符合用户逻辑，让用户知道"是什么、为什么、怎么办"。

b. 卖点：梳理核心卖点、品牌、活动信息，展示在突出位置，画面要简短，话术要直白。

c. 从众心理：善于利用从众心理，使用"×××用户已注册使用""已有×××用户下单"等语句。

d. 核心价值：告诉用户产品能带来什么服务，有什么价值，有怎样的效果，有多大的优惠等信息。

e. 权威证言：展示权威认证和客户证言，降低用户使用的心理门槛，提升信任度。

f. 转化入口：提供用户能留下有效信息的入口，比如二维码，留下信息不要过多，只要最关键的即可。

④ 直播营销。内容方面遵循年轻化、趣味性、爆点密集原则。平台选择：综合型直播平台，提升品牌宣传声量；电商直播平台，直接获取销量转化；抑或两者结合使用。将直播当事件来营销引入流量。

⑤ 跨界营销。BD（商务拓展）部门本着真诚、务实、高调和"捞过界"的原则，找到合适的盟友，了解可交换的流量，最终达到1+1＞2的目的。

（五）重视流量池思维

按照流量思维，一场活动、一场营销就是结束。但在流量池思维里，营销活动只是用户裂变的开始。要让用户继续消费，并且还要让他们自发地带来更多用户。流量池思维的重点是要把获得的流量存储起来，然后运营它们，以获得更多的流量。不要以为只有娱乐明星才有所谓的"粉丝"，实际上很多品牌通过潜移默化的渗透，都让用户无形中成为其粉丝。即使口头上不会承认，但在实际消费时，品牌对心智的占领也会起作用，使用户不仅会在第一时间联想到该品牌，而且还会自发地主动推荐。

流量池思维对于创业型企业，对于想在移动互联网时代出人头地的公司和个人，同时对能够真正带来一些营销效果的品牌还是有一定帮助的。第一就是品牌是恒久的流量池，设计师确实要舍得投资，在品牌方面下功夫，品牌如果做好了，它确实会带来很多的"自来水"，会带来很多新增的用户，而且会带来设计师想象不到的业绩增长。第二就是战略布局设计师的自有流量池。第三是基于技术的裂变分享。一定要会玩技术，设计师的整个App、设计师的网站、设计师的H5都要技术化。技术化之后，要在每一个用户的购买使用过程中加大它裂变的可能，用老用户带新用户。第四是一切创意皆要可分享，创意加福利，让设计师的分享加倍。在这个互联网时代里，只有把握机遇，持续有效地发展，才能创造更多价值。

| 第二节 |
移动产品的定位

一、移动产品分类的目的

　　近年来，"产品经理"作为互联网行业从业者的"香饽饽"已成过去式，各行业业务陆续洗牌，企业开始精准定位自己能做什么，而对于这个行业的"灵魂人物"——产品经理而言，明确自己能做什么、想做什么、该怎么做，才能在大浪淘沙中站稳脚跟。

　　分类是人类寻求高效认识、理解世界的一种简化方式，移动产品分类是设计师认识互联网、理解用户、定位产品的开始。移动产品分类从明确产品分类出发，对常用产品进行归属分类，分析不同归类的特点，对目前自己主导的产品从不同角度进行分类，清楚自身的优、劣势，发现自己兴趣所在，挖掘潜能，找准方向，可为未来的从业方向提供更多可能。

二、移动产品的分类维度

　　① 根据用户关系分类，如图4-1所示。
　　其他维度分析，如图4-2所示。

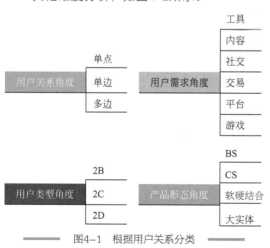

图4-1　根据用户关系分类

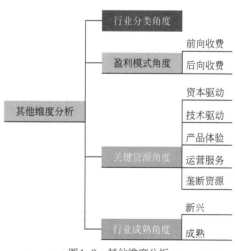

图4-2　其他维度分析

单点类App是指App针对某个问题，解决专一的痛点需求。通常其产品定位明确，目标用户清晰，是典型的"小而美"的精品App。根据市场发展的需要，未来它可能被小程序取代。根据用户关系分类，如表4-1所示。

表4-1 根据用户关系分类

用户关系	分类App	分类依据	产品特点
单点	天气、日历、iBooks、腾讯新闻、VSCO	单个用户使用就能产生完整用户价值	启动简单，缺乏网络交流，用户转移成本低
单边	QQ、微信、微博	用户单边使用，一群人使用才有价值	可能有网络效应
多边	天猫、京东、去哪儿、亚马逊	几种不同类型的人使用	平台壁垒最高

② 根据用户需求分类，如表4-2所示。

典型的产品中，"小红书"定位为海淘App，刚上线时小红书主打"社交"，通过用户发布笔记，吸引用户，为用户"分享好东西"提供平台，属于单点关系；后来的发展中，"福利社"将用户笔记中晒单最多的"商品"再卖给"用户"，是平台关系；用户通过晒单完成对商品的评价，小红书选择优质笔记再展示给用户，是内容App。值得一提的是，小红书利用用户"分享全世界的好东西"心理，实现"零差评评价"商品售卖，在这个过程中，完美地解决了差评带给商品以及平台的影响。

表4-2 根据用户需求分类

用户需求	分类App	分类依据	产品特点
工具	墨迹天气、锤子便签、百度地图、奇妙清单、千聊	解决特定单点问题	初级的产品形态
内容	一席、爱奇艺、微博、网易云音乐、有书、得到	提供有价值的信息，单向与中心化信息传递	常见的内容形态有文字、声音、图片、视频等
社交	天猫、京东、去哪儿、亚马逊	几种不同类型的人使用	平台壁垒最高
交易	唯品会、丽芙家居、淘宝	从不同"交易类型"单边（B2C）和多边（C2C）	电商和O2O概念下的收费服务
平台	美团、爱奇艺、网易严选、小红书	同时满足多种角色	复杂的综合体
游戏	王者荣耀、阴阳师、地下城与勇士	一切皆可包容的"平行世界"	融合社交/交易等多种元素

③ 根据用户类型分类，如表4-3所示。

表4-3 根据用户类型分类

用户需求	分类App	分类依据	产品特点
2B	天猫商城、唯品会、大众点评、京东	依据不同场景，面向商家	2B/2C之间没有一个标准可以完全划清界限
2C	天猫、京东、唯品会、大众点评	依据不同场景，面向购买用户	前台偏2C，后台偏2B
2D	广东政务服务、政务秘钥	为政府服务	面对不同用户，角色重叠

④ 根据产品形态结构分类，如表4-4所示。

表4-4　根据产品形态结构分类

用户需求	分类App	分类依据	产品特点
BS结构	各公众号微信商城平台	研发团队主要工作在云端，客户端借助浏览器做展示	研发简单，速度快，有跨平台优势，试错成本低
CS结构	手机App均用	客户端+服务端	迭代升级即可更新，迭代周期短
软硬结合	小米系列产品、火火兔	软件+实体	更新速度相对较慢，对硬件质量要求高

一个App到底是用Native（Client）模式还是用Web（Browser）模式？这是很多产品经理在进行需求功能设计时都会经历的事情。结合产品形态结构的分类方式、产品特点，App能用Web解决的尽量不用Native形式。因为结合公司自身情况，包括各种开发、时间成本等因素，在不知道功能上线是否有成效的情况下，Web相对灵活，App功能上线相对稳定之后，考虑Native优化，转向更舒畅的体验方式。

⑤ 根据行业分类。"随着互联网深入到各行各业，它与具体企业的结合越来越紧密。"对于行业具体分类，不能再看单一的对比去分类，而是结合公司定位、App用户定位等维度去分类，各个维度的分类方法可以相互映射。这个可以从各应用市场的App分类情况中窥探一二。

应用市场归类产品的目的大同小异，无非是方便用户最快找到自己想要的产品，方便市场对应用的管理，同时也方便市场自身的推广和运营等，属于综合分类的形式。应用市场移动产品分类，更倾向于依据下载应用的用户画像、用户使用场景，以及用户使用频率、市场推广、运营行为等多个维度对移动产品进行分类。

各应用市场分类情况如表4-5所示。

表4-5　应用市场分类

应用市场	分类类型（1级）	细分类型（2级）	对应App	说明
应用宝	装机必备	无	微信、爱奇艺、腾讯新闻	根据下载量分类
	腾讯软件	无	腾讯新闻、QQ、微信、邮箱	根据商家的市场特色不同分类
	主题分类	男生必备	腾讯体育	根据终端用户性别分类
		女生必备	大姨妈、美妆心得	
		精品软件	QQ、阅读、朋友印象	市场行为+运营活动
	行业分类（行业较多，不一一举例）	购物	贝贝、蜜芽、京东宝宝	行业分类并不是很明确，大部分移动App是多个行业的载体，单一行业载体形式较少，比如美颜相机类型，但也包含了视频部分
		阅读	掌阅、懒人听书、QQ、阅读、腾讯动漫	
		新闻	腾讯新闻、新浪微博、网易新闻	
		旅游	携程、去哪儿、途牛	
		音乐	网易云音乐、QQ音乐、唱吧、铃声多多	
		摄影	快手、美拍、美图秀秀	

续表

应用市场	分类类型（1级）	细分类型（2级）	对应App	说明
App Store	本周新游	综合	Leap on、符文魔典、停战竞赛	—
	新鲜App	综合	京东、携程、网易考拉	—
	主题推荐	Apple Pay、优惠	京东、携程、网易考拉、大众点评	市场行为及运营
		提升夏日效率	酷程、智客	
		暑期学习新知	忆术家、多邻国、Mimo、诗词之美	
	行业分类（各应用市场大同小异）	—	—	—
360	安全杀毒	—	360手机卫士、360杀毒、超级巡警、Windows清理助手	应用市场特色
	主题软件	—	浏览器、办公软件、输入法、游戏娱乐	市场行为+运营活动
	行业分类（各应用市场大同小异）	—	与主题软件相似	

　　不同的市场均有不同的主题软件分类、行业分类等综合分类形式。此分类的局限之处是受应用市场自身定位影响较大，例如应用宝作为商户，会更偏向于广告的推广；作为App提供者角色，开辟属于自己软件的专属分类，如应用宝"腾讯软件"，App Store的Apple Pay专享，此维度分类形式相对比较主观。移动产品在投放市场时，应结合自身产品的定位，以及针对不同应用市场特点，投其所好；如果管理者有大手笔，其实也可以无所谓分类，任何分类都占领，比如App Store的新鲜App里有京东一类的App。

三、其他可行的分类维度

　　① 人类行为基本需求，如表4-6所示。

表4-6　人类行为基本需求

基本需求	App分类	说明
衣	京东、天猫、唯品会、蜜芽	针对场景不同的细分方式，与用户使用场景结合，更易于理解
食	下厨房、饿了么、回家吃饭	分类相对模糊，"衣"分类产品里包括了"食"，比如京东
住	安居客、58同城、赶集网、链家	主要使用群体在产生"住"的需求时，选择对象十分广泛
行	摩拜、百度地图、去哪儿	根据产品自身主要运用场景决定，概念比较广泛

　　② 根据用户量分类。比较常见的分类方式还有根据用户量分类，可以细分为用下载用户数、活跃用户数、用户年龄层、用户性别等维度进行分类；基于应用系统不同分类，可以分为安卓App，iOS App，Windows App等。另外，根据不同目的，还可以从图标颜色、使用频率等维度去分类；这些维度可以是表象的分类形式，根据自己喜好分类，特点是个性化，但并不能得到广泛认可。

四、惠家有App不同维度的分析

从用户关系角度，惠家有App属于多边用户型产品，需要商家、买家、物流、电视媒体等人群一起使用，构成多边关系。如果没有商家（App本身也算是一个商家）提供商品，或者没有买家购买，或者没有电视媒体制作商品直播节目，或者用户买完东西没有配送，都不能构成多边关系。

从用户需求角度来看，作为商品视频提供者，惠家有App属于工具，用户看完直播就走，解决了用户看商品介绍，了解产品的单点问题；惠家有App同时提供"惠头条"生活常识、健康小贴士等优质内容，从这个角度出发，惠家有是内容产品；用户在App上购买商品，产生线上交易，由商家入驻售卖商品，同时平台自营商品，是典型的双边启动，由"买家"和"卖家"完成互动，属于交易产品；综上所述，惠家有包含了工具、内容、交易等元素，属于平台产品。从用户类型角度来看，惠家有是典型的2C产品，虽然从行业分类为家居行业电商，但最终的App端、PC端、Web端面向用户，属于个人使用行为。

从行业成熟度角度来看，电视购物平台旗下的App是随着移动互联网发展的产物。从存活2~3年尚未爆发但缓慢增长的状态来看，惠家有目前是一个初创型的产品，未来在细分市场中结合电视与移动端优势提高用户黏性，扩大目标用户，抓住非家庭主妇一类的"互联网疯狂购物者"，不断尝试新的方式，将发现更多的可能。

|　第三节　|
移动产品的需求分析

一、移动产品的综合需求

需求分析要对移动产品目标系统提出完整的、准确的、清晰的、具体的要求。

（一）用户需求。以某资讯互动移动产品为例，它基于地理位置的信息分享平台，用户在上面可以发出类似百度知道的问题，其他用户通过本移动产品选择自己可以解决的问题进行回答，答案满意可以得到相应的积分奖励。用户可以通过移动产品，实现人与人之间信息的分享，可以使问题得到更快、更满意的解答。用户通过关联微博板块可以将提问记录分享到主流微博上，供用户自己查询以往提问记录，分享给好友那些最新实用资讯。用户可以对其他用户的回答情况进行评分，通过设立等级制度和相应的奖励措施，使用户可以获得奖励。

（二）基本功能需求。移动产品应该实现客户端向服务器发送信息、接受信息，客户端应该实现对信息的分享、删除、保存、修改。客户端可以做到让用户根据自己的需要筛选相应信息，显示用户的个人信息（用户的地理位置、兴趣爱好等），记录问题发出和解决的具体时间，实现问题的分类，用户可以对问题解答的满意程度进行评价。客户端应该在程序运

行的后台做到对信息的关键字进行记录，对信息进行分类。

　　客户端设置相应功能，用户通过简单的操作来更新数据，获取服务端最新的数据，同时自动访问服务器接收其他用户回复的回答，在手机上采用推送的形式告知用户。客户端应该实现用户对问题进行补充、关闭问题、设置奖励积分，实现在用户打字时，自动保存用户的输入内容以免用户操作失误，导致之前输入的内容要重新输入。保存形式可以设计成草稿，随着用户问题的成功发送，草稿自动从客户端删除。用户在输入自己的问题时，软件可以自动检索关键字，显示出相关类似的问题，用户可以直接查看，同时让用户选择此问题的类别作为问题的一个标签（关键词）。个人信息方面，移动产品应该使用户可以上传照片、设置个性签名、更改昵称、修改密码、添加个人资料。对于个人资料，设置用户自己想要关注的方向，以多选的形式给出，用户选中的关注方向将作为问题优先显示的依据，还应包括昵称、新浪微博账号显示、头像、积分显示、回答采纳率、一定等级实现黑名单功能，黑名单中的用户不能与本用户发起会话。用户名、昵称要求用中文或者英文、数字，不能出现空格等其他符号。密码要求为6~12位的数字、字母密码。移动产品应该实现根据用户填写的关注方向，将符合用户关注的问题优先排列在问题显示的前面。可以让用户自己选择问题的排列方式（按时间先后，按好友提问优先排列，按地理位置远近排列，按悬赏分排列）。服务端方面应实现以下功能：利用数据库对用户发送的数据通过关键词进行分类储存，为每位用户设定一块属于自己的数据存储区用于储存用户的个人信息，以及用户分享、保存的问题，记录用户的地理位置信息。利用服务端存储的用户地理位置信息以及客户端存储的地理位置信息，客户端有针对性地接收相应的信息，实现用户问题的定向推送。服务端定时对未得到解答的问题进行删除处理。

　　（三）移动产品各板块功能需求。关联微博部分：在板块中，移动产品实现用户对自己提问、回答的一些操作。用户可以设置属于自己的问题类别，对保存的问题进行分类。用户可以根据自己的意愿，设置已经得到别人解答的问题的查看权限。权限分为：仅限自己查看（若设置成此权限，则在其他用户的客户端中不会再出现）、全部可见、仅限该问题之前被推送到的地方的用户查看。

　　移动产品应该和主流微博进行关联，可以实现用已有微博账号进行本软件的登录，实现一键分享功能，将提问记录以微博的形式分享到自己的微博上。实现特别好友功能，可以对自己的特别好友直接推送问题。打开每个用户的关联微博主页，可以发出添加好友申请，在关联微博页面中，出现好友列表板块，显示自己的好友，可以对好友进行删除、添加备注名、发起会话等操作。

　　评价投诉奖励系统部分：移动产品应该设置相应的积分奖励，如果提问用户采用回答者的回答，那么回答者会获得相应的积分，对于没有被采纳的回答，移动产品应该实现用户对这类回答进行评分奖励，回答者根据相应的分数获得相应的积分。

　　移动产品应该实现投诉功能，用户可以对恶意信息发送者进行举报，举报者获得相应积分奖励，被举报者扣除相应积分或者由服务端工作人员进行账号冻结。移动产品应该实现相应的等级制度，根据积分段设置不同的用户等级，用户等级越高，推送消息的范围越广。用户获得的积分可以用来设置解答问题的悬赏。在用户注册时，每位新用户都会获得一定的初始积分。

　　（四）政务零距离。移动产品应该可以用来接收来自政府部门的一些日常通知。在没有打开本客户端的情况下，以推送的形式告知用户；在打开本客户端的情况下，用户在触摸屏上执行相应操作刷新消息，消息默认保存时间为1天，用户可以自行将其保存在客户端中，并且可以进行分享。同时移动产品应该实现用户可以向有关部门发送建议、检举等信息。在信息发送这一块，移动产品应该设置用户可以选择指定的部门，使信息推送到指定部门。在政府部门那边，移动产品应该实现对群众发来的消息进行判断，一旦消息被判定为无意义的消息，则反馈给客户端，客户端显示对用户的警告，若警告次数达到3次，则封锁用户账号，在个人信息页面中可以发送解封账号请求。工作人员在服务端做出相应操作。在用户发送信息的页面中，移动产品应给用户相应的提示，提示禁止用户发布一些无意义的消息。

（五）运行需求

开发所需语言：
① JAVA Oracle数据库；
② Android的SDK；
③ Android的网络通信接口——Socket AndroidStudio。

二、移动产品设计方法之需求分析

移动产品设计方法之需求分析的首要任务就是明确哪些需求是用户的核心需求。在日常工作中，需求搜集是一项很重要的工作，然而面对多方的需求来源（竞品分析、用户反馈、用户研究），究竟该如何抓住用户的核心需求？又有哪些原则可以遵循呢？

（一）反问思考法

面对列出的众多没有规律的需求，往往是先一条一条地过，但是，移动产品设计师往往心里都没有底，不能有效确定需求的必须性。当遇到类似的情况时，可以运用"反问思考法"。所谓反问思考法，就是在面对一条功能描述时，首先要反问：增加这个功能对产品来说有意义吗？设计师不加它对产品有什么损失吗？假如反问思考之下得不出相应的结论，那么就可以考虑去掉这条需求，因为这条需求是不成立的。

（二）80/20法则

在现有的移动设备领域，关于如何抓住用户的核心需求，两个著名的设计哲学代表HIG和*Zen of Palm*也没给出一个明确的答案。*Zen of Palm*只是给出了一个法则：80/20法则。该法则是指用户花80%的时间去解决的问题，构成产品的核心需求，剩下的20%则直接放弃。

（三）少就是多

这个思想来源于包豪斯学派，最初使用在建筑领域，后来被用到工业设计领域。而乔布斯本人对此也非常推崇，特别是在手机的使用环境中，受天然的屏幕限制，功能越多，产品就显得越繁杂，面对浩瀚的功能，这时用户往往会选择放弃使用。而面对激烈的手机桌面争夺战，就那么一点空间，保持产品的简洁是不能不考虑的。

遵循少就是多的原则，只关注用户的核心需求，把它做到完美、极致，是留住用户的基本原则。在这方面苹果公司是个典范。关于这一点*Zen of Palm*里有两个寓言，非常形象。

① 大猩猩如何学会飞？

大猩猩怎么会飞呢？一只会飞的大猩猩还是大猩猩吗？当然不是，所以猩猩就应该做猩猩该做的事情，其他的就交给鹰好了。

② 一座山如何放到一个碗里？

一座山怎么可能放到一个碗里？设计师真的需要那么多泥土吗？当然不需要。所以只需要把钻石找出来放到碗里，把石头扔了！要那么多泥土干吗！

（四）合理的组织

当按照大猩猩原则，列出了一个长长的功能列表时，往往会陷入下一个纠结的境地——该如何组织这些功能？这些核心功能里的核心需求又是哪些？在这之前，先看看*Zen of Palm*提到的一张图，如图4-3所示。

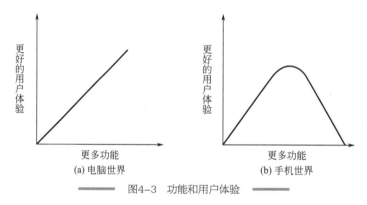

图4-3　功能和用户体验

这张图指出了PC和移动设备上功能和用户体验的利害关系。在产品初期，功能的加入可以提升用户体验，而当功能越加越多，产品就会显得冗余繁杂，这时就单个功能来说它可能很好很有特色，但是对总体的用户体验却是种伤害。既要加这个核心需求，又不能对整体的用户体验造成伤害，这真不简单。有解决办法吗？《简单法则》给出了答案，即合理的组织可以让复杂的产品化繁为简，不仅如此，一定的组织更容易让用户关注核心功能。传统的CD播放机按钮实在太多，一个可能的解决办法就是拿掉快进、快退、上一首、下一首之类的按钮，只剩下：播放/暂停。但是假如这首歌不是用户想要的，需要听下一首怎么办？所以不能将上一首、下一首的功能去掉，但是它们的地位没有播放、暂停高，这时经过合理的组织，产品的感觉就完全不一样了，例如iPod shuffle 5，将上一首、下一首隐藏在了音量"＋""－"里面，连按两下是下一首，连按三下是上一首，这样不仅合理利用了空间，让产品显得更小、更轻，而且每当这些隐藏的功能被发现时，对用户来说都是惊喜。

所以经过合理的组织，还可以总结出一条需求分析原则，即只关注核心功能，去掉不需要的功能，将必要的功能缩小隐藏。就像多功能刀，当所有功能都展开的时候，它什么也做不了，而每次只展开一个功能，将其他的隐藏，才成为一把多功能刀。当然按照大猩猩的哲学，最好就是一把简单的刀，没有其他任何功能，但这对于大多数拥有一定数量级用户的产品来说显然是不现实的。

（五）要学会平衡

关于移动产品功能和用户体验的利害关系，在 *Zen of Palm* 一书里作者把功能和用户体验的完美平衡点叫做"甜蜜点"，这个甜蜜点是个最佳状态，多加就超了，少加就不够。但是，当到达这个"甜蜜点"时，是不是所有人的任务都完成，不需要再改进了？答案当然是否定的。要知道在IT行业，瞬息万变，竞争是以天数来记的，而这个"甜蜜点"要跟着行业趋势的变化而变化，在不同的阶段"甜蜜点"是不同的，也就是不同的阶段重点不同。

这个"甜蜜点"究竟该如何把握？这是最难的一点，它需要大量的实践和明确产品所处的阶段，再配以准确的行业分析才可以掌握。

| 第四节 |
讨论与初步设计

一、工作方案讨论技巧

工作中与同事进行工作（项目）方案讨论，需要掌握一定的方法和技巧，以确保讨论取得一定的成果。

（一）正确发表自己的意见

① 先肯定方案的优点：三点以上。
② 再指出方案的不足：三点以内。
③ 再提出改进的建议：三点以内。
④ 表达谦虚的态度：例如"以上建议仅供参考"。

（二）适当评论别人的意见

方案讨论不同于开会，比较开放和自由。当别人发表的意见有可取之处时，要适时对别人的意见表示赞同。当对别人的意见自己不太赞同时，可以不予评论，或者说自己也判断不好别人说的是否正确。一般不要当面直接反驳，不要从设计师这里引发强烈的意见分歧和冲突。

（三）正确处理别人的反驳

当别人对设计师的意见表示明确反对时，要冷静微笑面对，请对方说出详细的理由。如果对方说的有理，设计师要说他的反对有一定的道理，自己的观点确实还不太成熟。如果对方说的并无道理，设计师可以说，对方的反对有他的理由，不过这个理由并不能让人信服，因此设计师保留自己的意见。

（四）学会区分意见和建议

凡是对方案的讨论，不能仅仅是提出方案存在的问题，还要提出修改完善的建议。意见

是没有价值的，只有积极的建议才是有意义的。要多提积极的建议，少提消极的意见。

（五）特别关注观点的创新

多提有创新性的意见和建议，对别人说的内容可以表示赞同，但不能随声附和。

二、项目初步设计方案撰写技巧

完成一个成功的项目初步设计方案，同其他任何工作一样，都需要深思熟虑的准备、有效的策略和清晰的计划。初步设计方案可以是一个机构的内部文件，用来向董事会、理事会汇报并希望得到他们的批准与支持，也可以是机构就某一项目寻求资金上支持的对外筹款计划书。不同的资助方对项目初步设计方案的提交有不同的要求，有些资助方甚至要求填写一些特定的表格。但是无论怎样，准备出一个通用的项目初步设计方案并可以根据不同的要求进一步形成不同的文本，都是非常必要的。虽然项目初步设计方案的目的是寻求资金上的帮助，但绝不能只是一个"购物清单"。一般来讲，一个项目初步设计方案要包括以下几个方面。

（一）封面

这是容易忽视的部分，有很多机构认为内容比形式更重要。其实，形式是可以更好地表现内容的。另外，项目初步设计方案也是能使资助机构了解和认识此项目的一个很重要的窗口，表现得专业与严谨是绝对可以得到加分的。

封面可以只简单写上项目名称和日期，也可以包括以下信息：

① 项目初步设计方案名称；

② 申请（执行）机构；

③ 通信地址；

④ 电话、传真、E-mail；

⑤ 联系（负责）人。

还可以把银行账户、律师姓名、审计机构等信息列在封面页上。另外，如果是向某一机构筹款的话，最好在前面加一封简单的附信。由于一份项目初步设计方案可以提交给多个资助机构，这就需要一个个性化的附信，要以"某机构某人"为开头，以表明设计师们对他们机构的重视与尊重。

（二）项目概要（总论）

这是最重要的一部分，也是读者最先阅读、浏览的部分。要知道基金会的项目经理们每天都会收到大量的申请要求，他们也许没有足够的时间"看"完所有的项目初步设计方案，因此概要部分将成为"初选"的决定因素。所以，在概要部分要把设计师认为所有重要的信息汇集起来。概要一般要包括：机构的背景信息、使命与宗旨；项目要解决的问题与解决的方法、项目申请方的能力和以往的成功经验等。需要特别指出的是：尽管项目概要部分排在初步设计方案的前半部分，但实际上，这一部分是要在写完所有初步设计方案以后，才动手写的。

（三）项目背景、存在的问题与需求

在这一部分，需要详细介绍存在的问题以及为什么设计师要设计这个项目来解决这些问题。要充分地说明问题的严重性与紧迫性，最好能提供一些数据，这样不但可以充分地说明问题，同时还能表明设计师对这一项目的了解。同时，还可以使用一些真实、典型的案例，以便在情感上打动读者，进而引起共鸣。要说明项目的起因、逻辑上的因果关系、受益群体及与其他社会问题之间的关联等。一般来讲，这一部分主要包括以下信息：

① 项目范围（问题与事件、受益群体）；

② 导致项目产生的宏观与社会环境；

③ 提出这个项目的理由与原因；

④ 其他长远与战略意义。

（四）目标与产出

在使资助机构确信问题的存在以后，明确提出设计师的解决方案。机构间的合作是被鼓励的。如果设计师还有其他的机构合作伙伴，也要明确说明。在这一部分中，设计师要详细地介绍设计师的项目计划、项目的总体目标、阶段性目标与任务，以及各目标的评估标准。总体目标是一个长期的、宏观的、概念性的、比较抽象的描述。总体目标可以分解成一系列具体的、可衡量的、可实现的、带有明确时间标记的阶段性目标。比如，"减少文盲"是总体目标，"到某年某月，使100个农村妇女每人至少认识1000字"就是一个具体目标。对目标的陈述一定要非常清楚。最重要的是，制定的目标要切合实际。不要承诺设计师做不到的事情。要牢记，资助者希望在项目完成报告里看到的是：项目实际上（即将）实现了这些既定目标。

（五）受益群体

在这一部分中设计师要对项目的受益群体做一个更加详细的描述，在必要时，设计师还可以把受益群体分为直接受益和间接受益群体。比如"恩久"的能力建设项目，直接受益群体是NGO机构和NGO的从业人员，但间接受益群体却是NGO的服务对象。因为NGO机构通过能力建设提高了服务能力与效率，也就能为其服务对象提供更好、更多、更完善的服务。又比如一个残疾人服务机构，直接受益群体是残疾人群，间接受益群体则是他们的家庭，甚至是整个社会。许多资助方都希望受益群体能从始至终地参与到项目之中。尤其是在项目的设计阶段，受益群体的参与更加重要。设计师可以在附件中列出受益群体参与项目的活动，包括组织受益群体参加的讨论会主题、时间、参加人员等。同时，也让资助方了解到设计师的项目不但是针对受益群体而设计的，而且得到了他们的广泛支持与认可。

（六）解决方案与实施方法

通过以上内容，已经清楚地解释了存在的问题及希望完成的事情。现在，需要介绍如何达到目标以及采用什么方法和具体活动来实现这些目标。在介绍方法时，要特别说明这种方法的优越性。可以同时列举出其他相关的方法并把它们进行比较，还可以引用专家的观点、其他失败和成功的案例等。总之，要充分说明所选择的方法是最科学、最有效、最经济的方法。同时，也要说明在采用这种方法时，也存在一定的风险与挑战。还要提到为了执行这一

解决方案都需要哪些条件与资源，包括：谁？在什么时候？使用什么样的设备？做什么样的事情？做这些事情的人要具备什么样的能力与技能等。最好能在附件中详细描述一下主要工作岗位的职务要求。

（七）项目进程计划：时间表

在这一部分中，要详细地描述出各项任务的先后顺序以及起始时间，可以用一个带有时间标记的图表来表示。这样，就可以形象直观地告诉读者"什么时候？""做什么？"，以及各项活动之间的关联与因果关系。

（八）项目组织架构

这一部分要描述为了达成上述目标，需要什么样的执行团队和管理结构。执行团队应包括所有项目组成员：志愿者、专家顾问、专职人员等。他们与这个项目相关的工作经验、专业背景、学历等也非常重要。执行团队的经验与能力往往在很大程度上决定了项目的成败，这也是资助方非常关心的问题。另外，还要明确项目的管理结构。项目总负责人、财务负责人及其他各分项目负责人都应该明晰地写出来。如果是两个或多个机构合作共同完成一个项目，还要表明各机构的分工。工作流程也要很清楚，如各项工作的先后顺序、逻辑关系等。

（九）费用、预算与效益

在这一部分所要提供的绝不仅仅是一个费用预算表（当然，预算表也是很重要的，设计师可以把它放在附件中），还要叙述和分析预算表中的各项数据，总成本与各分成本，包括：人员、设备的费用等。其中，人员经费类别可以包括工资、福利和咨询专家费用；非人员经费小类别可以包括差旅费、设备和通信费等。如果已经有了一部分资金来源，也要注明。而且，要很明显地写出设计师还需要总数为多少的经费上的支持。上面提到的是投入，还有一个很重要的部分是产出的效益。很多NGO在项目计划中往往不谈效益，错误地认为NGO的服务是不谈效益的。事实上，除国际上正在推行的NGO合理收费外，NGO服务的另一大特点是产生巨大的社会效益。尽管社会效益比较难量化，但设计师还是可以尽量找一些数据来分析一下社会效益，哪怕只是估算也好。比如，一个戒毒人员的服务机构，虽然他们是为吸毒人员提供免费的戒毒服务，没有任何收入。但是他们还是可以估算出通过服务一个吸毒人员，可以减少哪些方面的社会问题，可以对吸毒人员的医疗费用、失业、犯罪等相关费用进行估算。总之，设计师越明确地算出单位成本的投入可以产生的效益，就越能说明设计师的方法的优越性，也就越能得到资助方的认同。财务与审计方法也要在这部分中提到。

（十）监控与评估

监控是项目实施过程中非常重要的部分，监控的执行机构与人员（可以是理事会、资助方或其他第三方机构）、监控任务等都应该写在项目计划中。与之相关的还有项目团队中设计师的评估计划。项目进行中的评估报告比项目结束的评估还要重要，在项目的不同阶段进行评估，可以使设计师及时发现问题，尽早解决。同时，可以使资助方得到一个信息，那就是设计师们不但提出了一个很好的计划，而且可以很好地实现这个计划。请注意，项目的实施方法是资助方评判是否给予资助的一个非常重要的因素。有两种可供参考的监控和评估方式。一种是衡量结果，另一种是分析过程。其中一种或者两者都有可能适用于设计师的项目。设计师选择何种方式将取决于项目的性质和目标。无论选择何种方式，设计师都需要说明自己准备怎样收集评估信息和进行数据分析。

评估活动及时间也应该包括在项目实施计划的时间表当中。无论是监控报告还是评估报告，都应该包括：项目的进展与完成的情况、原定计划与现实状况的比较、预测未来实现计划的可能性等。除总体评估报告外，还要提供一些子评估报告，比如，项目中期的审计报告等。

（十一）附件

对于设计师认为重要的任何文件，或放在正文中太长的文件，都可以把它们放在附件当中。比如：对机构的介绍、年报、财务与审计报告、名单、数据、图表等。设计师可以把那些放在正文中会干扰读者，或使他们的兴趣偏离主题的部分放到附件当中。但一定不要忘了在正文中提到：详细情况，请查看附件。总之，附件的目的是使正文紧凑、干净，同时，如果读者对某些问题的细节感兴趣的话，他还可以在附件中找到需要的内容。在把上面的所有部分都写完以后，现在，设计师可以回来写项目。

| 第五节 |
绘制用户体验原型草图

一、绘制用户体验原型草图步骤

（一）确定设计主题，设计用户体验草图

通过草图，设计师能够遵循从想法的产生、完善直至选定的过程，也能通过使用草图来进行讨论、交流与评估他人的想法。用户体验设计师要专注于创建长时间使用的用户体验，所以设计的草图需要包含动作、交互行为，以及随着时间发展而改变的体验。

（二）用户体验原型绘画本

这是记录、演进、展示、收藏想法的基本材料。用户体验原型绘画本鼓励使用者收集和发展大量想法并进行选择，固定在单一思维上并非有用。在许多想法中提炼的过程是为了得到正确的设计，而发展某一个想法的过程则是为了让设计做得正确。

（三）10加10：收敛设计漏斗

拓展10种不同的想法，并对选出的想法进行改良。设计漏斗描述了作为一名交互设计师在思考问题时的习惯性运用的流程。10加10方法内容如下：

① 阐明设计师的设计挑战。

② 针对这个挑战，对此系统拓展出10个以上不同的设计概念。

③ 减少设计概念的数量。

④ 选择最优（希望）的设计概念，作为起始点。

⑤ 对某设计概念创造出10个细节或衍生变化。

⑥ 将设计师最好的想法向一组人陈述。

⑦ 当设计师的想法改变的时候，将它们画出来。

二、用户体验原型从现实世界进行取材

尽管大部分人认为草图是一种创建新想法的方法，然而草图的很大一部分其实是关于快速收集现有想法。从设计师周围世界中进行取材是有巨大价值的。从他人处获得想法时，可以使用那些想法作为起始点，来激发设计师产生不同的方向，进行头脑风暴，将现有想法发展为新想法，或对大量想法进行融合。设计师不必一个人做这件事情，有一些方法来记录这些获取的想法，使设计师可以与同事们进行分享和讨论。

（一）涂鸦式草图

快速画出想法——任何地点/任何时候——抓取想法的精髓。涂鸦式草图是非常快速的绘画，不去关注细节，具有非常低的保真度，关注关键思路来鼓励交流。从现有系统中抓取想法，重点关注整体布局及各项目是什么。设计师所创建的涂鸦草图的内容完全取决于设计师想要突出的重点是什么。要考虑：

① 包含哪些细节？包含的细节要突出抓取的主要概念。

② 哪些进行抽象表现？次要的部分可以某种方式弱化。

③ 什么可以忽略？不重要的细节完全可以忽略。

涂鸦式草图：非常快速地画出来的；一种在匆忙时快速抓取想法的方法；需要牺牲细节和保真来换取速度；通过练习，不用看也可以画出来。

（二）用相机取材

抓取启发性的瞬间。开始取材的最简单方法是拍下设计师所讨厌的环境和物体，指出不恰当的设计，并解释为什么。发现差的设计意味着让自己对所厌恶的设计物体变得敏感，并尝试理解为什么这个设计让设计师不快。对激发兴趣的设计进行取材，设计师也需要对优秀的设计敏感。要养成照片取材的习惯，最好做一个博客来存放自己所发现的设计。对启发设计师的事情进行取材，许多有用的想法和跨领域创意可能来自日常生活中激发设计师兴趣的事物。

相机取材有以下优点：

① 可以提供丰富的想法来源；

② 想法会留下设计需要避免的线索；

③ 想法会带来设计启发的来源；

④ 养成习惯，照片取材是观察世界的最佳实践。

（三）收集图片和简报

成为半组织性的搜寻者/收集者。收集图片和简报是设计师可以利用周边世界来获取想法和设计过程的另一种方法。简言之，就是收集他人创建的界面、视觉或数字传达内容，收

集设计师所喜欢的与不喜欢的，收集他人的反应。无论好的坏的都是有用的。

收集图片和简报时应注意：

① 搜寻和收集是一项持续性活动；

② 在任何场景所遇到的图片都可能有帮助；

③ 培养自己收集和组织的习惯。

（四）玩具箱和物理收集

收集实体物品。收集的物品分为两部分：被拆分的和重建的。将一件物品拆成不同的部件可以教会设计师它的设计过程，教设计师完成构建的思考过程。拆分物品还能让设计师用新的方法来进行组装。对于玩具箱和物理收集应注意：

① 收藏是设计流程的基础；

② 收藏实物可以引发想法和讨论；

③ 实物可以被拆开并成为新物品的一部分；

④ 随着藏品的增加，积极展览可以拓展它的作用。

（五）分享发现的物品

分享是丰富想法的极好来源，不要因为不想分享而不画草图。为了分享而重画具有很多好处。

三、绘制用户体验原型单一图像

典型的草图将能及时捕捉一个单一瞬间，通常是设计师设想的用户体验中的单一场景。然而本书不会教设计师如何成为艺术家，而是会向设计师展示可以用来创建草图的不同方法。

（一）绘制草图前的热身

通过听一段故事，用一支笔不离纸地划线来表达故事，然后让大家来评论。设计师会发现：

① 一根简单的线条也能千变万化；

② 绘图者的意图未必会和观看者的理解相匹配；

③ 评论是发现的过程；

④ 评论需要认真的观察。

（二）草图词汇表

画物体、人和他们的行动。草图词汇表中的元素有：

① 基本草图元素：线条、矩形、三角形、圆形等。

② 组合物体：通过将基本草图元素组合而成的物体。

③ 人：火柴人或漫画式的草图，或抽象形状都可以代表人物。

④ 活动：通过区别人的姿势，可以表达出人的不同活动。

⑤ 身体与情感：不同姿势可以表达情感，可以在头上加符号说明。

⑥ 脸和表情：通过眉毛与嘴的组合就能表达表情。

⑦ 组合姿势和脸：在人脸上加以匹配的姿势。

⑧ 组合不同草图元素来表达状态：将人的姿势与简单物件组合，来组成描述具体情况的简单草图。

（三）普通草图

草图的基本元素：绘画、注释、箭头和备注。草图不仅是绘画，还包含有空间关联性的文字注释，或独立的文字备注。箭头是一种特殊的注释方式，它能起到很大的说明作用。

（四）合作式草图

用草图来进行头脑风暴，表达想法，促进交互。必须考虑参与者如何触碰到绘画区域并在上面添加标记（最好同时进行），并且可以对草图进行指点。

（五）绘图软件

用常见的数码呈现工具来画草图。

（六）用办公用品进行草图绘制

使用常见办公用品来创建可编辑草图。

（七）模板

预先画好草图中固定、不变的部分，作为使用及重用的模板。模板可以是照片、描图、数码或纸张形式。

（八）照片描图

创建草图轮廓集，以建立草图构成基础。有些实物很难画，通过照片描图，可以快速创建使草图变好看的不同组件。首先拍好一张照片，对照片进行描图，保存描图作为草图元素，然后复制并在设计师的草图中使用。

（九）混合草图

合并草图与照片。它可以让设计师在草图上添加位置的环境信息。通过这种方式还可以强调注释可能被人忽视的交互行为，还可以用来突出新设计会如何区别于当前的设计。

四、绘制用户体验原型的视觉化叙述

想象一个人与系统一段时间内的交互行为是交互设计的特别之处。故事板用一系列独立的图像来捕捉这些时间元素，这些图像一帧接一帧地描述发生了什么。

（一）顺序故事板

视觉化说明一段时间内的交互顺序。顺序故事板用来讲述一段时间内所展现的用户体验顺序的视觉化故事。故事板的难点在于决定哪些草图作为关键帧，观看者是否可以想象这些帧之间的转变空间。对故事板进行注释可以起到帮助作用，特别是用来解释转变中用户的交互行为。关键决策：要在场景中画出用户吗？应该使用哪些帧来表现顺序？应该展现哪些关键转变？

（二）状态转变图

一种视觉化描述一段时间内状态、转变及决策路径的方法，与顺序故事板类似。

（三）分支故事板

视觉化说明一段时间内的交互决策。

（四）叙述性故事板

讲述一段时间内关于使用情境的故事。故事板草图可以是手绘的，也可以是由照片组成的。手绘方法如下：

创建故事板的步骤：

① 画出故事板每帧的轮廓；

② 设计故事线；

③ 画出定场镜头（介绍）；

④ 通过合适的照片继续故事线草图的绘制；

⑤ 突出动作和行动；

⑥ 向他人迭代说明。

五、绘制用户体验原型，让用户体验活灵活现

如果故事板中的每幅草图间都已经有了良好的起承转合，那么设计师就可以将这个故事板升级成为一个可互动的视频。这些视频可以通过回放这些故事，展示故事的分支剧情来进行可视化的叙述。将交互流程制作成一个图像配准的动画。将故事草图中的每一帧放到PPT的每一页就行了，还可以通过超链接来展示分支故事。

六、绘制用户体验原型需邀请他人参与草图设计

动画原型可以通过回放故事或是呈现故事不同的分支剧情对交互流程提供可视化的叙述。其另外一种用途是引领目标用户进入这种可视化叙述，让用户进行真实的行为操作并获得自己真实的感受，产生真正的用户体验。然后设计师可以探寻用户对于这个动画原型的真实感受。设计师还可以向他人展示设计师的工作，然后请他们为设计师提出建议。

（一）探寻原始的心智模型

系统中视觉元素会向用户传达很多信息，然后用户会以此为依据去解释整个系统的工作原理，最终形成关于此系统的心智模型。设计师可以让用户看着系统原型草图并解释这些元素，来简单快速地发现他们的心智模型，通过对比用户与系统实际存在的心智模型间的差异及不匹配，设计师可以迅速找出系统的可用性问题，为设计师的设计迭代提供线索。

（二）按用户的操作反馈进行设计调整

草图在人的操纵下对人们的操作进行反馈。设计师自己扮演系统后台，接受并分析用户的操作行为，然后人为地做出相对应的反馈。

（三）发声思考

让用户一边使用界面草图，一边描述自己的想法和动机。通过聆听用户的想法及操作计划，设计师能了解到他们的意图以及解决问题的策略，然后设计师可以根据这些进一步检验产品是否满足了用户期望。

（四）草图板

将草图张贴到布告栏与同事进行分享，一旦画出项目原型就应晒出来。向别人讲述草图的过程可以帮设计师理清思路，回答他人的质疑会让设计师得到新视角。

（五）审查

把设计师的草图创意呈现出来，请大家提建议。

七、绘制用户体验原型实战技巧

当设计师正在构思网站页面或是移动应用的布局，琢磨着功能流程及上下文情景脚本的时候，拿起笔画画草图才是更加直接有效的方式——它可以帮助设计师集中精力解决眼前的问题，尽情地勾勒各种想法，而不必为工具软件的使用方法或功能限制等方面的因素分散注意力，如图4-4所示。

图4-4 设计师绘制草图

有些设计师绘制草图是很给力的，但是基本不会从实战的角度进行深入而细致的讲解。本章则会实打实地从具体执行的角度，向大家介绍一些常用技巧及其背后的道理，这些都是界面设计师和其他很多用户体验设计师在每天的工作中所要用到的。

（一）绘制用户体验原型的灵魂所在

从视觉角度上讲，即使最完美的草图作品，与真正意义上的"绘画"相比也是相距甚远的。如同设计师的思维与灵感，草图应该处于一种持续变化的状态，随时可以根据需求进行调整。设计师确实不必掌握那些真正的绘画技能，不过有相关经验更好。那么草图的本质到底是什么呢？简单来说：

① 草图是思维的表达方式，用来解决问题。

② 草图是一种可视化的、更加清晰有效的沟通方式。

③ 画草图是一种技能，实践得越多，能力越强。

不要太在意草图在"绘画"方面的视觉效果，试着把它当作海报来审视——设计师第一眼看到的是什么？细节信息在什么地方？记住，人的目光总会被细节与强烈的对比所吸引。就像语言表达能力可以决定人与人之间互相了解的程度，草图的表现力也会直接影响到产品设计流程中的信息沟通。

（二）分层作业法

① 操作策略：初期，使用浅灰色的马克笔（大约20%～30%的灰度）勾画轮廓和布局结构；在进入界面元素的细节部分之后，逐渐使用颜色更深的马克笔或钢笔。

② 意义阐释：从浅色开始初步的框架工作，会让事情变得容易些。在这个阶段，犯些错误也无妨，设计师可以逐步评估和调整想法。把线画得凌乱些也不要紧，在接下来的阶段，使用颜色更深的线条逐步完善草图之后，没人会注意到这些早期的浅色轮廓。随着灵感落实成为确定的想法，并不断地跃然纸上，设计师使用的颜色也可以逐步加深了，必要的时候可以使用钢笔来勾勒细节。通过灰度的差异来体现界面的逻辑，整个草图的层次感会非常鲜明。

分层的做法还可以帮助设计师在初期将注意力放在内容结构与视图继承等方面，不至于一开始就被各种细节问题和想法纠缠。如果设计师知道眼下的界面中需要一个列表，但不清楚列表项中的具体内容，那么就使用浅色笔随便画些曲线来代替文案；在之后的细节阶段，再用深色笔添加一些具体的范例内容，如图4-5所示。

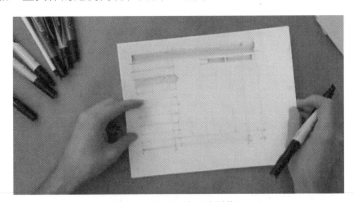

——— 图4-5 设计师分层绘制草图 ———

③ 关注点：如果设计师更习惯于使用圆珠笔起草，并且打算接下来用马克笔做辅助的话，就要记得将圆珠笔的墨迹先晾干，否则会被马克笔中的酒精成分污浊掉。经过越来越多的实践，设计师也许开始变得更有把握，而逐渐忽视浅色底层绘制；最终结果也许不会很坏，但仍然建议保留这一步骤，因为设计师可以在这个阶段里做很多试验性的摸索，一点点评估和落实头脑中的想法。

（三）绘制用户体验原型时需放松肢体

① 操作策略：在画长线条的时候，试着让自己的手与胳膊跟随着肩膀移动，而不是通过手腕或肘来用力；只有当设计师需要快速画短线条，或是处理一些局部细节的时候，肘的

驱动才更加有效。

② 意义阐释：肩膀的旋转驱动，可以帮助设计师画出更长更直的线条。如果只借助手腕的力量，设计师会发现画出的直线通常是弯的。另外，还可以在画长线之前，先在起点和终点的位置各做一个标记，以增强目标感。

（四）绘制多边形

① 操作策略：对于那些由长线条组成的、用来表示页面或设备轮廓的矩形和其他多边形，可以通过旋转纸面的方法依次画出边框线，而自己的姿势与落笔的角度可以保持不变。

② 意义阐释：要在每个方向上都画出很漂亮的直线，确实不是件容易的事情。只会画横线不会画竖线？把纸面旋转90°好了——这样无论什么角度的直线，对设计师来说其实都是一个方向的，设计师自己最习惯的姿势和落笔的角度就可以保持不变了。这样做简单又实用。

③ 绘制用户体验原型的关注点：如果设计师正在使用白板，这种技巧显然就不适用——还是多练习竖线的画法吧。

（五）交互方式体现法

① 操作策略：以普通草图为基础，将便签贴纸附着在图纸的相关位置上，用来表示那些具有交互性质的界面元素，比如提示气泡、弹出层、模态窗口（modal windows）等。设计师可以在一张草图上使用便签贴纸同时定义多个交互元素，然后按照具体的交互规则，取下一些，再对包含剩余交互元素的草图进行扫描和复印，最终就可以得到一套完整的交互示意草图。

a. 使用不同颜色的贴纸来表示不同类型的交互元素。

b. 一张贴纸的尺寸难以完整地表示模态窗口？在旁边拼一张好了。

c. 一张贴纸的尺寸对于提示气泡来说太大了？裁掉一部分也无妨。

② 意义阐释：这种方法可以帮助设计师在不修改草图框架的情况下快速地定义页面元素的交互方式。便签贴纸的位置可以很方便地被调整，设计师还可以在上面勾画该界面元素中的细节内容，如图4-6所示。

图4-6　设计师勾画该界面元素

（六）复印与模板化

有时，对于某些UI元素，设计师也许要重画并调整很多次。这不能算是坏事，设计师可以把这样的需求看作重新构思并快速迭代的机会。在这种情况下，扫描仪或复印机可以帮助设计师提升一些效率。

① 操作策略：使用扫描仪或复印机，将稳定版本的草图复制多张作为框架模板，在其中绘制那些变动需求比较多的UI元素。另外：界面中的某个部分画得失败了吗？用一片白纸覆盖住，复印一下，使用影印稿继续。如果设计师需要在草图中使用浏览器窗口或是移动设备作为背景，那么可以找来一些现成的图片素材，复印多张为设计师所用，如图4-7所示。

图4-7　设计师复制多张草图

② 意义阐释：复印机就是传统版的"Ctrl+C"和"Ctrl+V"，它能帮设计师快速生成模板。这种方式不仅能提升效率，而且可以减少设计师在实验和摸索过程中的顾虑——如果把某些UI元素搞乱套了，换一张模板重新来过就是了。另外，如果设计师需要使用其他色彩的马克笔来标注重要内容或绘制特定的界面元素，那么建议设计师画在影印稿上，这样可以有效避免不同种类墨水之间的污染，如图4-8所示。

图4-8　用马克笔来标注重要内容

（七）细节刻画

在细节方面，可以使用直尺作为辅助工具。特别是印有刻度的透明直尺，可以让设计师清楚地观察到正在画的直线与周围元素的相对位置关系。

① 操作策略：使用直尺和浅灰色马克笔绘制辅助线，如图4-9所示。

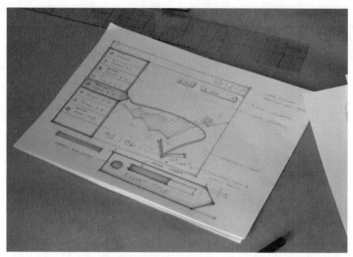

图4-9　用浅灰色马克笔绘制辅助线

② 意义阐释：这种方式特别适用于规划那些需要等距分隔的细节元素，包括列表项、图表、按钮等；设计师可以基于这些辅助线进一步绘制这些元素，在细处体现优雅与严谨，如图4-10所示。

图4-10　细节刻画

（八）使用马克笔绘制界面轮廓

① 操作策略：在前文"分层作业"的部分，提到了首先使用浅灰色的马克笔绘制界面轮廓及布局结构；而进入细节部分之后，可以使用颜色更深的马克笔或圆珠笔、钢笔，配合直尺来勾画，如图4-11所示。

图4-11　使用马克笔绘制界面轮廓

② 意义阐释：在"分层作业"的最后阶段，设计师会希望最终成型的界面整体以及其中的UI组件能够清晰地突显出来，而不要混杂在各种辅助线等干扰元素当中。使用深色笔和直尺，设计师可以画出长而笔直的浓重线条，有效地突出重要部分的边界。与"绘画"不同，设计师完全不用回避对直尺的使用；重要的是，要知道怎样正确地运用这个工具——不要在草图工作的一开始就使用直尺，它应该在细节部分与最终突出呈现的阶段发挥价值。

（九）原型裁切

① 操作策略：设计师还可以使用直尺来快速整齐地裁纸，例如将便签贴纸裁成更加贴近其所要模拟的UI元素的形状。

② 意义阐释：这比从工具箱里再拿一把剪刀出来要省事些，因为尺子已经在设计师手边了，如图4-12所示。

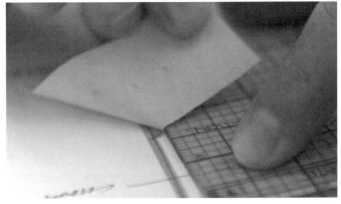

图4-12　原型裁切

（十）完整性加工

① 操作策略：试着在上下文环境中构思和绘制草图，展示出当前界面的应用场景和使用方法，或者干脆直接画在设备的速写图中。

② 意义阐释：这样做可以迫使设计师认真思考应用的使用环境，从草图阶段开始就站在用户心智的角度思考设计方案，并且能够尽早发现应用功能设计中的潜在问题。确实，没人愿意每做一张草图之前都要首先画个硬件设备出来。并不是说设计师必须要这样做，但是对设备及应用环境进行粗略的勾勒，是一件具有长远价值的事，尤其是对于移动应用来说，对上下文环境的描绘越翔实越好。对设计师个人来说，通常会把移动设备简单而完整地画出来，然后在"屏幕"中按照实际比例绘制应用界面的草图——这样做可以让设计师时刻留意设备屏幕的规格尺寸及比例约束。另外，设计师还可以大致地描绘出用户的操作手型，以此来粗略地评估应用界面中的元素交互方式是否合理，如图4-13所示。

③ 关注点：想要做到这一点，显然需要具备一定的速写能力；实在觉得难以做到的话也没关系，就使用在"复印与模板化"部分提到的方式好了，直接用设备的图片做底版，没问题。

图4-13 完整性加工

（十一）复印纸与复印扫描

① 操作策略：改用普通A4或8.5英寸❶ × 11英寸的复印纸。

② 关注点：绘制草图的目的是沟通与分享信息。普通复印纸可以很容易地被贴到墙上，方便项目相关成员围观讨论。另外，如果需要制作模板或备份存档，自然是复印纸更加便于复印或扫描，而不像草稿本那样需要先很费力地折叠起来，如图4-14所示。

草图不只是设计师的工具。开发者、产品经理、业务分析人员等同样可以在工作中将草图充分使用起来。草图是团队之间分享、沟通、探索想法的最直观高效的工具。另外，比起打印稿或页面截图一类的形式，草图可以更有效地激发项目参与者的参与意识，大家的反馈会更加积极主动。始终记住一点：绘制草图是一个梳理与表达想法的过程，而非创作美术作品。完成草图后，不妨评估一下——这样问自己："这些草图能否帮设计师更好地就各种想法进行沟通？"而不是"画得够不够炫？"

由于社会、科技的不断发展和进步，在市场竞争日益激烈的环境下，越来越多的企业已经意识到拥有自己独立的核心产品是自己立于不败地位的关键。也正因为如此，很多企业都

---

❶英寸（in），英美制长度单位，1in = 2.54cm。

图4-14　复印纸与复印扫描

设立了专门的产品设计团队，有了专门的产品设计流程。但很多设计者对于流程的把握并不全面，有的时候很容易忽略其中的某些环节甚至是干脆跳过。针对这一现象，本章以产品创意设计过程中的设计草图阶段为例，主要讲解了移动产品的创意、移动产品的定位、移动产品的需求分析、讨论与初步设计、绘制用户体验原型草图等内容。

　　本章阐述了"设计草图"这一最基本的产品创意表达方法在设计中的价值以及掌握这一技能所需要具备的相关知识和方法，论证了设计草图在产品创意设计过程中的重要性。本章从最基本的线条训练开始，着重介绍了草图表达和表达方法与技巧。本章以实用性和先进性为宗旨，从基础入手，由浅入深，力求理论与实践相结合，并提供了详细的作图步骤和最新示范图例，具有内容新、操作性强、便于实践等特点，对UI设计师在设计领域中实践应用有很大的帮助，是UI设计师移动产品的创意和原型草图设计必修环节。

第五章

移动产品的低保真原型设计

低保真原型设计是对产品较简单的模拟，它基本停留在产品的外部特征和功能构架上，可以通过简单的设计工具迅速制作出来，用于表现最初的设计概念和思路。因此，它通常被用于设计过程初期的需求收集和分析。简单的产品原型可以作为设计开发人员与用户沟通的载体，帮助用户表达其对产品的期望和要求，但通常不能实现与用户的互动。

产品的展示方式划分为纵向原型设计和横向原型设计。对产品某个特征或者功能按流程从高级至低级进行步步深入的模拟时，开发出的便是纵向型产品原型；相反，一个产品的全部基本特征都被表现出来，却不对其下一级功能进一步挖掘，这样制作出的就是横向型产品原型。由此可见，纵向原型设计开发出的是在有限的功能范围内具备高保真特点的互动型产品原型；而横向原型设计能够展示产品全部的基本特征，但是互动性却不高。

【本章引言】

对于移动应用产品，可通过低保真原型去大概地验证产品概念、基本的设计，帮助产品经理或设计师理清思路，然后还要加上理性的"拍脑袋"，以此来减少风险。之后就是快速推进，早日成型，用数据说话，反复迭代。使用低保真原型的目的就是速度快，准确传达理念，让人专注于产品界面和交互本身，而不是视觉。UI设计师的应用工具及工作范畴主要包括：

① 纸+笔/白板。笔是最快的工具，想到什么随手拿支笔就画出来，也便于在讨论时分享给身边同事。即使需要用软件出图，通常也会用纸笔先理清自己的思路。

② Balsamiq Mockups。很多时候，团队或者客户会以为低保真原型代表了最终设计，在评审的时候把关注点放到了视觉上。而Balsamiq的优点就是，用它做出来的原型一眼就看得出是低保真的，绝对不会让人误会或者分散注意力。内置的手绘UI库基本能覆盖所有需要用到的UI原件，便捷高效。

③ Sketch 3。虽然这是个高保真设计工具，但如果已经用得炉火纯青，那么用它做低保

真也没有什么效率上的问题。一般低保真都用中性色或者单色来做。在做的时候要时刻提醒自己：不要在细节上走得太深。

④ Invision/Keynote。如果需要做click-through原型，这两个工具便能满足要求。在这个原型工具数量爆炸的时代，Axure、OmniGraffle等都能做类似的工作。以上几个是做低保真比较有优势并且常用的工具。总的来说，工具始终是工具，先专注于过程（process），明确每个阶段的目的，才能选择最合适的工具。Mockplus、Visio、Excel，甚至Word都能画，一般的作图软件也都行，怎么顺手怎么来。不过还是推荐Axure，低保真、高保真随心所欲。

⑤ 线框图。线框图是一个网站图形化的骨架，引导一个页面的内容及概念，能够帮助设计师和客户讨论具体的网站层次和导向。一个简单的线框图只需要使用线条、方框和灰阶色彩填充，黑白色的布局整体呈现为低保真设计图，主要呈现主体信息群，勾勒结构和布局，表达用户交互界面的主视觉和描述。线框图对于产品的作用就如同建筑蓝图对于建筑，在项目的初始阶段规定好产品各方面的细节，作为整体项目说明。因为绘制起来简单、快速，它也经常用于非正式场合，比如团队内部交流，但不能作为用户测试的材料。

简单的线框图一般只需要用线条、方框、文本、按钮等基本的组件就可以了。因此，关于如何制作线框图、如何挑选线框图制作工具的问题，基于上述特点，设计师可以使用Mockplus、Balsamiq等线框图工具。Balsamiq是一款静态线框图绘制工具，它的手绘风和现成的控件在线框图绘制方面发挥了极大的优势，它产出的线框图比较适于给懂设计和开发的人员看，因为他们知道线框图和最终的成品是有区别的，也明白二者之间的运作方式和内在联系。相对于Balsamiq，Mockplus在动态交互方面则更胜一筹。同样是简单快速的线框图工具，Mockplus产出的交互式线框图可以更直观生动地向开发团队和毫无设计和开发基础的客户演示项目，而不需要冗长的说明。

⑥ 原型图。原型图是接近中高保真的设计稿。和线框图不同，原型图是动态可交互的，一些高保真的原型设计甚至和最终的产品看起来相差无几，因为它们不仅拥有细致到位的视觉设计，同时也尽可能地模拟真实的产品界面和功能上的交互，提供完整的产品体验。除了具有项目演示的功能之外，可交互式原型图常常也用于产品正式开发前的用户测试。早期的原型测试可以节省巨大的时间和开发成本。一个可批注、可团队协作的原型图更加有利于设计师和开发人员之间的沟通，省去了来回修改和大量发送图片和PDF文档这个烦琐的步骤。对开发人员来说，他们可以在经过反复测试的原型图基础上拿出更加完善的代码实现方案，而不至于浪费开发成本和精力。

基于原型图的高保真且必须可交互的特点，对于原型图的制作最好是选择专业的原型设计工具，但究竟选择何种原型工具，也需要根据不同的标准做判断。从保真度方面来说，JustinMind擅长于精细制作的高保真原型图，但要掌握好它的交互设置、触发条件、条件判断和变量等一系列复杂的操作，还是颇费工夫。从制作效率方面来说，Mockplus更符合简单、快速的中高保真原型图设计：高度封装的交互组件、简单的拖拽交互、实用的团队协作和在线审阅，更能满足设计师和开发人员节省时间和降低开发成本的需求。

⑦ 线框图和原型图的制作区别。线框图可以说是原型图的一种，可以在线框图的基础上进行原型图的细化和设计。从演示效果方面来说，线框图是静态展示，而原型图是动态的可交互式展示。从功能方面来说，原型图代表了最终产品，常用于潜在用户测试；线框图常用于项目初期，展示布局和功能，用于讨论和反馈。

| 第一节 |

移动应用产品设计规范

移动应用的界面设计画布尺寸设计多大？特别是对于Android，图标和字体大小怎么定、是否需要设计多套设计稿、如何切图以配合开发的实现等问题有待解决。从iOS和Android官方的设计规范来看，移动应用界面设计中的尺寸规范如下。

一、Android篇

（一）常用单位

① ppi、dpi是密度单位：

ppi（pixels per inch）：图像分辨率［在图像中，每英寸所包含的像素（px）数目，记为ppi］单位。

dpi（dots per inch）：打印分辨率（每英寸所能打印的点数，即打印精度，记为dpi）单位。

dpi主要应用于输出，重点是打印设备上；设计师对于ppi应该比较熟悉，PhotoShop画布的分辨率常设置为72px/in，这个单位其实就是ppi。尽管概念不同，但是对于移动设备的显示屏，可以看作1ppi = 1dpi。

ppi的运算方式是：$ppi = \sqrt{长度^2 + 宽度^2}$／屏幕对角线长度。式中，长度和宽度的单位为像素（px），屏幕对角线长度的单位为英寸（in）。即：长、宽各自平方之和的开方，再除以屏幕对角线的长度。以iPhone5为例，其$ppi = \sqrt{1136px^2 + 640px^2}$／（4in）= 326ppi（视网膜Retina屏）。对于Android手机，一个不确切的分法是，720px × 1280px的手机很可能接近320dpi（xhdpi模式），480px × 800px的手机很可能接近240dpi（hdpi模式），而320px × 480px的手机则很接近160dpi（mdpi模式）。

② Android开发中，文字大小的单位是sp，非文字的尺寸单位用dp，但是在设计稿中用的单位是px。这些单位如何换算，是设计师、开发者需要了解的关键。

dp：Density-independent pixels（密度独立像素），以160ppi屏幕为标准，则1dp = 1px。

dp和px的换算公式：1dp =（PPI/160ppi）px。对于320ppi的屏幕，1dp=（320ppi/160ppi）px = 2px。

sp：Scale-independent pixels（缩放独立像素），它是Android的字体单位，以160ppi屏幕为标准，当字体大小为100%时，1sp = 1px。

sp与px的换算公式：1sp =（PPI/160ppi）px。对于320ppi的屏幕：1sp=（320ppi/160ppi）px = 2px。

简单理解的话，px（像素）是UI设计师在PS里使用的，同时也是手机屏幕上所显示的，dp是开发人员写Layout（布局）的时候使用的尺寸单位。为什么有时要用sp和dp代替px？原因是它们不会因为ppi的变化而变化，在相同物理尺寸和不同ppi下，它们呈现的高度大小相同，也就是说更接近物理呈现，而px则不行。

根据单位换算方法，可总结出：

当运行在mdpi模式下时，1dp = 1px，也就是说设计师在PS里定义一个item（项目）高48px，开发人员就会定义该item高48dp；

当运行在hdpi模式下时，1dp = 1.5px，也就是说设计师在PS里定义一个item高72px，开发人员就会定义该item高48dp；

当运行在xhdpi模式下时，1dp = 2px，也就是说设计师在PS里定义一个item高96px，开发人员就会定义该item高48dp。

（二）Android分辨率

① 屏幕尺寸。它指实际的物理尺寸，为屏幕对角线的长度。为了简单起见，Android把实际屏幕尺寸分为四个广义的大小：小，正常，大，特大。

② 像素（px）。它代表屏幕上一个物理的像素点。

③ 屏幕密度。为解决Android设备碎片化问题，引入一个概念"DP"，也就是密度。它指在一定尺寸的物理屏幕上显示像素的数量，通常指分辨率。为了简单起见，Android把屏幕密度分为了四个广义的大小：低（120dpi）、中（160dpi）、高（240dpi）和超高（320dpi）。1dp = （DPI/160dpi）px。例如，在一个240dpi的屏幕里，1dp等于1.5px。对于设计来说，选取一个合适的尺寸作为正常大小和中等屏幕密度（尺寸的选取依赖于打算适配的硬件，建议参考现在主流硬件分辨率），然后向下和向上，做小、大、特大和低、高、超高的尺寸与密度。

④ 典型的设计尺寸，如表5-1所示。

表5-1　典型设计尺寸

屏幕	像素/dp
一个普通的手机屏幕	320
一个普通平板电脑（480px×800px）	480
7英寸平板电脑（600px×1024px）	600
10英寸平板电脑（720px×1280px，800px×1280px）	720

Android SDK模拟机的尺寸，如表5-2所示。

表5-2　模拟机的尺寸　　　　　　　　　　　单位：px·px

屏幕大小	低密度 （ldpi,120dpi）	中等密度 （mdpi,160dpi）	高密度 （hdpi,240dpi）	超高密度 （xhdpi,320dpi）
小屏幕	240×320（QVGA）		480×640	
普通屏幕	240×400 （WQVGA400） 240×432 （WQVGA432）	320×480 （HVGA）	480×800 （WVGA800） 480×854 （WVGA854） 600×1024	640×960
大屏幕	480×800 （WVGA800） 480×854 （WVGA854）	480×800 （WVGA800） 480×854 （WVGA854） 600×1024		
超大屏幕	1024×600	1024×768 1280×768 1280×800（WXGA）	1536×1152 1920×1152 1920×1200	2048×1536 2560×1600

（三）设计稿基本元素的尺寸设置

为了适应多分辨率的手机，理想的方式是为每种分辨率做一套设计稿，包括所用到的图标（icon）、设计稿标注等。但在实际开发中，这种方法耗时耗力，所以通常会选择以下折中的方法。

方法一：在标准基础（比如xhdpi）上开始，然后放大或缩小，以适应到其他尺寸。不足之处是，对于更高分辨率的手机，图标被放大会导致质量不高。

方法二：以最高分辨率为基准设计，然后缩小适应到所需的小分辨率上。缺点是图标等若都为最大尺寸，则加载时速度慢且耗费流量较多，对于小分辨率的用户也不够好。

结合"友盟"的分辨率占比数据，也为了方便换算到Android开发中的尺寸单位，推荐设计稿的画布尺寸选用720px × 1280px，分辨率仍旧为72ppi。在Android规范中对于导航栏、工具栏等的尺寸没有明确的规定。但根据48dp原则，以及一些主流的Android应用的截图分析，其尺寸要求如表5-3所示。

表5-3　Android应用的截图尺寸

类型	尺寸/px
状态栏高度	50
导航栏、操作栏高度	96（=48×2）
主菜单栏高度	96
内容区域高度	1038（1280-50-96-96=1038）

最近出的Android手机几乎都去掉了实体键，把功能键移到了屏幕中，高度也和菜单栏一样为96px。

（四）图标和字体大小（来自官方规范文档）

① 启动图标（Home页或App列表页）。整体大小为48dp × 48dp，如表5-4及图5-1所示。

表5-4　启动图标尺寸　　　　　　　　　　　　　　　　单位：px·px

密度	ldpi	mdpi	hdpi	xhdpi
分辨率	36×36	48×48	72×72	96×96

② 操作栏图标，代表用户在App中可以使用到的最重要的图标。整体大小为32dp × 32dp，图形实际区域为24dp × 24dp，如图5-2及表5-5所示。

图5-1　启动图标

图5-2　操作栏图标

表5-5　操作栏图标尺寸　　　　　　　　　　　　单位：px·px

密度	mdpi	hdpi	xhdpi
实际区域分辨率	24×24	36×36	48×48
整体大小分辨率	32×32	48×48	64×64

③ 小图标/场景图标，提供操作或特定项目的状态。比如Gmail App的星形标记、一些内容展开收起用到的向下向上的图标等。整体大小为16dp×16dp，图形实际区域为12dp×12dp，如图5-3及表5-6所示。

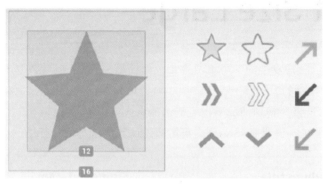

图5-3　小图标/场景图标

表5-6　小图标/场景图标尺寸　　　　　　　　　单位：px·px

密度	mdpi	hdpi	xhdpi
实际区域分辨率	12×12	18×18	24×24
整体大小分辨率	16×16	24×24	32×32

④ 通知图标。如果App有通知，就需要提供一个有新通知时显示在状态栏的通知图标。整体大小为24dp×24dp，图形实际区域为22dp×22dp，如图5-4及表5-7所示。

图5-4　通知图标

表5-7　通知图标尺寸　　　　　　　　　　　　　单位：px·px

密度	mdpi	hdpi	xhdpi
实际区域分辨率	22×22	33×33	44×44
整体大小分辨率	24×24	36×36	48×48

注：Android规范提供的尺寸单位是dp，若设计稿尺寸设为720dp×1280dp，则图标大小需在规范要求的尺寸数字上乘以2。比如操作栏图标为32dp×32dp，则设计稿上应该是64px×64 px。

⑤ 字体大小。Android规范中的要点，如图5-5所示。

Text Size Micro 12sp

Text Size Small 14sp

Text Size Medium 16sp

Text Size Large 18sp

———— 图5-5　Android规范 ————

前面提到Android开发中的字号单位是sp，而换算关系是1sp = (PPI/160ppi)px = 1px。所以720px × 1280px尺寸的设计稿上，字体大小可选择为24px、28px、32px、36px，主要根据文字的重要程度来选择，特殊情况下也可能选择更大或更小的字体。

⑥ 其他尺寸要求。通常把48dp作为可触摸的UI元件的标准，如图5-6所示。

 **Medium title**

Single list item

single line item with avatar + text　　　　*single line item with text*

———— 图5-6　UI元件 ————

为什么要用48dp呢？一般来说，48dp转化的一个物理尺寸约为9mm。通常建议目标大小为7～10mm，以方便用户手指能准确并且舒适地触摸目标区域。

如果设计的元素高和宽至少48dp，就可以保证：

a. 触摸目标绝不会比建议的最低目标（7mm）小，无论在什么屏幕上显示。

b. 在整体信息密度和触摸目标大小之间取得了一个很好的平衡。

另外，每个UI元素之间的空白通常是8dp。

（五）背景图

背景图尺寸如表5-8所示。

表5-8　背景图尺寸　　　　　　　　　　　　　　单位：px·px

密度	mdpi	hdpi	xhdpi
分辨率	480×320	800×460	1280×720

二、iOS篇

（一）分辨率

iPhone界面尺寸：320px × 480px、640px × 960px、640px × 1136px。

iPad 界面尺寸：1024px × 768px、2048px × 1536px。

以上数字的单位都是像素，至于分辨率，一般网页UI和移动UI基本上都只要72ppi。

（二）单位换算：px、pt

这里需要先区分pt、px。pt（磅值）是物理长度单位，指的是英寸的七十二分之一。从手机上看来，同一大小的字，磅值是一样的，但是换算成不同分辨率，手机的字号px值不一样［1px＝(PPI/72ppi)pt］。iPhone在出Retina屏（也就是4S）之前的屏幕像素是320px×480px，屏幕密度是163ppi，4S的屏幕像素是640px×960px，屏幕密度是326ppi，翻了一倍。iPhone 12屏幕密度是460ppi，兼容性方面要增加类似首屏画面等程序上的判断。

在iPhone界面上元素的定位、尺寸用的是单位pt，而非px，屏幕上固定有320pt×480pt，Retina屏两倍的分辨率改变的只是pt和px之间的比例而已，这样就能实现不改变程序，只上传两套图片就兼容两个分辨率。

在设计的时候并不是每个尺寸都要做一套，而是按自己的手机尺寸来设计，比较方便预览效果，一般用640px×960px或者640px×1136px的尺寸设计。其中设计稿的画布分辨率设为默认的72ppi（此时1px＝1pt），所以设计师可以统一采用px为单位。开发人员拿到设计稿时，将上面标注的以px为单位的字号大小、图像尺寸除以2，就是非Retina屏上的以pt为单位的值，这样在Retina屏上也可以根据此值换算对应的以px为单位的大小，以确保不同的分辨率下有合适的效果。

（三）基本元素的尺寸设置

iPhone的App界面一般由四个元素组成，分别是：状态栏、导航栏、主菜单栏以及中间的内容区域。

取用640px×960px的尺寸设计，在这个设计尺寸下，这些元素的尺寸如表5-9所示。

表5-9　四个元素的尺寸

类型	描述	尺寸/px
状态栏	就是人们经常说的显示信号、运营商、电量等手机状态的区域	高度：40
导航栏	显示当前界面的名称，包含相应的功能或者页面间跳转的按钮	高度：88
主菜单栏	类似于页面的主菜单，提供整个应用的分类内容的快速跳转	高度：98
内容区域	展示应用提供的相应内容，是整个应用中布局变更最为频繁的	高度：734

以上尺寸适用于iPhone 4/4s，iPhone 5/5s的640×1136的尺寸，其实就是中间的内容区域高度增加到910 px，其他尺寸也同上。

（四）常用图像、图标

常用图像、图标尺寸规格如表5-10、图5-7、表5-11、图5-8所示。

表5-10　常用图像、图标尺寸（一）

设备	分辨率/（px·px）	PPI/ppi	状态栏高度/px	导航栏高度/px	标签栏高度/px
iPhone 6 Plus设计版	1242×2208	401	60	132	147
iPhone 6 Plus放大版	1125×2001	401	54	132	147
iPhone 6 Plus物理版	1080×1920	401	54	132	146

续表

设备	分辨率/（px·px）	PPI/ppi	状态栏高度/px	导航栏高度/px	标签栏高度/px
iPhone 6	750×1334	326	40	88	98
iPhone 5/5c/5s	640×1136	326	40	88	98
iPhone 4/4s	640×960	326	40	88	98
iPhone & iPod Touch第一代、第二代、第三代	320×480	163	20	44	49

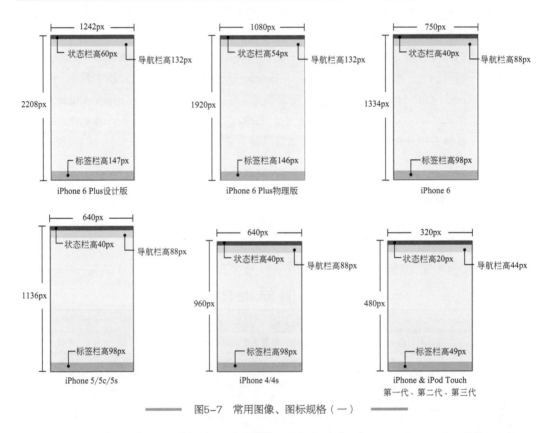

图5-7 常用图像、图标规格（一）

表5-11 常用图像、图标尺寸（二）

单位：px·px

设备	App Store	程序应用	主屏幕	Spotlight搜索	标签栏	工具栏和导航栏
iPhone 6 Plus（@3x）	1024×1024	180×180	144×144	87×87	75×75	66×66
iPhone 6（@2x）	1024×1024	120×120	144×144	58×58	75×75	44×44
iPhone 5/5c/5s（@2x）	1024×1024	120×120	144×144	58×58	75×75	44×44
iPhone 4/4s（@2x）	1024×1024	120×120	144×144	58×58	75×75	44×44
iPhone & iPod Touch第一代、第二代、第三代	1024×1024	120×120	57×57	29×29	38×38	30×30

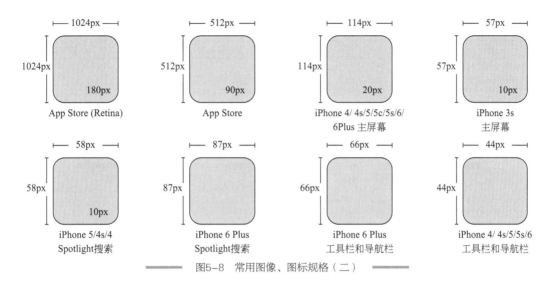

图5-8　常用图像、图标规格（二）

（五）字体大小

iOS交互设计规范文档上，对字体大小没有做严格的数值规定，只提供了一些指导原则：

① 单位：点（pt）。

② 即便用户选择了最小文字大小，文字也不应小于22点。作为对照，正文样式在大字号下使用34点字体大小作为默认文字大小设置。

③ 通常来说，每一档文字大小设置的字体大小和行间距的差异是2点。例外情况是两个标题样式，在最小、小和中等设置时都使用相同字体大小、行间距和字间距。

④ 在最小的三种文字大小中，字间距相对宽阔；在最大的三种文字大小中，字间距相对紧密。

⑤ 标题和正文样式使用一样的字体大小。为了将其和正文样式区分，标题样式使用加粗效果。

⑥ 导航控制器中的文字使用大号的正文样式文字大小（34点）。

⑦ 文本通常使用常规体和中等大小，而不是用细体和粗体。

百度用户体验做过一个小调查，结果如表5-12所示。

表5-12　iOS交互设计尺寸

	类型	可接受下限 （80%用户可接受的下限）/px	偏小值 （50%以上用户认为偏小）/px	舒适值 （用户认为最舒适）/px
iOS	长文本	26	30	32~34
	短文本	28	30	32
	注释	24	24	28

三、iPad

（一）iPad设计尺寸

iPad设计尺寸，如表5-13所示。位置展示如图5-9所示。

表5-13　iPad设计尺寸

设备	尺寸/（px·px）	图像分辨率/ppi	状态栏高度/px	导航栏高度/px	标签栏高度/px
iPad 3/4/5/6/Air/Air2/Mini2	2048×1536	264	40	88	98
iPad 1/2	1024×768	132	20	44	49
iPad Mini	1024×768	163	20	44	49

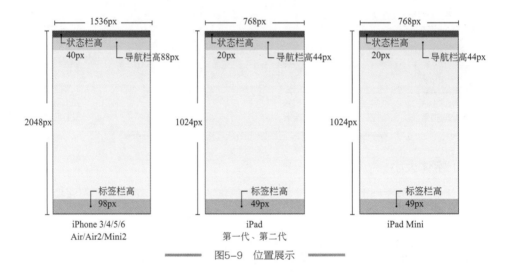

图5-9　位置展示

（二）iPad图标尺寸

iPad图标尺寸如表5-14所示。iPad图标位置如图5-10所示。

表5-14　iPad图标尺寸　　　　　　　　　　单位：px·px

设备	App Store	程序应用	主屏幕	Spotlight搜索	标签栏	工具栏和导航栏
iPad 3/4/5/6/Air/Air2/Mini2	1024×1024	180×180	144×144	100×100	50×50	44×44
iPad 1/2	1024×1024	90×90	72×72	50×50	25×25	22×22
iPad Mini	1024×1024	90×90	72×72	50×50	25×25	22×22

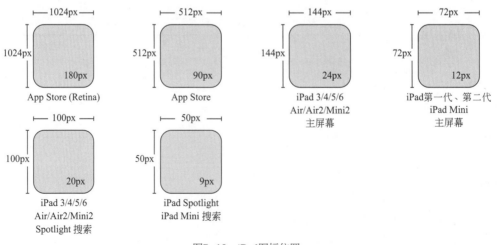

图5-10　iPad图标位置

| 第二节 |
界面布局和导航机制

一、Flex 4与自定义布局

Flex 4/Spark组件架构的新功能之一是可以定制一个容器的布局而不必改变容器本身。设计师需要做的就是定义一个自定义布局。Flex 4/Spark架构中的容器并不控制它们自己的布局。相反，每种容器具有一个布局属性，用于确定如何在屏幕上设置子元素的布局。可以使用一个单独的Group容器，并赋予其一个垂直布局、水平布局或平铺布局，这取决于使用者将如何创建它。代码很简单，如下所示：

```
<s:layout >
    <s:VerticalLayout/ >
</s:layout >
```

不过真正的好处在于使用者不必局限于框架中定义的默认布局，可以轻松定制BaseLayout类来实现自己定制的布局逻辑。下面是一个简单的例子，显示了如何实现一个在原点周围顺时针放置组件的布局。只要单击左下方的按钮就可以将更多按钮添加到布局。

下面是主应用程序文件的代码。可以看到，代码相当简单。这就是一个DataGroup，有点像一个重复程序（repeater），它包含一组按钮。这个容器的布局基于一个自定义布局实现。在creationComplete中，填充DataGroup的数据提供程序，从而在布局中创建按钮实例。

```
<?xml version="1.0" encoding="utf-8"? >
<s:Application
 xmlns:fx="http://ns.adobe.com/mxml/2009"
 xmlns:s="library://ns.adobe.com/flex/spark"
 xmlns:mx="library://ns.adobe.com/flex/halo"
 xmlns:local="*" >

<s:creationComplete >
 <![CDATA[
  for （ var x:int = 0; x < 10; x++ ） {
    dataSource.addItem（ dataSource.length ）;
  }
 ]] >
</s:creationComplete >
```

```
<fx:Declarations >
 <mx:ArrayCollection id="dataSource" / >
</fx:Declarations >

<s:DataGroup
 width="100%" height="100%"
 dataProvider="{ dataSource }"
 itemRenderer="SimpleItemRenderer" >

 <s:layout >
  <local:CircularLayout / >
 </s:layout >

</s:DataGroup >

<mx:Button
 left="5" bottom="5"
 label="Click to Add a Button"
 click="dataSource.addItem（ dataSource.length ）"/ >

</s:Application >
```

可以看到，DataGroup实例的布局受CircularLayout类控制（该类如下所示）。该类只是循环遍历datagroup对象的子对象并将它们按顺时针方向放在一个圆圈内。通过查看VerticalLayout类的源代码，可以弄清它的工作方式，并由此开始构建自己的布局实现。

```
package
{
 import mx.core.ILayoutElement;

 import spark.layouts.supportClasses.LayoutBase;

 public class CircularLayout extends LayoutBase
 {
  override public function updateDisplayList（ w:Number, h:Number ）:void
  {
   super.updateDisplayList（ w, h ）;

   if（ !target ）
    return;
```

```
        var layoutElement:ILayoutElement;
        var count:uint = target.numElements;


        var angle : Number = 360/count;
        var radius : Number = Math.min（target.width/2, target.height/2）− 25;


        var w2 : Number = target.width/2;
        var h2 : Number = target.height/2;


        for（var i:int = 0; i < count; i++）
        {
          layoutElement = target.getElementAt（i）;

          if（!layoutElement || !layoutElement.includeInLayout）
            continue;

          var radAngle : Number =（angle∗i）∗（Math.PI / 180）;

          var _x : Number = Math.sin（radAngle）;
          var _y : Number = − Math.cos（radAngle）;

            layoutElement.setLayoutBoundsPosition（w2 +（_x ∗ radius）− 25, h2 +（_y ∗
radius）− 10）;
        }
      }
    }
}
```

　　这个示例中使用的项目渲染器实际上是最基本的。它是一个只包含一个按钮的
ItemRenderer实例，简单明了并且很容易看到产生的结果。

```
<s:ItemRenderer
  xmlns:fx="http://ns.adobe.com/mxml/2009"
  xmlns:s="library://ns.adobe.com/flex/spark"
  xmlns:mx="library://ns.adobe.com/flex/halo" >


<s:states >
  <s:State name="normal"/ >
  <s:State name="hovered"/ >
</s:states >
```

```
<s:layout >
  <s:BasicLayout/ >
</s:layout >

<s:Button label="{ data }" baseColor.hovered="#FF0000" / >

</s:ItemRenderer >
```

二、Flex 4之各种导航条设计

目前常用的Flex 4的导航容器有TabNavigator、Accordion、ViewStack，目前Flex 4的大部分可视UI组件都被替换为"<s："开头（通常也叫Spark组件），取代了Flex 3的"<mx："标签。首先来说下TabNavigator。

```
<?xml version="1.0" encoding="utf-8"? >
<s:Application xmlns:fx="http://ns.adobe.com/mxml/2009"
              xmlns:s="library://ns.adobe.com/flex/spark"
              xmlns:mx="library://ns.adobe.com/flex/mx"
    >

  <s:layout >
      <s:HorizontalLayout verticalAlign="middle" horizontalAlign="center" / >
  </s:layout >

  <s:Panel title="Accordion|TabNavigator|ViewStack| Container[TabBar|LinkBar]" width="600" height="100%"
          color="0x000000"
          borderAlpha="0.15" >

      <s:layout >
          <s:VerticalLayout paddingLeft="10" paddingRight="10" paddingTop="10" paddingBottom="10"/ >
      </s:layout >

      <s:Label width="100%" color="0x323232"
              text="选择一个导航按钮来改变面板"/ >

      <mx:TabNavigator id="mynavigator" color="0x323232" width="100%" height="100%" resizeToContent="true" >
```

```
<!-- Define each panel using a VBox container. -- >
<s:NavigatorContent label="面板1" >
    <mx:Label text="container panel 1"/ >
</s:NavigatorContent >

<s:NavigatorContent label="面板2" >
    <mx:Label text="container panel 2"/ >
</s:NavigatorContent >

<s:NavigatorContent label="面板3" >
    <mx:Label text="container panel 3"/ >
</s:NavigatorContent >
</mx:TabNavigator >

<s:Label width="100%" color="0x323232"
            text="通过下列按钮也可以选择面板的改变"/ >

<s:HGroup color="0x323232" >
    <s:Button label="选择面板1" click="mynavigator.selectedIndex=0;"/ >
    <s:Button label="选择面板2" click="mynavigator.selectedIndex=1;"/ >
    <s:Button label="选择面板3" click="mynavigator.selectedIndex=2;"/ >
</s:HGroup >
```
</s:Panel >

</s:Application > 如图5-11所示。

如果想要换成图5-12的这种导航，只需要将<mx:TabNavigator换成<mx:Accordion对应的标签即可。

最后要说明的是ViewStack可不一样，如果直接将<mx:TabNavigator换成<mx:ViewStack，那么只能显示一项的内容并且也没有导航条，需要添加一行导航条代码即可。

在<mx:TabNavigator代码块之前加上<mx:LinkBar dataProvider = "{mynavigator}" / >，或者是<mx:TabBar dataProvider = "{mynavigator}" / >，或者是<s:ButtonBar dataProvider = "{mynavigator}" / >，或者是<mx:ToggleButtonBar dataProvider = "{mynavigator}"/ >，都会显示出很好的导航条效果，这里的mynavigator指的是<mx:ViewStack id = "navigator"的这个ID。

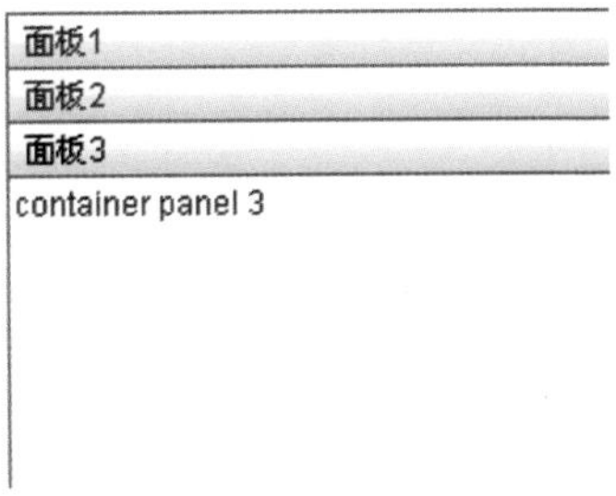

LinkBar的效果图，如图5-13所示。

图5-11　面板导航（一）

图5-12　面板导航（二）

面板1 | 面板2 | **面板3**

container panel 2

图5-13　LinkBar的效果图

TabBar的效果图，如图5-14所示。

| **面板1** | 面板2 | 面板3 |

container panel 1

图5-14　TabBar的效果图

ButtonBar和ToggerButtonBar的效果图一样，如图5-15所示。

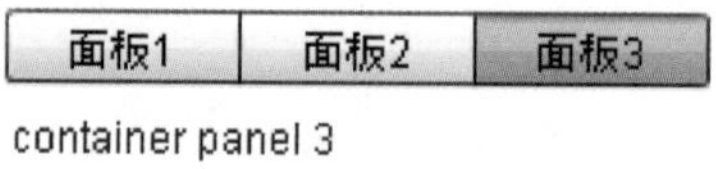

| 面板1 | 面板2 | 面板3 |

container panel 3

图5-15　ButtonBar和ToggerButtonBar的效果图

第三节

设计组件

组件化是一个很大的课题，如果用得好，则项目严谨、效率倍增。除了讨论设计如何组件化，开发如何组件化，还有更重要的是设计与开发双方要对这种思想达成共识，才能真正发挥效用。组件化的工作方式信奉独立、完整、自由组合，目标就是尽可能地把设计与开发中的元素独立化，使它具备完整的局部功能，通过自由组合来构成整个产品。对于计算机这么复杂的工业产品，组件化是唯一能使它成为现实的方法。

一、符合功能逻辑

组件化的设计恰恰是符合产品功能逻辑的。特定类型的信息，就有特定的最优展现方式和交互方式，这叫做设计模式。对设计模式就应该提取出来作为组件。比如要从多个维度快速检索和对比大量数据，没有什么形式能比表格效率更高。

二、保持交互一致性

交互的一致性，或者说可预测性，是用户体验的根本。比如日期选择组件，在整个产品中就应该只有一种存在形式。如果一会儿是滚轮拨盘，一会儿是日历，一会儿又是下拉列表，那么这样的设计是绝对不能上线的。

三、保持视觉风格统一

这部分主要是视觉方面的考虑，更多样式上的差异。不同的样式会给产品带来不同的调性。在按钮设计中，圆头造型表现出一种柔和亲切的特质，同时有利于将注意力聚焦到其中内容上。而直角则展现出一种棱角分明的硬朗，边界更加清晰。想一想三星手机和锤子手机的外观造型，两种截然不同的感觉。为了保持产品视觉风格统一，设计师应该找到最合适的方案，并处处保持统一，不可以太随心所欲。

四、便于多设计师协作

组件化设计是大型设计项目的必要条件。比如两位设计师协作，一个在设计注册界面，一个在设计修改密码界面，或者在设计某个问卷调查的弹窗。这其中都有表单，两个人设计出来不一样怎么办（比如一个边框颜色深一点，一个边框颜色浅一点）？其实没理由不同，应该保持一致。口头约定太麻烦，而且难以保证执行到位，组件化是最好的解决方式。

五、便于修改设计

设计总是要修改优化的，有些改动牵扯全局，动静非常大。比如管理后台的界面，左侧的主导航是全站通用的。某天决定要给它换一套浅色的设计，难道每个PSD都改一遍吗？如果产品逻辑复杂，PSD有上百个呢？所以需要组件化。

六、内部元素设计

内部许多元素因为浮动、固定宽度、百分比宽度、文字行数减少等，布局会乱套。页面主体部分宽度1000px，左侧边栏200px，右侧800px。没错，这是按设计图来做的。那这个800px宽是怎么得出的？正是因为页面主体宽度1000px，才找了个合适的左右比例，设计成这样的。所以无可避免，从设计这个环节开始就产生了依赖关系。

（一）公共组件

内部元素设计主要包括：

① 图片组件：在低保真原型中，经常用到，主要用来代替图标。

② 矩形组件：用途广泛，可以转换成多重形状，也可叫变形框。

③ 占位符：轮播中的图片可用来代替，占位子。

④ 分割线：App原型设计中经常用到。

⑤ 图像热区：在一个组件需要有多个锚点的场合，使用其准没错。或者几个组件事件效果相同，也可用其来处理同一事件交互。

⑥ 动态面板：可以切换不同的状态，是一款非常强大的组件。只要存在不同状态的显示，即可考虑用动态面板。

⑦ 行内框架：做各种数据报表的场合，把报表放其中显示。

⑧ 中继器：也称其为重复行，数据列表中常用到。

（二）表单组件

设计表单的时候常用到。

（三）菜单和表格

表单组件在各个主流App中出现的频次并不高，多出现在工具类应用中。

（四）流程图组件

流程图组件主要用来绘制流程图。一个产品设计之初，必先从流程图做起，流程图可以用来表达产品各式各样的流程。Axure流程图组件：在元件区面板上点击下拉选择流程图，可看到流程图中需要用的各种组件的形状，代表流程的不同步骤及含义。流程图组件也可以直接从组件选择面板中拖拉出来，然后通过工具列或快捷菜单来编辑样式与属性。如果要改变流程形状的话，可以按鼠标右键并选择"编辑流程形状"子选单中的项目来设置。若要把两个形状连接到一起的话，需要先从软件左上角选择连接器模式，然后在形状的连点部位用鼠标拖拽一条线把两个形状连接起来。若要修改连接线的样式说明，只需选好要设定的连接线，再使用工具列上的线条样式与箭头样式按钮即可改变样式，如粗细、虚实及连接箭头方向等。

① 关联网页。流程图组件可以关联到任意指定的一个页面，一旦指定了关联网页，流程图组件上会显示这个网页的名称，而在原型上，这个流程图组件与网页间会自动建立超级链接。从站点地图面板中，将任一网页拖拉到主操作区中，也会建立一个以这个网页为关联网页的流程图组件。流程图组件上的关联网页可以通过在组件上按鼠标右键，并选择编辑流程形状→编辑引用页面来编辑或清除。

② 流程图的存储。用Auxre RP绘制的流程图，可以输出成图片或网页。输出成图片：选择文件→导出为图片，就可以单独把这页流程图转成图片。如果想把流程图放到PowerPoint或Word文件中，可以直接全选整个Axure RP流程图，以复制/粘贴的方式添加到PowerPoint或Word文件中。输出成原型：输出流程图到原型方式跟输出其他网页到原型相同，按下Axure RP上方功能菜单选工具菜单，选择生成原型即可。

（五）导入方式

第三方组件，采用导入的方式。

① docker（build-ship-run）。docker的优点在于快速的持续集成，服务的弹性伸缩，部署简单，解放运维，而且为企业节省了机器资源。目前已经有很多公司在生产环境中大规模地使用docker。

② docker是什么？docker就是一个容器，就像杯子可以放水，笔筒可以放笔。可以把hello world放到docker，把网站放到docker，把想得到的程序放到docker。

③ docker思想。docker的标志（Logo）：一条鲸鱼上面有很多集装箱。

集装箱：比如将一个程序拷贝到另一台机器上，可能少了几个配置文件，或者参数不对，或者运行不起来。集装箱就是帮用户解决这个问题。

标准化：体现在运输方式、存储方式、API接口上。

隔离：和虚拟机一样，分配了多少的内存等，外面的机器感知不到，被隔离开来了。docker也一样，不过docker更加轻量，可以实现快速地创建和销毁。最底层的技术是Linux内核的限制机制，叫LXC。LXC为Linux Container的简写，可以提供轻量级的虚拟化，以便隔离进程和资源，而且不需要提供指令解释机制以及全虚拟化的其他复杂性，相当于C++中的NameSpace。容器有效地将由单个操作系统管理的资源划分到孤立的组中，以便于更好地在孤立的组之间平衡有冲突的资源使用需求。

④ docker关键词。docker里有三个核心词汇：镜像、仓库、容器。

镜像：集装箱，鲸鱼上面的那些东西。

仓库：超级码头。

容器：运行程序的地方。

docker运行一个程序的过程就是：去仓库把镜像拉到本地，然后用一条命令把镜像运行起来变成容器。

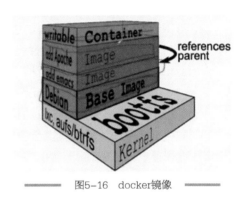

build：构建镜像。

ship：运输镜像，仓库和主机之间运输。

run：运行镜像变成容器。

⑤ docker镜像：鲸鱼上的集装箱。镜像的本质就是一个文件系统，它是基于分层的概念来实现的。图5-16展示了具体的分层：下面的几层都是只读的，只有最上面的那层是可写。

图5-16　docker镜像

⑥ docker容器。容器的本质就是一个进程，为了便于理解，可以暂且把容器想象成一个虚拟机。

⑦ docker仓库。镜像已经构建完了，构建镜像的目的就是在其他的机器、其他的环境上去运行自己的程序，如果只是在本机运行是不需要构建镜像的。所以要把镜像传到其他机器，怎么传输呢？就用到了docker仓库。先把镜像传到docker仓库里去，再由目的地从仓库中把镜像拉过去，就完成了一个传输过程。那谁提供了仓库呢？就是一个中央服务器。国内有很多这样的中央服务器。

⑧ 安装。Linux居多：docker就是在Linux（Ubuntu）上开发出来的，所以在Linux上（特别是Ubuntu上）安装更加原生。

安装方法：

a. apt-get update，然后apt-get install－y docker.io//，这种方式是用系统自带的docker安装。

b. curl－s https://get.docker.com I sh//，这是docker提供的安装方式，这可以安装docker最新版本。

⑨ 第一个docker镜像：

a. options表示可选参数；

b. docker images，查看镜像；

c. docker ps，查看正在运行的容器；

d. docker ps－a，查看所有的容器；

e. docker run－d imageId，后台运行docker容器，－d表示后台；

f. docker exec options 容器的ID是容器总运行的命令（比如bash），命令含义：进入到容器；

g. docker exec常用操作包括：-i保证输入有效，-t会分配一个伪终端；

h. docker stop 容器的ID，命令含义：关掉容器；

i. Dockerfile，制作自己的镜像。

⑩ Dockerfile 常用命令如下。

a. FROM：FROM镜像指令指明了当前镜像继承的基镜像，编译当前镜像时会自动下载基镜像，如果不指定映像url则从docker hub上获取。例如：FROM ubuntu。

b. MAINTAINER：MAINTAINER指令指定了当前镜像的作者及联系方式。例如，MAINTAINER: caiqiufang。

c. RUN：RUN指令可以在当前镜像上执行Linux命令并形成一个新的层，RUN是编译（build）时的动作，在docker命令中运行的shell命令，等价于docker run <image > <command>，示例可以是如下两种，CMD和ENTRYPOINT也是如此。例如：RUN /bin/bash -c "echo helloworld"，或RUN {"/bin/bash", "-c", "echo helloworld"}。

d. CMD：CMD指令指明了启动镜像容器时的默认行为（docker容器运行时的默认命令），一个Dockerfile里只有一个CMD指令，CMD指令里设定的命令可以在运行镜像时使用参数覆盖，CMD是运行（run）时的动作。例如：CMD echo "this is a test"。正如前面所说可以被运行时的参数覆盖，如下：docker run -d imag_name echo "this is not a test"。

e. EXPOSE：指明了镜像运行时的容器必须监听的端口。例如：EXPOSE 8080。

f. ENV：用来设置环境变量。例如：ENV myname = caiqiufang，或ENV myname caiqiufang。

g. ADD：ADD指令是指从当前工作目录复制文件到镜像目录中去。例如：ADD test.txt /mydir/。

h. ENTRYPOINT：ENTRYPOINT指令可以让容器像一个可执行程序一样运行，这样镜像运行时可以像软件一样接收参数执行。ENTRYPOINT是运行（run）时的动作。例如：ENTRYPOINT {"/bin/echo"}，那么用户可以向镜像传递参数运行docker run -d image_name "this is a test"。

i. WORKDIR <path>：指定RUN、CMD、ENTRYPOINT等命令运行的工作路径。

（六）自建组件库

① 搭建组件库有什么好处？

让设计更高效、开发更迅速、产品体验更一致。很多大厂也做了自己的组件库，比如Ant Design、Element等。一个成熟的组件库确实让产品的体验更好，团队的效率更高。

② 什么样的模块可以成为组件？

重复使用的模块。如果一个模块需要重复使用，那么可以认为它是一个组件，比如说Search Bar、Tab等。

③ 如何搭建组件库？

a. 对所有组件进行分类。参考Ant Design的分类方式，如果开发采用Ant组件库的话，这样的分类方式对开发人员也很友好。提前把所有分类理清楚，后续组件的命名过程也会更加清晰。Ant里面的组件都属于基础通用组件，不同产品自身肯定还有更多的组件，这个时候需要自己去根据组件功能判断它们的分类，Ant分为基础的7大类：

第一类，Button。可以大致分为3类，如图5-17所示分别是：TextButton，IconButton，Icon&TextButton。

图5-17　Button图标

第二类，Nav。分类规则：为了给用户提供浏览内容的导航选项，可以将它分到Nav这一类中。例如：Breadcrumb，Dropdown，SideMenu，Steps，Tab。

第三类，DataEntry。分类规则：用户对该组件进行操作，改变或者更新产品内容。例如：DatePicker，Input，Select，Switch，Upload。

第四类，DataDisplay。分类规则：该组件仅有展示功能。例如：Avatar，Badge，Calendar，Popover，Tag。

第五类，Feedback。分类规则：当用户操作后给予用户反馈的组件，主要是一些模态/非模态弹窗。例如：Alert，Modal，Notification，Popconfirm。

第六类，Box。分类规则：组成以上组件的最基础的组件。包括一些线段，阴影，圆角、方角卡片等。例如：Border，Shadow，Dashed，Disable，Lable。

第七类，Icon。分类规则：产品中所有的Icon都可以归为此类。例如：arrow，brand，control，interface，suggested。

b. 组件命名。参考Ant Design的命名方式（图5-18）：将自己产品的所有symbol（符号）命名。这个过程最好和开发者共同商量一下，看看他们的命名喜好，后续他们的开发过程也会更轻松，团队的其他成员也会更加方便查找对应的组件。

命名规则：分类/组件名称/等级/大小尺寸/样式/状态。

例如：Navigation/SideMenu.Item/Main/Large/Text/Default。

图5-18　Ant Design的命名

名词解析：

【分类】基础分类，第一部分如何分类已经说过了，包括Nav、Button等。

【组件名称】根据常用的组件名称命名，如果所使用组件不常用，则根据产品功能命名。当组件名称需求有子名称的时候可以中间使用"."分割。例如：SlideMenu.Item。

【等级】通常使用Primary、Secondary、Thirdary等。

【大小尺寸】通常使用Default、Large、Small等。

【状态】通常使用Default、Hover、Selected、Disable、Value、Danger等。

所有命名都使用英文名称，且首字母大写。在命名这一部分，开发时其实只需要看组建名称和状态这两个部分。

c. 组件上传。Zeplin是一个国外软件，也有线上版本，这个软件特别好用，除了要收费和反应有点慢之外，没有缺点。其实如果下载客户端，反应速度也是在可以接受的范围内。Zeplin对于组件的这一部分特别友好。Zeplin的链接为https://zeplin.io/，下载Sketch插件，安装好之后，选择组件，点击Export Selected就可以上传到Zeplin的组件库了，如图5-19所示。

在设计稿上使用了该组件，设计稿上会显示该组件，并且可以链接到组件库里，如图5-20所示。

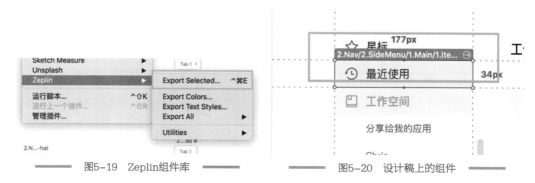

图5-19　Zeplin组件库　　　　　　　　图5-20　设计稿上的组件

Zeplin的设计规范（图5-21）也可以上传颜色、文字。当设计稿中使用了规范以外的颜色或者文字，Zeplin会自动提醒是不是需要把它们加入设计规范当中，这里其实可以帮助设计师检查，是不是设计稿中的颜色或者文字出错了，这个功能十分好用。

图5-21　Zeplin设计规范

注：Zeplin免费版本一个人只可以建一个项目，只能上传99个组件。

d. 设计稿的一致性。在作图的过程中，对于不同的页面，使用相同的基础组件，但是使用不同的布局方式。所以搭建组件库，做设计走查，可以保证设计稿的一致性。组件库就是界面设计常用控件或元素的集合，从某种意义上说，交互设计线框图的组件库比视觉设计阶段的UI组件库价值更高。在UI设计阶段，不同产品、不同项目的常用组件即使有共通之处，也一定是不完全相同的。而在交互设计的线框图阶段，一个优秀的组件库可以同时在许多项目中发光发热。

一个好的组件库，衡量标准主要包括灵活性、复用性、全面性。灵活性指一个组件的字段、图标、配色都应该可以灵活改写，以应对多样化的需求。复用性指对于通用组件，应当是可以在不同项目间复用的。全面性则指一套组件库应当覆盖尽可能多的常用元素。

e. 复用性：组件库的意义。组件化除了提高设计师个人的设计效率这一显而易见的好处之外，在交互设计阶段对常见的元素控件进行组件化，还有很多更深层次的意义：

一致性：从交互稿阶段开始，就让整个项目的产出物具有高度的一致性，使用同一组件库画的每个顶栏、每个列表、每个弹框都是遵循同一规则的。

与视觉设计无缝衔接：Sketch为交互设计和视觉设计阶段的无缝衔接提供了最好的平台，交互组件库可以直接交付视觉设计师进行视觉设计，形成真正的UI组件库。

有助于形成设计规范：当UI组件库形成后，这个贯穿交互和UI设计管理工作中的老大难问题，就已经解决了一大半了，经过评审确认的UI组件库可以直接作为视觉设计规范的一部分。

利于团队合作：无论是交互设计组件库还是UI组件库，经过整理和完善，在项目或者团队中推行开来，对项目内或者不同项目间设计成果的一致性、合作效率都大有裨益，也有助于让整个品牌形成有效的辨识度。

| 第四节 |
低保真原型设计流程

低保真原型设计也是讲究方法步骤的：一是要提升原型设计的合理性，避免出现头重脚轻的保真程度不一致的情况；二是要减少原型设计所占用的时间，设计师的工作时间都是很宝贵的，不可能在原型设计上投入过多的时间，因此掌握一些原型设计的方法和技巧相当必要。在产品的整体研发流程中，需求分析部分结束后，就应该形成明确的产品需求了，而此时要做的，是把这些产品需求表达出来，从表达效果来看，原型要好于文档的形式。

一、产品原型的概念

① 产品经理要求线框图。

② 产品落地的关键点，是虚拟概念到用户接触的节点。

③ 产品经理产出的关键内容，内部交流，给UI、UE参考，还是研发的参考资料。

二、工具

① 优先使用纸笔。
② Axure、墨刀、Sketch。

三、原型设计的工作流程

（一）原型设计流程

原型设计流程大致就是如图5-22所示的这个过程。其实，这个流程的很大一部分都是前面的模块，比如：明确用户与场景，就是用户分析、需求分析这两个大头；业务流程图部分就是产品调研和功能设计模块。

原型只是结果，更多的时间用于制作设计流程前面的模块。画原型、改原型的时间尽量控制在总时间的20%以内，如果对原型反复修改，那就说明需求没有封闭，前面环节的底子没打好。

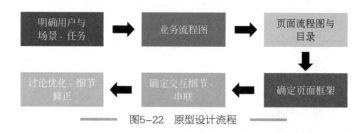

图5-22　原型设计流程

（二）原型设计在工作流中的位置

原型模块的工作流，如图5-23所示。

图5-23　原型模块的工作流

① 手绘：当前期工作完成，进入手绘阶段，手绘成本最小，改动最快，可理解为打草稿，确定实现方式。

② 低保真：当确定基本方案后，产品就产出低保真原型，跟其他的产品和运营团队讨论。

③ 高保真：低保真原型通过后，交由交互设计师制作出高保真原型。很多新人喜欢花费大量的时间在原型上，就是想做高保真原型，设计效果往往差强人意。

④ UI设计：高保真原型设计完成后由UI设计师进行视觉设计，原型全部流程就制作完成，接下来就是研发人员按照需求文档进行UI设计。

其实，并不是每种产品都需要做出高保真原型，每种产品都有其产品核心价值，例如崇尚效率第一的后台类产品，无论设计面貌多么美观，也无法拯救一个逻辑混乱的后台系统。所以，其实往往只有前端用户类产品才会涉及专业的高保真原型，切莫盲目追求过于炫酷的设计风格。

四、原型设计注意点

（一）手绘优先，软件随后

① 在产品需求没有确定、产品流程没有制定、手绘草图没有绘制时，建议先不要进行

Axure软件操作。

② 手绘稿经过设计团队创作，团队负责人确定方案后，以此作为开始Axure操作的标准。

③ 关于手绘工具，建议通过网络购买笔与纸，经济实用。

（二）低保真原型用真实比例和文案

① 真实的比例能够让页面元素更加真实。

② 真实模拟更容易发现极端情况，例如文字过多怎么显示等。

③ 真实文案可避免评审的时候被质疑。

（三）低保真原型注意事项

① 产品经理负责低保真原型，设计人员是打毛坯的，这一点请明确，切勿越级制作。

② 注意大色调的把握，如黑、白、蓝、灰等。

③ 原型做得太漂亮不一定会受欢迎，交互设计师和UI会对原型有建议。

④ 如果遇到反复修改，原型做得太漂亮，改起来成本太高，工作效率低下。

（四）原型服务于需求主题，不要节外生枝

① 原型增加新功能，一定要考虑后端数据来源。

② 不要为了"外观好看"而增加新模块。

（五）设计关注点

① 目录要清晰，页面流程图就是贡献目录的，没有页面流程图就直接编号。

② 要有版本意识，有修改记录就一定要写下来，做好记录，并且重新存为新文件，切勿覆盖文件。命名用版本，这样每个版本都能够很完整地保存。

五、原型设计的整体与局部

产品的原型设计实现一般区分整体和局部，整体上更多考虑信息架构的设计，如功能结构、导航、菜单、布局排版等方面，局部上更多考虑功能上的交互设计，如按钮点击、反馈、页面切换、局部模块的整体展示等。从设计实现的角度来看，由总到分逐渐细化的过程是比较适合的。下面从整体和局部实例两个方面来讲解原型设计的步骤，如图5-24所示。

图5-24　产品的原型设计步骤

（一）确定产品的整体结构

不管是哪种工作，由总到分逐渐细化的过程通常都是最好的方法，就比如盖房子时的地基和框架结构，整个结构决定了将来的房型，及房子是否稳固。而产品的结构设计则决定了

产品未来的功能导航结构。一般来讲，在做需求分析的时候，设计师都会把几个主要的功能点抓出来，这几个功能点就可以浓缩一下形成产品的初步功能结构。比如要做一个合同管理的功能，要求实现合同信息管理、合同履约管理、合同统计报表等功能，这里列出来的核心功能点就是主要结构。再比如要做一个会员管理的功能，注册和登录是必不可少的功能点，那么就可以将其列为会员管理下的两个基本结构。其实每个产品最终确定下来的一级导航栏里面的各个栏目就是产品的功能结构。

（二）确定产品的布局排版

确定产品的整体结构之后，一般都会先对页面进行布局设计的考虑，然后再考虑对每一个产品页面进行元素的排版。通常设计师在做产品设计的时候，都会遵循由一些已有产品总结出来的布局结构，比如三行三列布局、三行两列布局等，再如左导航右内容的形式、左内容右导航的形式等，这些都是大的布局结构，是整体页面的布局排版。

细分到具体页面内容的时候，就需要对每一个内容块的展示位置进行布局，如企业网站首页的一般内容有图片新闻、通知通告、公司新闻、产品介绍、产品展示等，设计师需要对这些内容块进行一定的设计布局，这里的布局结构取决于设计人员对内容编排的把握，不同的布局会产生不同的效果。如电子商务网站对内容块和广告块的布局排版就非常讲究，因为不一样的布局所带来的用户点击量和转化率是不一样的。在这种情况下，当对某一类产品的布局把握不好的时候，可以参照已有成熟产品的内容布局，因为它们已经有运营数据在支撑。

（三）确定产品的功能模块

功能模块是指数据说明、可执行语句等程序元素的集合，它是指单独命名的可通过名字来访问的过程、函数、子程序或宏调用。功能模块化是将程序划分成若干个功能模块，每个功能模块完成了一个子功能，再用软件结构图示把这些功能模块合起来组成一个整体，以满足所要求的整个系统的功能。功能模块化的根据是，如果一个问题由多个问题组合而成，那么这个组合问题的复杂程度将大于分别考虑这些问题的复杂程度之和。

确定产品的布局排版就相当于决定了某个产品功能模块的放置位置，接着就可以一块一块地确定原型设计内容，使其接近于最终产品的展示样式。这个时候就要用到原型设计的实例了，比如图片新闻可以用幻灯片效果来做，产品展示可以用跑马灯效果来做。具体采用什么样的交互效果来实现功能块要求展示的内容，取决于产品设计人员的把握、用户的需求及用户体验，其中用户体验是比较大的一块。就拿幻灯片效果来说，是否需要设计数字导航键，是否需要自动播放，是否需要设计缩略图，等等，这些都需要仔细考虑之后再做决定，这个可以在设计产品时多多讨论沟通，多看看别人的设计效果。譬如电子商务网站首页的Banner图片轮播效果，就是幻灯片效果，各大电商网站的设计大同小异，就完全可以借鉴参考。

按照以上三个步骤一步步做下来的话，其实产品的低保真原型就出来了，比较简单的产品，可以直接拿着低保真原型去做演示和写PRD文档，虽然这样的原型不带任何交互效果，但基本上还是可以说清楚产品功能的，结合细化之后的文档进行说明。然后设计师所面对的通常都不是简单的产品，因此最起码要做到中保真程度原型，结合交互的效果来达到设计师的设计目的。

要细化这样的交互设计，就需要在产品功能模块的原型设计上更进一步，把每个功能模块的原型完善，补充交互设计和基本的内容排版样式，通常可以按照如下的步骤进行设计。

（1）设计主要界面原型

其实原理就是要让自己明白这个东西到底是怎么做出来的，要怎么去做。因为每个实例原型都是一个单独的功能模块或交互效果，当设计师通过某款原型设计工具去实现的时候，都会有相应的实现原理。如果这个都不明白的话，后面就无从下手了。因此在做实例原型之前，原型设计工具的使用基础很重要，必须已经对工具有了一定的熟悉和了解，否则对着一个实现要求，没有任何想法，脑子一片空白，这样肯定是做不出东西的。这需要一个过程来培养，多看看别人设计的原型，弄清楚人家是怎么做的，然后尝试着自己做一遍，最后想想有没有可以改进的地方。

实践是检验真理的唯一标准，只有实际动手操作得多了，才能自然而然地有感觉。等到看到一些简单的功能要求，只要看一下需求，就知道怎么用工具去画原型的时候，基本上就差不多了，当然对于一些复杂的功能，还是要好好理清思路的。因此，在做实例原型之前，一定要想清楚怎么去做，然后才开始动工，选择相应的组件把框架搭建出来。

（2）制定页面流程图

确定功能模块实现的原理，设计师就要对每个功能模块进行相对详细的交互设计，基础的准备工作包含添加组件元素、设置组件排版布局、设置组件属性（命名、大小、方位、颜色、文本等）。基础工作都做完了之后，就可以开始做交互设计了。

从用户角度来说，交互设计是一种让产品易用、有效而让人愉悦的技术，它致力于了解目标用户和他们的期望，了解用户在同产品交互时彼此的行为，了解"人"本身的心理和行为特点，同时，还包括了解各种有效的交互方式，并对它们进行增强和扩充。交互设计还涉及多个学科，以及和多领域、多背景人员的沟通。

这里的设计包括：组件自身的可变效果，如鼠标移入、移出、悬停等；交互的事件，如鼠标单击的触发事件、鼠标的移入移出触发事件等；逻辑的设定，包括判断逻辑、跳转逻辑、反馈逻辑等。这部分对设计师的逻辑思维能力有比较高的要求，特别是做比较复杂的交互效果时，思路一定要清晰，否则判断的条件一多，就很容易乱掉。而且在交互设计过程当中所用到的很多逻辑，最终都需要体现到PRD文档当中，因此不管是设计前的分析，还是设计后的总结，都是很考验逻辑能力的，要能够将产品的功能模块从前到后串联起来。这里推荐大家在设计原型之前，先把对应的原型模块的操作流程图画出来，理清思路，当然一定要结合实际产品下实际用户的操作场景去设计，切忌盲目主观地想当然。不然可能把工作进行到一半就因为灵感的缺失而不能继续下去，最后只能抛弃整个方案，这样的话对时间和精力而言都是非常大的损失。

（3）反复调试，完善原型

确定功能模块实现的原理，也对每个功能模块进行相对详细的交互设计，那么设计师就想看到真实的交互效果。很多交互效果都不是一次性设置之后就能成功的，特别是复杂的交互效果，都需要做多次的效果尝试，反复进行修改调整，最后才达到最终的效果。在这个过程中一定要有耐心，慢工出细活，思路是对的，想法也有可行性，那就一定能把效果做出来，哪怕最终没有将效果做出来，也可以反过来思考：是设计师对工具的特性不了解造成的，还是设计师的知识水平局限性造成的？

在这个部分之所以要把交互效果调试正确，主要就是为了在原型演示的时候降低沟通成本。一个动态的交互效果，要用文档去描述可能需要一页的文字，还不能确定所有的参与者都能看懂，但用原型去描述可能只需要1秒，这样看起来很直观，一下子就能明白是什么样的

效果。在整个调试的过程中，设计人员能学到很多东西，所以说要多动手，动手就是为了去学这些过程。这里说明一点：对于有些需要重复设置或者进行类似设置的地方，先调试一个点，这个点调试通过了，设计思路就变得明朗，剩下的模块设计起来就事半功倍了。

第五节
低保真原型的可用性测试

移动应用的确对用户的使用情境要求比较高，传统的方式局限性会更多一些。移动情境是一个影响因素，而所谓"保真"原型实际上也是一个影响因素。即使是用最终的产品来测试，也会发现在移动情境中测试同样会出现其他问题。另外当用户没有深入地使用产品时，他们很可能不知道自己需要什么。桌面应用的低保真测试采用纸面原型的方法，移动设备一样也是可以做到的。比如iPhone，做一个类似信封状的iPhone纸壳，显示屏区域镂空，根据用户的操作替换显示区的内容，或者就作为图片在设备上播放和浏览，这类似于桌面应用用PPT等中低保真原型测试的方法。

低保真原型的测试肯定无法完全很好地模拟出用户的真实使用环境，但低保真测试的意义在于早一些将原型拿给用户、早一些发现问题并迭代。这个阶段的重点贵在"早"，后期的可用性测试也是不能忽略的。桌面应用的低保真测试可以采用纸面原型测试的方法，大概就是将界面一张张打印出来，由一名同事扮演电脑，用户点在什么地方，就把相应反馈的界面放到用户面前，然后由主持人陪同用户完成整个测试。但是这里要先明确，所有的测试本质上都是"逼近"，而不是达到。测试中外部因素对于自然状态下的人机系统的影响是不可避免的，测量者和观察者会影响到系统本身的状态。因此，要明确做测试的期望是什么，目的是什么。测试仅仅是帮助减小决策的风险，无论是产品概念上的还是界面设计上的，但是如果想得到100%的保证，这个满足不了。今天很多企业往往由于各种原因误用这些方法，以为通过所谓UCD方面就能导出绝对正确的设计，这是有问题的。

产品在原型阶段的设计与测试工作，是决定一款移动应用能否成功的重要因素。提到原型设计和用户测试，人们往往容易产生厌倦的感觉并试图回避。这也不奇怪，在很多实际项目中，这方面的工作似乎就是"随意性强""耗时""高成本"一类的代名词。另外，原型阶段的工作非但不代表"耗时"与"高成本"，实际上正相反。从整个项目的角度讲，在原型的设计与测试过程中发现问题并加以解决，比将问题留到视觉设计和开发流程中再处理，要省时省力得多。

一、用户测试

通过用户测试，设计师可以直接和有效地洞察到产品在用户行为、界面可用性、用户期望与功能契合程度等方面的表现。本文所侧重的原型阶段的测试，更是可以帮助设计师在项目初期就达到以下几方面的目标：

① 在产品进入开发流程之前，发现并解决那些需求和功能设计合理性方面的问题。

② 辨识并去除那些多余的功能，节省接下来的开发成本。

③ 尽早发现结构布局和交互方式等方面的问题，在接下来的迭代过程中，有针对性地优化用户体验，提升最终产品的用户满意度，推动产品在市场中口碑的树立。

④ 用户测试的大致方式及流程其实并不复杂：选择合适的用户作为测试对象，向用户提出一系列需要使用App原型来完成的目标，记录用户的行为及口头陈述反馈。需要花些时间和心思去琢磨的是整个测试工作的计划与执行过程中的细节问题。

当然，UI设计师可以雇那些可用性测试方面的专业代理，由专业代理打包搞定所有的问题，比如用户选择、任务设计、会话时长的规划、调查结果分析等，只要UI设计师的团队有足够多的经费或预算用来支付外包费用。

二、测试规模

每轮会话的时长最好不要超过45分钟，目标任务保持在5个以内。否则，疲劳因素会导致用户希望结束测试，进而影响其行为。

测试持续一整天，每轮测试会话之间要留有20到30分钟的间隔，让UI设计师和团队相关人员有时间对前一轮的测试情况进行讨论。参与测试的用户数量取决于UI设计师的应用产品的规模级别。对于一些最小可用产品的原型，测试用户的行为上有很强的关联性，重要的问题基本都可以在前面两轮测试中很清楚地呈现出来。对于复杂的应用，由于每位用户在测试中都可以有他独特的发现，那么随着用户数量的增加，这种独特性会降低，重复的发现会增加，这样UI设计师花的时间、金钱和精力就用在发掘重复的问题上了，这不是理想的效果。经过研究，5个人的数量刚好。

三、测试计划筹备

（一）选择测试任务

在测试的过程中，未必可以测试到App的方方面面，在时间和各种资源条件有限的情况下，可以尽量选择最重要的、使用最频繁的功能来设计测试任务。

好的任务描述文案读起来应该更像剧情脚本，而不是简单的引导说明。对比下面两种风格：

① "查找一种沙嗲酱的替代品"——不是非常给力。

② "今晚，有位朋友会来你家用餐，他对坚果过敏。看看有什么方法可以相应地调整一下食谱？"——很好，具有很真实的情景感和带入感。

UI设计师需要先把这些任务过一遍，确保在正式开始测试之前，原型本身不会出现明显的错误和问题。

（二）制定考量标准

测试结果通常会反映出大量可用性方面的问题，量化的标准可以很直观地比较出每轮测试之后产品在设计和功能方面的迭代成果。有以下几方面的考量标准需要特别留意：

① 任务完成度：用户是否成功地完成了任务？

② 完成任务的时长：用户花了多长时间来完成任务？

③ 所需的步骤：用户在完成任务的过程里，需要访问多少页面？会产生多少次触摸或点击？

④ 用户在完成任务的过程中犯了多少错误？严重程度如何？

⑤ 用户满意度如何（5分制）？

（三）选择用户

必须选择"有价值"的用户进行测试。例如，对于烹饪类的应用来说，找那些一周多数时间里以冷比萨为主食的用户来参与测试是比较合适的。可以基于早期的用户人格与市场方面的调研来描述设计师希望寻找的目标用户。寻找的范围和方式大致包括：

① 亲朋好友以及业界相关的联系人；

② 通过网站或博客发布招募信息；

③ 在社交媒体中寻找与当前产品领域相关的用户；

④ 使用公告板、邮件列表等；

⑤ 酬谢回馈。

如果很难找到测试对象，那么除了思考招募途径、方式以外，也可以考虑为参与测试的用户提供一些酬谢回馈。大致的形式包括：

① 产品推出之后优先或免费使用的特权；

② 酬金；

③ 代金券（网购优惠券或实体票券等）；

④ 吃吃喝喝。

此外，还可以通过选择合适的测试工具来找到测试对象。有很多现成的工具服务可以对用户测试工作起到推动和辅助作用。例如：

Feedback Army会随机邀请一些用户来回答设计师的测试任务问题，并以文本的形式进行反馈。如果产品受众面很大，那么这种方式还可行，否则将很难得到所需的方向性很强的反馈。

UserTesting则更加高端些，会帮助设计师选择合适的用户群，并通过视频记录下用户完成测试任务的过程，然后将结果发送给测试者，而且还算廉价。一个弊端是，他们对用户的筛选是基于统计数据的，所以如果希望参与测试的用户应该是那些每周至少5天会在家做饭的人，那么能依靠的就只有用户的诚实了。另外，也无法在测试过程中针对重要的交互环节向用户提出具体问题。

如果需要与用户进行远程交流互动，那么屏幕录制和分享等功能是必不可少的。Adobe ConnectNow和Skype在这方面都很给力，iShowU（Mac）和Camtasia Studio（Windows）也是不错的选择。当然，最好的测试方式，还是在面对面的互动中对用户微妙的反应进行观察和分析。最好用摄像头和麦克风来记录下整个会话过程，并在测试结束后使用Silverback（Mac）或Morae（Windows）这类工具回放，进行分析。

四、引导测试进行

在测试的当天，做好一切准备，对测试所需的软硬件进行最后的测试。欢迎参与者的到来，对参与者花时间参与测试表示感谢。尽量让用户觉得轻松自在，以保证测试可以自然地进行。预先将酬劳支付给用户，避免用户担心"只有正确地完成测试才能拿到报酬"。向参与者解释清楚测试的目的，要让参与者明白真正的测试对象是App产品，而不是参与者自身。告诉参与者对接下来的任务尽力而为就好，完全不必顾虑是否会犯错。最好事先签订一份简单的授权协议，告知用户接下来的测试过程影音会被记录，并用于今后的内部分析。要确保用户的隐私得到充分的保护，影音资料不会向外界公开。最重要的一点，要鼓励参与者大胆地思考及表述，不要担心什么；不过同时要让参与者知道，测试方不会回答任何关于怎样使用App完成任务方面的问题。要尽量营造出一种参与者正在独自使用产品完成任务的情景。

作为测试的主持者，责任是保持客观，认真倾听。一开始可以设置一些简单的任务，让参与者可以比较从容地进入角色。在布置任务和提问的过程中，要避免引导出UI设计师希望得到的答复。多对参与者进行鼓励，给予一些非承诺性的回馈。如果他们在操作过程中犯了错误，首先给出一定的时间让参与者自己思考和修正，只有在确实无法进行下去的时候再进行必要的干预。

向用户提问的时候，不要加入"选项"的因素。下面几种问法比较得当：
① "你可以描述一下你正在做什么吗？"
② "你正在思考什么？"
③ "这和你的预期一致吗？"

五、测试之后

测试结束之后，记得要再次向参与者表示感谢。参与者很有可能成为产品的第一批口碑传播者，尤其是当参与者正好属于产品的目标用户群的话。在测试任务全部结束后，可以让参与者对产品满意度进行简单的打分。测试结束后，立刻记录在测试过程中观察到的各种细节问题，越详尽越好。即使其中一些想法是没什么价值的，也可以在接下来的分析过程中剔除掉。UI设计师的团队一起回顾整个测试过程，对发现的问题进行归纳和总结，理清优先级，并尽快在下一轮的产品原型迭代中做出相应的改进和调整。

最后，归纳一下本章中关于Web应用原型设计及相关测试的内容要点：
① 列出原型所需的视觉元素，按照功能优先级排序分组。
② 使用纸和笔简单地勾画低保真原型。
③ 对应用的关键界面视图，使用辅助工具设计制作线框图和高保真原型。
④ 在邀请用户进行原型测试之前首先进行内部测试评审。
⑤ 在用户测试前，充分制定好考量标准。
⑥ 使用情景脚本风格的测试引导。
⑦ 参与测试的用户应该与App的目标市场有契合点。
⑧ 对参与者给予适当的酬劳。
⑨ 使用影音设备记录下测试过程。
⑩ 作为测试的主持者，要保持客观，在布置任务和提问的过程中，避免引导性的问题。
⑪ 测试结束后立刻记录过程中发现的问题，及时分析测试结果，对原型进行迭代。
通常在给一个新项目策划和设计UI界面时，都会先进行一系列的沟通、策划、调研、

草图绘制、保真图的设计与制作等。其中，为了提升工作质量并搭建实现用户需求的场景，通常都会对低保真原型进行非常认真的制作与设计。那么，低保真图一般是用什么工具来设计与制作的呢？对此本章主要讲解了移动应用产品设计规范、界面布局和导航机制、设计组件、低保真原型设计流程、低保真原型的可用性测试等内容。

　　"保真度"是个概念化的术语，广义上来讲，它可以被定义为：重现某种事物的精确程度。本章阐述的设计组件、低保真原型设计流程及可用性测试等，其实都是正式开始视觉设计和开发之前最具有成本效益的可用性手段之一。低保真原型则是真实的模拟产品最终的用户体验感受，在视觉、交互和用户体验上非常接近真实的产品。一个低成本高效率的低保真原型所产生的价值是非常巨大的。在出高保真原型图之前，设计师往往会花更多时间来把低保真原型图设计好。希望本章分享的低保真原型图设计技巧和制作工具、方法指南等对广大UI设计师做用户体验设计项目有所帮助。

第六章

移动产品的高保真原型视觉设计

与网页设计相比，移动界面设计的局限性更大，移动界面设计需要遵循一些原则。第一，要保证UI设计界面的清晰性，这主要体现为界面图标风格统一，内容主题清晰，功能定位强。第二，保留用户使用界面的习惯性，可以更好地保留用户良好的体验，让用户更好地适应新产品。第三，确保界面风格的整体统一性，提升用户体验感。第四，保证UI界面设计的美观性，这样可以吸引用户购买。第五，充分考虑页面的响应速度，确保UI界面的简洁性，在方案规划时，充分考虑各个模块的连接、转换、切换。页面只有在简洁的基础上才具有响应性。

【本章引言】

设计规范就是各个平台对于设计风格以及设计方案的约定，按照这一约定既可以快速实现产品设计，又能够满足本平台用户的使用习惯。界面风格要遵循手机系统的设计规范，这是本章学习的重点。

用户通过颜色来理解产品，颜色也会影响用户的情绪。合理的色彩选择和协调的色域划分，更能突出重点，让用户在第一时间确定并合理使用产品。界面的色彩设计还需要结合界面中元素的色调和面积来实现良好的整体和局部诠释。由于颜色的"不确定元素"属性，用户在移动App的多样化色彩选择成为一个新的突破点。在高保真原型设计中要更注重用户色彩。

 此处不重复

第一节
图形元素的合理构建

一、App页面组成

（一）栏

基础的App页面由栏和内容视图两大部分组成，栏由状态栏、导航栏和标签栏三部分组成，如图6-1所示。

图6-1　栏与内容视图

状态栏：位于页面顶部，用来显示通知、时间、信号和电量等信息。Android系统会在状态栏增加未读信息的提示，通过向下滑动，可以打开通知详情。无论是iOS系统还是Android系统，状态栏一般都是透明的，其中的图标和文字会根据当前页面的颜色更改为白色或黑色，如图6-2所示。

图6-2　状态栏

导航栏：如图6-3所示，位于状态栏下方，用于管理屏幕信息，以及页面层级结构间的导航。导航栏左侧为后退按钮，中间显示当前页面的内容标题，右侧为当前页面的操作按钮。栏内的按钮可以是文字，也可以是图标。

图6-3　导航栏

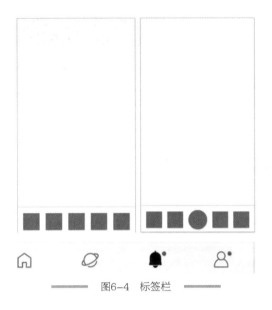

图6-4　标签栏

标签栏：App的全局导航，用户可点击此栏中的功能图标快速切换页面。标签栏一般位于页面底部，栏内图标分为选中和未选中两种状态，通常使用剪影图标加文字描述的方式表示。栏内图标以3~5个为宜，且文字要通俗易懂、精练概括，尽量不超过4个汉字宽度，如图6-4所示。

（二）内容视图

内容视图如图6-5所示。

① 表格视图：适用于显示大量同级信息。在等高单元格中，标题信息默认是左对齐的，子标题和按钮是右对齐的。

② 文本视图：显示多行文本的区域。当有太多的内容要显示时，页面也可以支持滚动；显示文本内容的整体。

③ 临时视图：在内容视图空间较小时，为用户提供额外选项视图。例如，点击加号后出现的下拉列表和删除应用时弹出的提示对话框都是临时视图。

二、常见导航形式

此处的导航区别于前面所说的导航栏，它是对页面中各元素的整合设计。优秀的导航设计能更好地引导和帮助用户使用App的各项功能。

（一）卡片式导航

通过卡片对信息进行总结，可以提高页面的层次性，使信息具有更明显和更规律的区别，给用户良好的视觉体验，如图6-6所示。

但是在卡片周围留下空间，会占用屏幕空间，使它不可能在一个屏幕上显示很多信息。因此，这种导航并不适合阅读、新闻等面向文本的应用。

（二）舵式导航

图6-5　内容视图

图6-6　卡片式导航

舵式导航能较大限度地引导用户，其标签栏中通常有3或5个导航项，中间的导航项是重要且需要频繁点击的功能图标，如图6-7所示。

（三）列表式导航

列表式导航层次清晰，易于理解，可显示较长的标题，用下拉列表也可以显示次要内容，如图6-8所示。

但列表式导航不够灵活，只能用顺序或颜色来区分，当有太多的同级标题时，会造成视觉疲劳。

（四）抽屉式导航

抽屉式导航也称为侧滑式导航，如图6-9所示。用户可以通过左右滑动页面或单击页面左上角的Expand按钮来控制当前页面的可见性。

为了平滑页面之间的过渡，这种类型的导航需要动画切换的设计，实现起来相对比较困难。

图6-7　舵式导航　　　图6-8　列表式导航

（五）瀑布式导航

瀑布式导航是目前比较流行的导航形式，如图6-10所示。它的特点是向下滚动页面，内容将继续加载直到结束，视图非常有节奏感。它适用于主要基于图片或视频的信息显示，图片下面常配上小文字。根据应用程序的布局要求，内容视图中的模块也可以双排平行排列或错位排列。它常用于图片浏览类网站。

（六）宫格式导航

宫格式导航是将功能入口等距分布在页面中，便于用户查找所需功能，如图6-11所示。

图6-9　抽屉式导航

图6-10　瀑布式导航

图6-11　宫格式导航

一般横向不超过5个图标，超过时可将其设置为左右滑动形式。这种宫格导航是将主要入口全部聚合在主页面中，每个宫格相互独立，它们的信息间也没有任何交集，无法跳转互通。因为这种特质，宫格式导航被广泛应用于各平台系统的中心页面。这样的组织方式无法让用户在第一时间看到内容，选择压力较大，除了常见App如支付宝和美图秀秀，其他的采用这种导航的App已经越来越少，往往用在二级页作为内容列表的一种图形化形式呈现，或是作为一系列工具入口的聚合。

三、常见App组件

（一）控件

控件是页面上的设计组件，例如音乐播放器中用于调整音乐音量的滑块。设置页面控制程序，通常为导航切换、闹钟开关按钮、进度条，一般在系统上有现成的控件，可以直接调用，程序员不用再敲代码做控件，如图6-12所示。

（二）过滤器

过滤器是页面中调整和筛选数据的组件，如图6-13所示。组件的表现形式取决于数据类型。时间选择器和地区选择器通常上下滚动以调整信息。

条件过滤器允许用户从给定的分类标准中选择一些约束，从而逐渐缩小搜索范围。

图6-12 控件

图6-13 过滤器

图6-14 表单

（三）表单

App中表单常用于接收用户信息的页面，如登录页和注册页等。设计时应区分表单内信息的级别，强化重要信息，弱化次要信息，并将同类信息等距排列，以便用户浏览。表单如图6-14所示。

（四）按钮

按钮作为App的基本控件之一，广泛应用于页面的各个模块中。当用户点击该按钮时，可以立即触发命令跳转到相应的页面。完整的按钮视觉系统分为强、中、弱三个层次，可以区分按钮未点击、已点击和不可用这三种状态。

按钮的位置不同，外观也不同。导航栏中的按钮通常以"文本"或"文本+图标"的形式直接显示，如图6-15所示。位于内容视图中

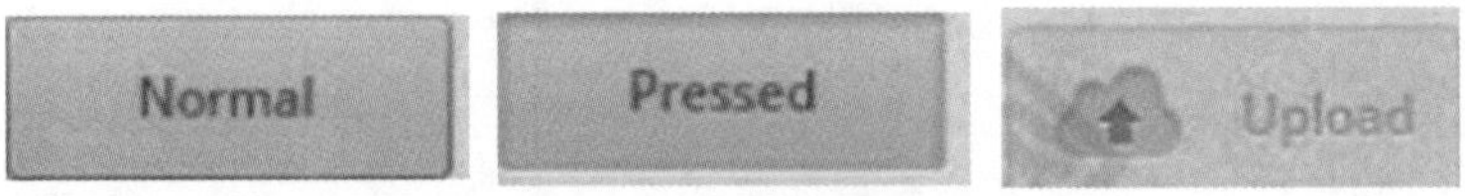

图6-15 导航栏按钮

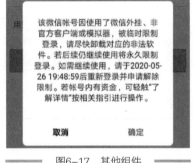

的按钮通常作为重要的交互组件，以"文本+背景"或"文本+图标"的形式增强视觉表达，引导用户点击，如图6-16所示。

在设计按钮时要注意以下三点：

① 色彩鲜艳：注意按钮与页面背景颜色的区分，提高识别度，使按钮更加突出。

② 内容细化：按钮中的文字或图形必须清晰，细化程度高，越直接越好。

③ 层次分明：页面通常包括多个按钮，设计师根据需要区分按钮的层次，一个二级按钮弱化处理，一个按键加强处理，使按钮视觉优先，使页面逻辑清晰，主次分明。

（五）其他组件

其他组件是指在App中必需但不常用的组件。它们通常位于当前页面上，用于通知用户出现即时问题，响应用户对页面的操作，出现2s后自动消失。

图6-16 内容视图中的按钮

它通常在应用程序处于特殊情况时自动弹出，允许用户确认重要信息，如图6-17所示。此时，浮动层外变得不可操作。

图6-17 其他组件

第二节
界面的色彩选择

一、色彩基本知识

颜色具有两种不同的类型：有形颜色是物体的表面产生的颜色，而另一种颜色是由诸如电视光束的光产生的。依据这些类型创建两个用于形成色轮的颜色模型：加色模型和减色模型。

在加色模型中使用了红色、绿色和蓝色作为主色调，所以它也被称为RGB色彩系统。此模型是屏幕上使用的所有颜色的基础。在该系统中，按等比例组合的原色将产生青色、品红色和黄色等副色，添加的光越多，颜色就变得越亮。对于习惯于油漆、染料、油墨和其他有形物体的减色系统的人们来说，通过混合加色获得的结果通常是违反直觉的。

减色模型是通过光的减法取得的颜色。它由两种颜色系统组成。第一种是RYB（红色，黄色，蓝色），是通常在美术教育中尤其是绘画中使用的颜色系统。RYB是现代科学色彩理论的基础。现代色彩理论则确定青色、品红色和黄色是最有效的三种颜色组合，也就是CMY，它主要用于印刷。当机械印刷包括黑色墨水（关键成分）时，该系统称为CMYK（青色，品红色，黄色和黑色）。RGB和CMYK色彩模式如图6-18所示。

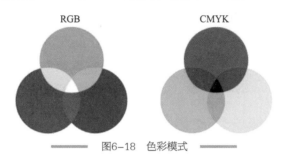

图6-18　色彩模式

不论何种色彩，都具备三个重要的基本性质，即色相、明度和纯度，一般称为色彩的三要素或色彩的三属性。

（一）色相

色相（hue，简称为H）又叫色名，是区分色彩的名称，也就是色彩的名字，就如同人的姓名用来辨别不同的人一般，如图6-19所示。例如，蓝色、绿色、橙色和黄色，这些都是色相，就像掺入黑色的蓝色仍然是蓝色一样。

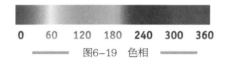

图6-19　色相

（二）明度

明度（value，简称为V）：光线强时感觉比较亮，光线弱时感觉比较暗，色彩的明暗强度就是所谓的明度。明度高是指色彩较明亮，而相对的明度低，就是色彩较灰暗，如图6-20所示。

图6-20　明度

（三）纯度

纯度（chroma，简称为C）又叫彩度，是指色彩的纯度、饱和度。通常以某彩色的纯色所占的比例，来分辨纯度的高低，纯色比例高为纯度高，纯色比例低为纯度低，如图6-21所示。

图6-21　纯度

二、色彩的组成

（一）基本色

一个色相环通常包括12种明显不同的颜色。如果细分的话，色相环还可以变为24色，如果加上明度和纯度，可以形成色轮，如图6-22所示。

（1）12色色相环　　　（2）24色色相环

图6-22　色相环

（二）原色、复色和间色

从定义上讲，三原色是能够按照一定比例合成其他任何一种颜色的基色。红、黄、蓝三原色也可以构成界面色彩，因为三原色纯度都比较高，所以视觉效果会很强烈。复色是原色和原色的复合，间色是原色和复色的复合，如图6-23所示。

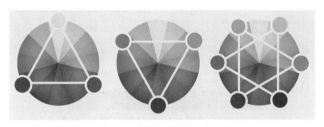

图6-23　原色、复色和间色

三、颜色的"情绪"

几个世纪以来，科学家们研究了某些颜色所起的生理和心理作用。除了美学之外，色彩还是情感和联想的创造者。颜色的含义可以根据文化和环境而变化。这就是为什么人们会看到黑白时尚商店，因为商家想显得优雅而崇高。颜色对人们对解决方案的看法产生了巨大影响。正确的语气在每种文化中都有其意义。它们也与人们的情绪有关。

以下是基本颜色及其与情感和含义的关系：

白色：新鲜，干净，现代，纯正。

灰色：中性，有些微妙。

黑色：神秘，力量，奢华，邪恶。

红色：力量，行动，信心，爱。

蓝色：安全，沉着，舒适，值得信赖。

绿色：新鲜，自然。

黄色：警告，风险，高兴。

橙色：能量，幸福。

四、UI色彩的几种配色

（一）单色配色

方案是采用相同的色调创建，但是单色配色容易造成效果单一，通常为一种颜色加黑白灰，如图6-24所示。

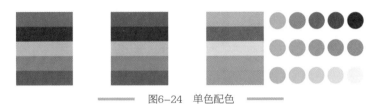

图6-24　单色配色

（二）相似色配色

相邻的颜色创建了相似的配色方案，它很容易创建，比单色方案更有吸引力，如图6-25所示。

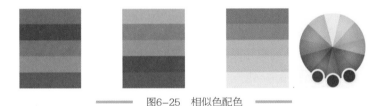

图6-25　相似色配色

（三）互补色配色

从色轮或色环的相反的两边合并两种颜色时，就创建了方案。它们也可能包括这些颜色的色调和阴影，如图6-26所示。

图6-26　互补色配色

（四）三色配色

该色彩方案是由三种色调均匀地分布在色轮周围。虽然很难达到一个好的效果，但它们可以使设计更有吸引力，如图6-27所示。

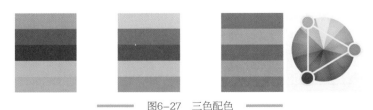

图6-27　三色配色

（五）其他配色

其他配色还有分裂互补色配色、正方形配色、矩形配色等，如图6-28所示。像一些 Coolors.co、Adobe Color CC、Paletton、Mockplus工具可以创建独特的UI配色。

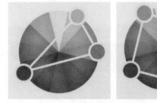

图6-28　其他配色

五、UI色彩搭配方法

UI色彩搭配方法是指一个设计作品中，色彩最好不要超过三种（通常拥有独立色值的算一个），可以表达出主题即可。设计一个完美的界面，首先要了解界面色彩的组成部分，即界面的主色、辅助色、点睛色以及背景色。"60-30-10规则"是一种用于创建色彩均衡且有视觉趣味的调色板的简单理论，为了形象地展示这"60-30-10"的使用情况，请想象一个穿着西装的男人：60%是休闲裤和西装上衣，30%是衬衫，10%是领带，即依据"主色+辅助色+点睛色"的色彩界面搭配原则。UI色彩搭配的一个实例如图6-29所示。

图6-29　UI色彩搭配实例

（一）主色和辅助色

主色是决定画面的风格趋向的色彩，通常情况下主色约占总色调的60%。主色并不一定只能有一个颜色，它还可以是一种色调，最好选择同色系或邻近色中的1～3个，要保持协调。

主色与辅助色共同构成界面的标准色彩，辅助色起到烘托主色、支持主色以及融合主色的作用，占总色调的30%。

（二）点睛色

点睛色或点缀图主要用于引导阅读，装饰画面，营造独特的画面风格，约占总色调的10%。

第三节
文字使用技巧

一、衬线体与非衬线体

（一）衬线体

衬线体在笔画的始末位置有额外的装饰，且粗细会因笔画的不同而有所区别，强调笔画的走势及前后联系，这使得前后文有更好的连续性，更适合作为正文字体。

① 宋体。宋体具有字形方正、横细竖粗、撇如刀、捺如扫、点如瓜子等特点，它是通用的印刷体，如图6-30所示。

宋体

图6-30　宋体

② Garamond字体：即加拉蒙字体，字体兼具美观性与易读性，被誉为"衬线之王"，适合长时间阅读，如图6-31所示。

Garamond

图6-31　Garamond字体

（二）非衬线体

非衬线体笔画粗细基本一致，适合用于标题类等需要醒目但又不被长时间阅读的文字，其特点是方正、朴素、简洁、明确、黑白均匀。

① 黑体。黑体也称等线体，具有横竖粗细一致、方头方尾的特点，文字浑厚有力、朴素大方，如图6-32所示。

黑体

图6-32　黑体

② Arial字体。字体字形干净、清晰，易于辨认，是很多数字印刷机和操作系统中不可缺少的字体，如图6-33所示。

图6-33　Arial字体

二、文字规范

（一）iOS系统字体

iOS 8系统使用的中文字体是华文黑体，英文和数字字体是Helvetica Neue；在系统升级至iOS 9后，中文字体改为了苹方，如图6-34所示，英文和数字字体改为了San Francisco。

（二）Android系统字体

在Android设备上，系统默认的中文字体为思源黑体，如图6-35所示，英文字体为Roboto；但国内手机大都是由第三方厂商定制而成，对默认的系统字体有所改变。

（三）系统字号

文字所在的位置不同，使用的字号也有所差别。iOS系统的设计中用px标注字号，而Android系统使用sp标注，其中1sp = 2px。

系统字号的大小和对应的位置如表6-1所示。

苹方
极纤细规中半粗
━ 图6-34　苹方字体 ━

思源黑体
思源黑体
思源黑体
思源黑体
思源黑体
思源黑体
思源黑体
━ 图6-35　思源黑体 ━

表6-1　系统字号的大小和对应的位置

系统字号大小/px	对应位置
36	用于顶部导航栏的栏目名称
30	用于标题文字和大按钮文字
28	用于主要文字、正文或小按钮文字
24	用于辅助文字
22	用于底部标签栏文字
18	用于提示性文字

在实际设计中，设计师设计文字时需要将字号设置为偶数，这样可以方便后期开发和适配。

| 第四节 |
数字界面的主流风格与图标设计

一、数字界面的主流风格

（一）扁平化风格

扁平化设计无疑是过去几年最热门的。然而，设计趋势往往受到媒体、技术和实用性的影响，并且通常以缓慢和渐进的方式渗透到设计中，周期为1～2年。目前，许多设计师对其稍加改进，形成了一种新的设计趋势——半扁平化设计。

（二）半扁平化风格

半扁平化设计是Material Design（材料设计）和Flat Design（平面设计）的结合，使简洁的设计多了一些空间感，包括悬浮的按钮和卡片的设计。按照半扁平化风格的设计标准来说，那就是让像素具备海拔高度，这样的话，系统的不同层面的元素，都是有原则、可预测的，不会让用户感到无所适从。

（三）其他风格

其他风格有三维设计风格、渐变风格、标题风格。

二、数字界面的操作系统

目前市场上的手机操作系统主要有iOS（苹果）、Android（安卓）、Windows Phone（微软），Black Berry（黑莓）、Symbian（塞班）和Bada（三星），其中iOS、Android和Windows Phone是最为热门的操作系统。

（一）iOS系统

iOS系统是苹果公司开发的操作系统，适用于iPhone、iPod Touch、iPad等手持设备。它的界面设计，从早期的拟物风格到iOS 7之后的平面风格，一直引领着界面设计的流行趋势。其界面风格如图6-36所示。

图6-36　iOS 12界面风格

（二）Android系统

Android是基于开放源代码的操作系统，它的平台提供给第三方一个宽泛、自由的环境，厂商、开发者和用户具有较高的操作权限，根据需要可以对界面进行调整或美化。国产手机，如华为、小米、vivo等使用的都是Android系统。其界面风格如图6-37所示。

（三）Windows Phone系统

Windows Phone系统（简称WP）是微软公司开发的一款移动操作系统。WP系统的桌面图标更

图6-37　Android界面风格

加突出信息的展示，桌面上的大方块图标是它的标志性设计。其界面风格如图6-38所示。

图6-38　Windows Phone界面风格

三、初识图标

（一）功能型图标

UI设计里的图标（ICON）通常用于代表某一事物。功能型图标应用于App界面，分为功能图标和分类图标，如图6-39所示。功能图标通常用于页面的标签栏和导航栏中。它们参与用户交互，是页面不可分割的一部分。分类图标位于页面的内容区域，是应用程序分类页面的入口。它的规模更大，形式更丰富。它的目的是吸引用户的注意力，装饰页面和引导用户。

（二）桌面型图标

它也称为系统图标、启动图标、App图标，位于应用商店或移动设备桌面，是App的门面，如图6-40所示。对桌面型图标的要求有以下两点：

图6-39　功能型图标

图6-40　桌面型图标

① 要具有清晰的可识别性，区分于其他图标的独特性和美观性。

② 反映App特点，能与用户建立情感联结，给用户留下良好的第一印象。

四、图标风格

（一）渐变风格

图标的渐变多为单色渐变，颜色过渡清新自然，是目前的主流设计风格之一，如图6-41所示。除用于图标外，渐变风格可使用的场景非常多，如App中的背景图、按钮等。

图6-41　渐变风格图标

（二）剪影风格

特点是简约、概括，视觉识别度良好，设计感强，常被用于App的功能型图标中。剪影图标可以分为线性和面性两种，线性为未选中状态，面性为选中状态。剪影风格功能图标如图6-42所示。

图6-42　剪影风格功能图标

（三）长投影风格

该风格通常会以纯色作为图标主体背景，色彩对比度大，视觉冲击力强，通过长投影突出主体，从而创造鲜明的层次感和空间感，常用于App页面中的分类图标，如图6-43所示。

图6-43　长投影风格图标

（四）卡通风格

特点是可爱，富有亲和力，设计简洁而精致，视觉效果突出，但风格小众，使用范围有较多局限，常用于女性或二次元（源于日语，即"二维"）App中。卡通风格图标如图6-44所示。

图6-44　卡通风格图标

（五）拟物风格

iOS 7以前，拟物风格是UI设计的主流，这类图标的特点是通过细节和光影还原现实物品的造型和质感，能给用户极强的代入感，快速领会图标表达的意思。扁平化和拟物化风格图标的对比如图6-45所示。

图6-45　扁平化和拟物化风格图标

五、尺寸的相关概念

移动设备的更新速度很快，市场上的机型越来越多，导致同一页面往往需要适配多个不同尺寸的机型。图标是页面中的重要元素，因此了解尺寸的相关概念对于图标设计来说很有必要。

（一）屏幕尺寸

屏幕尺寸是以屏幕的对角线长度为依据，以英寸（1英寸＝2．54厘米）为单位来表示的。苹果系列设备的屏幕尺寸如表6-2及图6-46所示。

表6-2　屏幕尺寸

设备	逻辑分辨率 /（px·px）	物理分辨率 /（px·px）	屏幕尺寸 （对角线长度）/英寸	缩放因子
iPhone 2G	320×480	480×320	3.5	1x
iPhone 3	320×480	480×320	3.5	1x
iPhone 3GS	320×480	480×320	3.5	1x
iPhone 4	320×480	960×640	3.5	2x
iPhone 4s	320×480	960×640	3.5	2x
iPhone 5	320×568	1136×640	4.0	2x
iPhone 5s/5c	320×568	1136×640	4.0	2x

续表

设备	逻辑分辨率 /（px·px）	物理分辨率 /（px·px）	屏幕尺寸 （对角线长度）/英寸	缩放因子
iPhone 6	375×667	1334×750	4.7	2x
iPhone 6 Plus	414×736	2208×1242（1920×1080）	5.5	3x
iPhone 6s	375×667	1334×750	4.7	2x
iPhone 6s Plus	414×736	2208×1242（1920×1080）	5.5	3x
iPhone SE	320×568	1136×640	4	2x
iPhone 7	375×667	1334×750	4.7	2x
iPhone 7 Plus	414×736	2208×1242（1920×1080）	5.5	3x
iPhone 8	375×667	1334×750	4.7	2x
iPhone 8 Plus	414×736	2208×1242（1920×1080）	5.5	3x
iPhone X/Xs	375×812	2436×1125	5.8	3x
iPhone XR	414×896	828×1792	6.1	2x
iPhone Xs Max	414×896	2436×1125	5.8	3x
iPhone 11	414×896	828×1792	6.1	2x
iPhone 11 Pro	375×812	1125×2436	6.5	3x
iPhone 11 Pro Max	414×896	1242×2688	6.5	3x
iPhone 12/12 Pro	390×844	1170×2532	6.1	3x

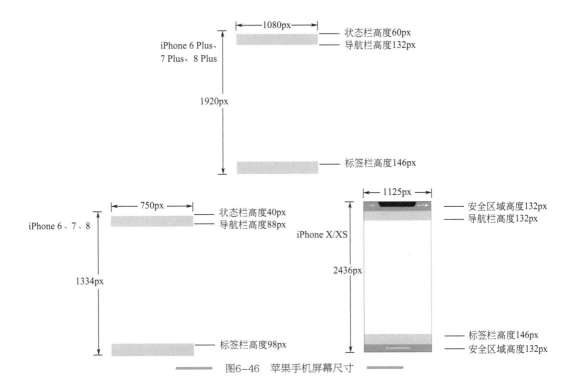

图6-46　苹果手机屏幕尺寸

（二）px和pt

分辨率指的是可以在数字显示器上控制的最小物理元素px（像素）的总数，如
1024px×768px，指的是特定尺寸下每行有1024个像素，每列有768个像素。特定屏幕尺寸可

容纳的像素越多，PPI（像素每英寸）越高，渲染的内容就越清晰。iOS开发中用到的单位pt是点的意思，它是绝对长度，不随屏幕像素密度变化而变化，点与分辨率无关。根据屏幕像素密度，一个点可以包含多个像素（例如，在常规的视网膜显示屏上1 pt包含2×2个像素）。在iPhone 3G中规定1px = 1pt，也就是说pt和像素点是一一对应的。iPhone 4（视网膜屏）里1pt对应2px。所以用固定长度pt作为开发单位的好处是可以统一在同一种类不同型号设备上图形的大小。

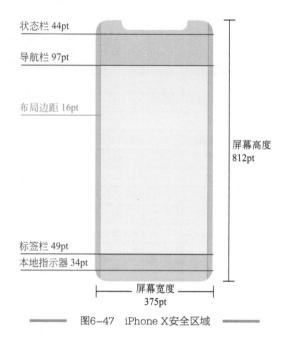

图6-47　iPhone X安全区域

（三）iPhone X安全区域

iPhone X与之前的iOS设备不同，它具有带圆角的显示屏，并且在屏幕顶部还设有一个切口，用户可以在其中找到前置摄像头、传感器和扬声器。屏幕的宽度与iPhone 6、7和8相同，但也高了145pt。在为iPhone X设计应用程序时，必须注意安全区域（如图6-47所示）和布局边距，以确保应用程序用户界面不会被设备的传感器或角落所夹住。

（四）图标设计规范

点击区域的图标不能小于44像素，比如图6-48中有多个功能按钮，点击它们时会很难点。

图6-48　图标设计规范

平台设计规范就像红绿灯一样让所属平台井然有序。设计者按照平台规范去设计，就能达到事半功倍的效果。当然两个平台存在一些共同的地方，也存在着差异，这需要学习者掌握每个平台的尺寸、文字、图标设计规范，使得产品的使用、操作及视觉感受更加合理、舒适和美观。

移动互联网原型设计是使用建模软件制作基于手机或者平板电脑的App，或HTML 5网站的高保真原型。在7.0之前的版本中，使用Axure RP进行移动互联网的建模也是可以的。比如，对于桌面的网站模型，制作一个1024像素宽度的页面就可以了。现在针对移动设备，制作320像素宽度的页面就可以了。但是在Axure RP 7.0中，加入了大量对于移动互联网的支持，如手指滑动、拖动、横屏/竖屏的切换、自动适应多设备等交互功能，极大地方便了移动互联网原型制作。本章主要介绍了图形元素的合理构建、界面的色彩选择、文字使用技巧、数字界面的主流风格与图标设计等内容。

第七章

Axure RP 8.0 软件界面操作基础

Axure是Ack-sure的合写，代表美国Axure公司；RP是Rapid Prototyping的缩写，意思是"快速原型"。Axure RP是美国Axure Software Solutions公司旗舰产品，是一个专业的快速原型设计工具，让负责定义需求和规格、设计功能和界面的专家能够快速创建应用软件或Web网站的线框图、流程图、原型和规格说明文档。作为专业的原型设计工具，它能快速、高效地创建原型，同时支持多人协作设计和版本控制管理。Axure RP已被一些大公司采用。Axure RP的使用者主要包括商业分析师、信息架构师、可用性专家、产品经理、IT咨询师、用户体验设计师、交互设计师、界面设计师等，另外，程序开发工程师也在使用Axure。

【本章引言】

学习者可以不用懂得编程，在Axure的工作环境中可以进行可视化拖拉操作，快速设计出和最终产品完全相同的交互式原型。使用Axure能够快捷而简便地制作产品原型，快速绘制线框图、流程图、网站架构图、HTML模板以及交互设计，并可自动生成用于演示的网页文件和规格文件以用于演示与开发。通过从软件功能和用户体验开始讲解，通俗易懂的案例分析帮助学习者掌握原型实现要素和使用方法。本章主要学习内容为Axure软件基础应用，使学习者掌握基本的软件操作方法。

| 第一节 |
Axure软件综述

一、Axure RP 8.0界面元素

Axure RP 8.0的界面采用类似写字台式（除去中间的工作区域）的界面结构，如图7-1所示。

图7-1　Axure RP 8.0界面

① 标题栏。标题栏可显示当前打开或新建的原型文档名称、Axure RP 8.0程序名称以及注册信息等。

② 菜单栏。Axure RP 8.0包括【文件】、【编辑】、【视图】、【项目】、【布局】、【发布】、【团队】、【账户】和【帮助】共9个主程序菜单，如图7-2所示。

文件(F)　编辑(E)　视图(V)　项目(P)　布局(A)　发布(P)　团队(T)　账户(C)　帮助(H)

图7-2　Axure RP 8.0菜单栏

③ 主工具栏。主工具栏包括经常用的一些工具，如选择工具、对齐和分布工具等，如图7-3所示。

图7-3　Axure RP 8.0主工具栏

如果Axure RP的界面窗口过小，则主工具栏中的一些工具会自动隐藏，单击按钮可显示隐藏的工具，如图7-4所示。

图7-4　显示主工具栏隐藏的工具

当显示隐藏的工具时，工具的右侧会列出工具的名称和它的快捷键。如果将鼠标指针指向主工具栏中的某个工具，也会自动显示该工具的名称和快捷键，这也是学习快捷键的一种好方法，如图7-5所示。

图7-5　显示工具的提示信息

在工具栏上右键单击鼠标，还可以执行下面的【显示文本】命令，将工具下方的文字隐藏起来，如图7-6所示。

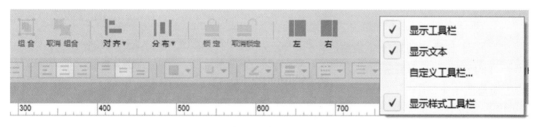

图7-6　使用快捷菜单控制主工具栏的显示

④ 样式工具栏。样式工具栏主要针对图形和文字等进行格式化处理，如图7-7所示。

图7-7　样式工具栏

⑤ 五大面板。在Axure RP写字台式的界面中，两侧分别是【页面】、【元件库】、【母版】、【检视】和【概要】五大面板。通过【视图】→【功能区】子菜单中的命令可控制这些面板的显示和隐藏。在主工具栏中单击"左""右"（【Ctrl+Alt+［】和【Ctrl+Alt+]】）两个按钮也可以分别控制左侧面板和右侧面板的显示和隐藏，如图7- 8所示。

图7-8 切换左右面板按钮

单击面板角的按钮可将面板变成浮动状态，面板变成浮动状态后，拖动其标题栏可以将面板放置在程序界面的任何位置，如图7-9所示。

二、自定义和重置视图

改变默认的程序界面后，执行【视图】→【重置视图】命令可以快速将程序界面恢复到默认状态，即恢复到写字台式的界面，如图7-10所示。

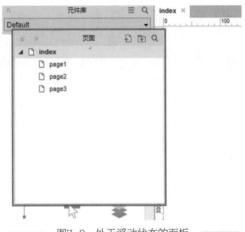

图7-9 处于浮动状态的面板

三、文件的基本操作

文件的基本操作主要包括原型文档的新建、打开、关闭、保存以及导入等操作。这些操作的命令可在【文件】菜单中找到。另外，在主工具栏中也可以找到新建、保存和打开文档的按钮工具，如图7-11所示。

① 新建文件。默认状态下，启动Axure RP时，程序会自动创建一个包含1个主页和3个子页的文档，如果要新建文件，则可以执行【新建】（【Ctrl+N】）命令。

② 保存文件。如果文档新建后是首次保存，则执行【保存】（【Ctrl+S】）命令与执

图7-10 【重置视图】命令

行【另存为】（【Shift+Ctrl+S】）命令并无区别。Axure RP源文件的后缀名是.rp。

③ 打开文件。执行【打开】（【Ctrl+O】）命令或单击主工具栏上的按钮可打开文档，也可以直接双击RP文件图标打开它。Axure RP不但可以打开.rp文档，而且可以打开其他类型的文档，如图7-12所示。

图7-11 主工具栏的文件基本操作按钮

④ 导入文件。导入文件和打开文件的区别在于：【导入】是将一个RP文件中一个或多个页面上的设计元素以及相关参数设置存放在当前打开或者新建的文档中，成为当前文档中的一部分，而【打开】则是将文件直接打开，原来打开的文件将被关闭。

⑤ 关闭文档。由于Windows版的Axure RP只能在一个程序中打开一个RP文档，所以要想关闭一个文档，就必须将Axure RP程序关闭。退出Axure RP程序的组合键是【Alt+F4】。如果在退出程序之前，文档没有保存，则会弹出保存文件的提示信息。

图7-12　Axure RP
可打开的文档类型

图7-13　【撤销】
和【重做】按钮工具

四、撤销和重做

常用的撤销是指执行【编辑】→【撤销】（【Ctrl+Z】）命令。Axure RP没有明确规定撤销的步骤，这意味着可以撤销多次。如果要恢复撤销的步骤，可执行【编辑】→【重做】（【Ctrl+Y】）命令。【撤销】和【重做】也可以在主工具栏中找到对应的按钮工具，如图7-13所示。

第二节
Axure基础元件

一、添加元件到画布

在左侧元件库中选择要使用的元件，按住鼠标左键不放，将元件拖动到画布中适合的位置上松开，如图7-14所示。

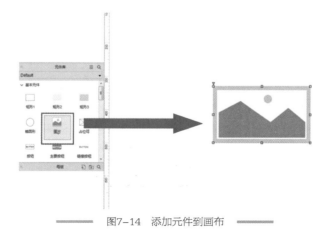

图7-14　添加元件到画布

二、添加元件名称

在检视面板—【属性】中可以直接修改元件的名称，如图7-15所示。

在检视面板—【样式】中可以直接修改元件位置和尺寸，可以【保持宽高比例】和【调整角度】，如图7-16所示。

设置元件颜色与透明度，如图7-17所示。

可以通过拖动元件左上方的箭头图标设置圆角，也可以在元件样式中设置圆角半径，可以显示部分圆角或全部圆角，如图7-18所示。

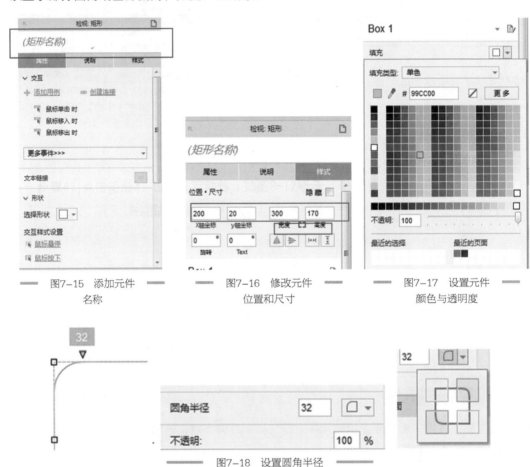

图7-15　添加元件
名称

图7-16　修改元件
位置和尺寸

图7-17　设置元件
颜色与透明度

图7-18　设置圆角半径

矩形的边框可以在样式中设置显示全部或部分，可以设置线段的样式，如图7-19所示。

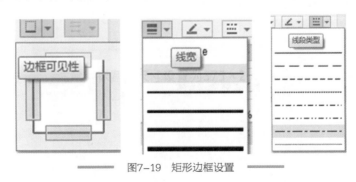

图7-19　矩形边框设置

在矩形元件中双击添加文字，可以设置元件字体、项目符号、文字边距/行距，也可在元件库中选择标题元件，如图7-20所示。

图7-20　在矩形元件中添加文字

在文本框元件中的属性—【类型】中设置不同类型，如将文本框输入设为密码，文本框属性中输入文本框的最大长度为指定长度的数字。在文本框属性中输入文本框的提示文字。提示文字的字体、颜色、对齐方式等样式可以点击【提示样式】进行设置，如将提示设置为"请输入密码"，如图7-21所示。

图7-21　设置元件属性类型

设置列表框的内容：下拉列表框　　与列表框　　都可以设置列表项。可以通过【属性】—【列表项】的选项来设置，也可以通过鼠标双击元件进行设置，如图7-22所示。

图7-22　设置列表项

嵌入多媒体文件/页面：基本元件中的内联框架可以插入多媒体文件与网页。双击元件或者在属性中点击【框架目标页面】，在弹出的界面中选择【链接到url或文件】，填写超链接，内容为多媒体文件的地址（网络地址或文件路径）或网页地址。在这个界面中也可以选择嵌入原型中的某个页面。

第三节

Axure RP 8.0元件基础应用案例

一、使用动态面板和下拉列表实现地区和地区关键词功能

案例如图7-23所示，选择某一地区，会弹出代表该地区的关键词。

图7-23　使用动态面板和下拉列表实现地区和地区关键词功能

具体步骤如下。

步骤1：在元件库中选择下拉列表框，拖拽至操作面板中，命名为地区，双击下拉列表框，设置地区名称，如图7-24所示。

图7-24　步骤1操作

步骤2：在元件库中选择动态面板，拖拽至操作面板中，命名为特色。双击设置动态面板五种状态，如图7-25所示。

图7-25　步骤2操作

步骤3：在每个状态下相同位置设置下拉列表框。每种状态下的下拉列表设定相应的特色。如绍兴状态下的下拉列表设置，如图7-26所示。

图7-26　步骤3操作

步骤4：点击地区下拉列表，设置交互动作。设置条件选项如图7-27所示，将选项设置为"北京"。

图7-27　步骤4操作（一）

添加动作里的"设置面板状态"，在选择状态中选择"北京"，就对应的地区关键词，同样设置如图7-28所示的状态。

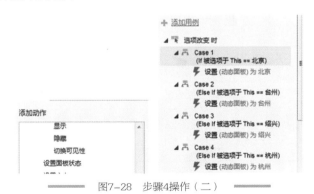

图7-28　步骤4操作（二）

步骤5：点击工具栏中的预览，进行交互动作的预览，如图7-29所示。

图7-29　步骤5操作

二、舵式导航案例

如图7-30所示，点击中间舵式导航，点击后会弹出右图，右图点击×会弹出原界面。

步骤1：导入图片元件，样式设置如图7-31所示。

步骤2：再导入图片元件，样式设置如图7-32所示，设置为隐藏。

图7-30　舵式导航案例　　　图7-31　步骤1　　　图7-32　步骤2

步骤3：导入椭圆形元件，位置覆盖在舵式按钮上，样式设置如图7-33所示。

图7-33　步骤3

步骤4：分别导入如图7-34所示的四个图标，图标大小为110×110，设置为隐藏。

图7-34　步骤4

步骤5：导入某图片，图像大小为54×54，设置为隐藏。点击舵式椭圆形图标元件。设置如图7-35所示。

(a)

(b)

图7-35

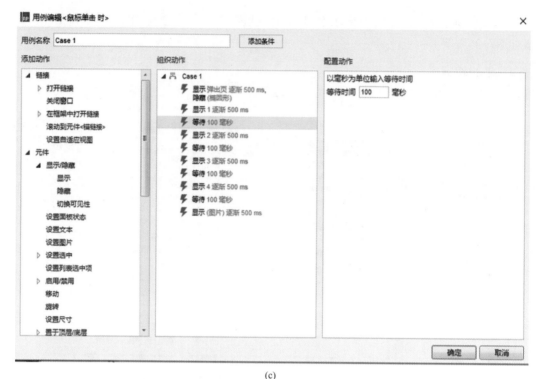

(c)

图7-35　步骤5

步骤6：点击 ✖ **(图片)** ，设置交互动作，如图7-36所示。

(a)

(b)

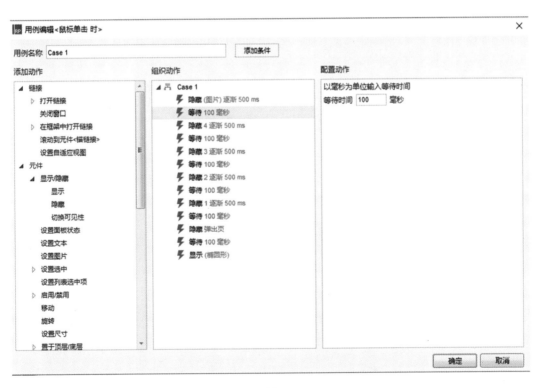

(c)

图7-36

(d)

图7-36　步骤6

步骤7：点击 [图标]，进行预览。

三、使用动态面板设置手机滑动页面

步骤1：在元件库中加入图片元件，打开手机标题栏图片，在样式中设置图片大小为375×20，如图7-37所示。

图7-37　步骤1

步骤2：在元件库中加入动态面板，设置如图7-38所示。

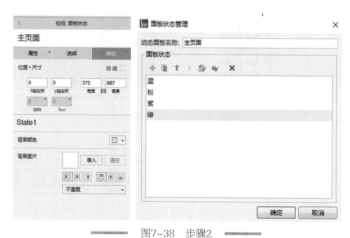

图7-38　步骤2

步骤3：在每种状态下加入矩形元件，每个元件尺寸和动态面板尺寸相同，分别在每种状态下填充相应的颜色。

步骤4：在主页面上添加交互动作，在向左拖动和向右拖动中设置相关参数，如图7-39所示。

图7-39　步骤4

本章主要讲解了Axure软件综述、Axure基础元件和Axure RP 8.0元件基础应用案例等内容。Axure RP 8.0是互联网最热门的便捷高效的原型设计工具，能够快捷而简便地制作产品原型，快速绘制线框图、流程图、网站架构图、HTML模板以及交互设计，并可自动生成用于演示的网页文件和规格文件，以供演示与开发。在Windows下，页面主要包含主菜单和工具栏、面板、控件面板、工作区和交互区。初级使用就是按照需求从控件面板拖动相应的控件到工作区内，快速绘制出页面的原型。通过本章的了解，学习者应能够对Axure软件进行操作并发布原型。

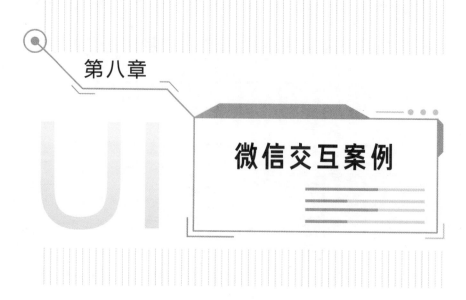

第八章

微信交互案例

中继器（英文名为repeater）是Axure RP 7.0开始推出的新功能，中继器是学习Axure中的难点。中继器是Axure原型制作中使用的非常重要的一个元件，主要用途就是加载数据，可以把它想象成器皿。中继器能方便制作，有序展示产品信息。中继器能模拟对数据的存储、删除、修改、查询等。使用中继器能制作商品列表、评价列表等。本章将通过微信案例介绍中继器的使用。

【本章引言】

微信作为典型的手机App，主要用来进行交友、聊天。自从微信推出之后，逐渐依据消费者群体、用户使用偏好、用户心理进行不断的产品系统升级、迭代。本章主要内容为进一步使用Axure软件进行微信交互界面的原型设计。

第一节

微信登录界面操作案例

一、微信常见样式

如图8-1所示，微信界面主要由矩形框、文本标签、图标、文本输入框等构成。通过设置元件的交互样式，就可以实现简单的事件处理。

图8-1 微信常见样式

微信有以下常用功能。

① 文本输入框。默认状态下，输入框的线条是灰色线条，可设置默认文字提示。获得焦点后，灰色线条呈绿色，例如标题栏的搜索框。标题搜索栏、登录界面的名称输入等都是在文本输入框元件下的扩展。

② 标题栏。带有返回箭头、标题文字，以及两者间的分割线。

③ 开关按钮。在设置界面有很多这样的按钮，在启用和禁用之间切换。

④ 确认弹出窗口。它包括提示文字、取消和确认的按钮，例如退出时的确认。

⑤ 弹出菜单。在消息列表的消息上长按，弹出功能菜单。

⑥ 消息列表样式。带有一个头像、好友名称/群名称/公众号名称等，以及最后一条消息的内容和消息时间。

⑦ 功能菜单。长矩形背景，一个图标+功能菜单名称，按下背景呈灰色。

⑧ 文字输入工具栏。一个语音图标、一个文本输入框、一个表情图标和一个加号菜单图标。

⑨ 语音输入工具栏。和文字输入工具栏类似，有一个键盘图标、一个按钮、一个表情图标和一个加号菜单图标。

⑩ 微信导航菜单。微信的四个功能菜单："微信""通讯录""发现"和"我"。

二、微信页面的切换操作

首先设置微信四个功能菜单的切换功能。先创建动态面板，将面板拉入工作区，在样式中设置尺寸。在概要中通过"+"或点击添加四个状态，分别为"微信""通讯录""发现"和"我"，如图8-2所示。

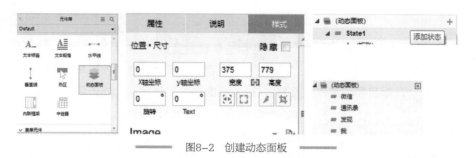

图8-2　创建动态面板

在第一个"微信"状态下添加图片元件，图片为预设好的图片。在四个标签上分别建立4个矩形元件。在"通讯录"上的矩形元件"属性"—"交互"—"添加用例"弹出的用例编辑中，在不同的矩形上，选择设置面板动作对应的不同的状态，如点击上面的矩形元件切换到对应的状态State4上，如图8-3所示。

图8-3　矩形元件

同理，在不同状态上，按照同样方法，添加图片元件、矩形元件，添加单击交互动作。

三、微信登录页面操作

添加图片元件和文本标签元件，将下面的键盘图片隐藏，如图8-4所示。

图8-4　隐藏键盘图片

在文本元件中添加动作，使得点击元件的时候显示图片，交互动作为向上滑动，如图8-5所示。

图8-5　添加动作

四、微信登录其他账号操作

建立动态母版，导入图片，在"更多"位置添加矩形，再添加罩盖矩形，在下面添加弹出页图片，将罩盖矩形和弹出页设置为隐藏，罩盖矩形不透明度设置为65%，如图8-6所示。

图8-6　建立动态母版

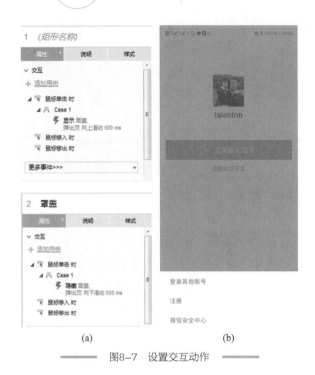

(a)　　　　　　　　(b)

图8-7　设置交互动作

在矩形和罩盖矩形上设置交互动作，如图8-7所示，最终实现：点击"更多"，弹出页面，其他页面半透明显示；点击空白处，页面下拉隐藏，半透明消失。

第二节
微信抽屉式导航案例

一、抽屉式导航

抽屉式导航栏是显示应用主导航菜单的界面面板。当用户触摸应用栏中的抽屉式导航栏图标或用户在屏幕的左边缘滑动手指时，屏幕上就会显示抽屉式导航栏。这种导航方式的优点是：导航的条目不受数量限制，而且可根据选项的重要等级选择提供入口，或者将内容展示，操作灵活性比较大。本节采用微信案例，如图8-8中点击导航中的 微信 按钮，从左侧划入抽屉式导航。

图8-8　抽屉式导航

二、抽屉式导航操作步骤

步骤1：分别导入两个图片元件，设置如图8-9所示。

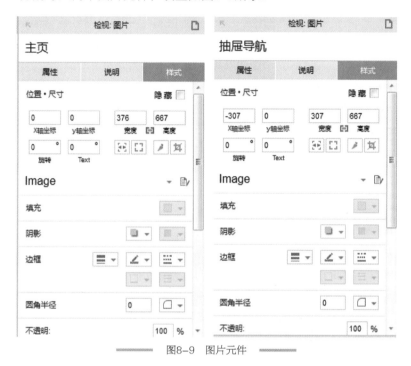

图8-9 图片元件

步骤2：分别加入矩形元件，尺寸如图8-10所示，将不透明度设置为0%。

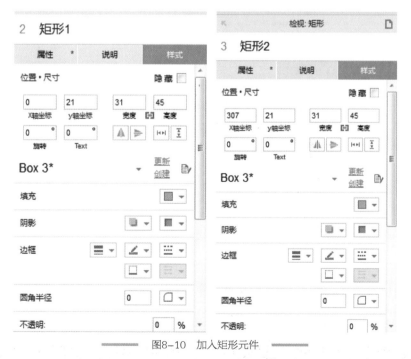

图8-10 加入矩形元件

步骤3：点击矩形1，设置交互动作，如图8-11所示。

图8-11 设置矩形1的交互动作

步骤4：点击矩形2，设置交互动作，如图8-12所示。

图8-12 设置矩形2的交互动作

步骤5：点击 ▶。注意：标题栏尺寸设置为375 × 20，置于顶层，固定在页面上，如图8-13所示。

图8-13 标题栏尺寸及位置

| 第三节 |
微信交互原型案例

一、运用中继器建立微信交互原型

步骤1：中继器是Axure小型数据库。拖动一个中继器元件，标签名设置为list。双击中继器，进入中继器设置，矩形标签名称设置为item，长设置为480，宽设置为80。在样式中设置边框，设置为仅下边框，边框颜色为颜色色库号#E4E4E4，如图8-14所示。

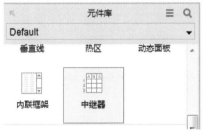

图8-14　中继器设置

步骤2：拖一个占位符，放到矩形框顶部，大小55×55，文本为头像，如图8-15所示。

图8-15　占位符

步骤3：拖一个81×24的文本标签，作为姓名标签（图8-16），标签名称设置为Name，字体颜色为黑色，字体大小为20。再拖一个57×16的文本标签，作为消息内容快照，放到姓名下面，标签名设置为Msg，字体颜色为999999，字体大小为14。拖一个57×16的文本标签，作为时间显示，放到最后，标签名设置为DateTime，字体颜色为999999，字体大小为14。

图8-16　姓名标签

设置item交互属性，选择属性→鼠标按下→填充颜色，设置为cccccc，如图8-17所示。

步骤4：在中继器list的属性中，添加一些字段，如图8-18所示。

设置list属性中的交互动作。在每项载入时，将第一步中设置的相关控件文本初始化为属性中配置的字段内容。选择"每项载入时"→"设置文本"→选择"msg_list（中继

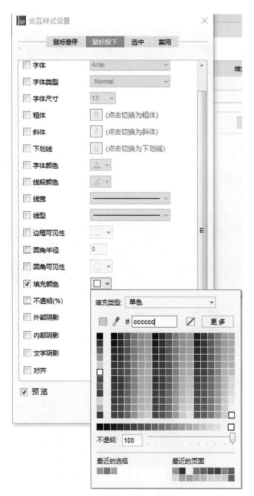

图8-17　item交互属性

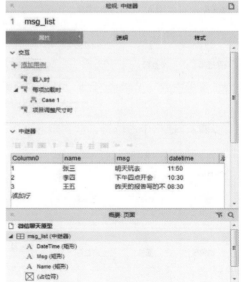

图8-18　中继器list属性

器）"中的"DateTime"→"设置文本为"→选择函数fx→"插入变量或函数"→选择"中继器/数据集"的item.datetime，如图8-19所示。其他以此为例。

图8-19　设置list属性中的交互动作

设置好交互之后，就可以看到属性中填写的内容已经加载到了中继器的列表上，然后在属性中多添加些数据，模拟聊天列表，如图8-20所示。

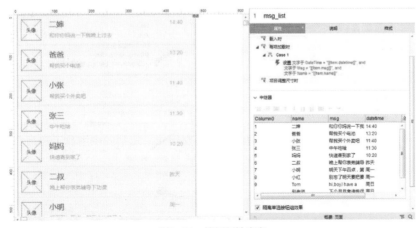

图8-20　填写属性内容

在中继器列表上右键单击，将中继器转换为动态面板，动态面板标签名设置为"消息列表动态面板"，如图8-21所示。

继续右键单击，再将中继器转换为动态面板，该动态面板起名为"窗口动态面板"，双击窗口，将"State1"修改为"窗口动态面板-聊天列表状态"，完成后的逻辑为："窗口动态面板"→"窗口动态面板-聊天列表状态"→"消息列表动态面板"→"State1"→"list"。

将"窗口动态面板"的尺寸修改为480×572，这是为了与微信尺寸保持相同比例，然后需要微信的顶部标签和底部导航。本章原型主要涉及聊天窗口，顶部标签和底部导航先通过对微信图片进行截图获得。窗口动态面板如图8-22所示。

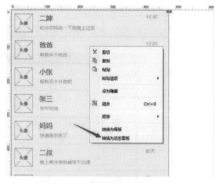

图8-21 中继器转换为动态面板

图8-22 窗口动态面板

二、设置"窗口动态面板"的交互

这一步主要实现消息列表上下滑动的效果。

（一）窗口动态面板

选择"窗口动态面板"交互属性"拖动时"，添加动作选择"移动"，"选择要移动的元件"下选择"消息列表动态面板"，移动选择"垂直拖动"，动画选择"无"，单击"添加边界"，如图8-23所示。

图8-23 窗口动态面板操作

（二）进入"窗口动态面板"

如果不设置边界，消息动态列表移动时会出现上下边界进入"窗口动态面板"的情况，如图8-24所示。

图8-24 不设置边界的情况

（三）设置交互动作

在设置交互动作时，要添加顶部和底部边界。消息动态面板的顶部不能进入窗口动态面板，因此顶部应该小于0（窗口动态面板顶部为相对值0）。而消息动态面板的底部不能进入窗口动态面板，也就是底部要大于窗口动态面板底部的相对值。该相对值等于窗口动态面板底部的绝对值，减去顶部的绝对值，通过fx功能实现，如图8-25所示。

图8-25 添加顶部和底部交互动作

完成后通过预览观看效果。

本章主要介绍了微信登录界面操作案例、微信抽屉式导航案例及微信交互原型案例。通过Axure软件与微信的案例结合，读者了解了如何制作App的登录功能，学习了导航的切换效果以及给好友发送聊天内容并通过动态面板和中继器掌握动态的交互。

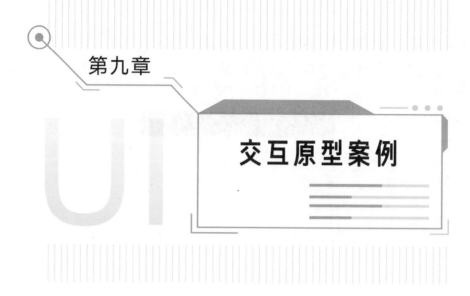

第九章

交互原型案例

　　随着"互联网+"时代的移动UI的全面普及，UI设计成为了当下的热点，设计可挖掘的要素也十分紧迫。除了技术的支持，设计师还需要把握设计心理学、设计思维，还要在移动UI实际设计时注意与产品相符合的字体、图标和插图。本章将通过UI设计案例，强化App界面设计应用。

【本章引言】

　　对地图App大家肯定都不陌生，在去陌生的地方时会经常用到。地图App除了作为基础的出行工具外，它和线下服务场景也结合得非常紧密，例如用户可以在地图App上找到想要停车的地点。那么，除了常用的百度地图、高德地图外，大家还可以借助百度开源提供的代码设计具有自己风格的地图类型的App。购物类App也是设计的热点，如淘宝、小红书、拼多多等购物软件的流行，提升了大众的消费体验。此外还有音乐类App、阅读类App、学习类App、教育类App。本章主要为学习者展示课堂中出现的一些交互原型设计案例。

| 第一节 |

地图App交互原型案例

　　本节案例效果如图9-1所示。

图9-1 地图App交互原型案例

本案例以百度地图为例进行描述，在页面中嵌入百度地图页面，对地图可以使用鼠标左键按住拖动，也可以通过鼠标滚轮进行缩放。

一、元件准备

元件页面如图9-2所示。

二、操作步骤

（一）属性设置界面

鼠标双击框架打开链接属性设置界面。界面中选择【链接到url或文件】，"超链接"中填写"mymap.html"，如图9-3所示。

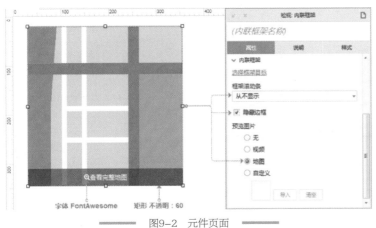

图9-2 元件页面

图9-3 链接属性设置界面

（二）开放平台

打开百度地图开放平台，网址：http://lbsyun.baidu.com/。在【开发文档】菜单中选择【地图生成器】，如图9-4所示。

图9-4　百度地图开放平台

（三）设置地图中心点

接下来进行"html"文件的制作：设置地图中心点，此处以"台州学院"为例，如图9-5所示。

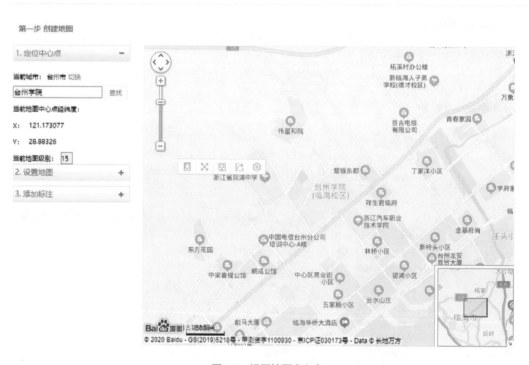

图9-5　设置地图中心点

设置地图尺寸、显示的内容以及其他功能，如图9-6所示。

图9-6 设置地图尺寸等

（四）设置地图的标注

点击【获取代码】按钮，获取地图代码。代码中需要写入地图API的密钥，点击【申请密钥】进行获取；如果不知道如何获取，可以查看页面上的"了解如何申请密钥"，如图9-7所示。

图9-7 地图代码

在本地新建一个文本文档，将地图代码复制、粘贴到新建的文档中，将申请的密钥添加到文档中指定位置。

将文档保存，然后将文档名称修改为"mymap.html"，如图9-8所示。

图9-8　保存文档

以下为部分交互作品展示，如图9-9所示。

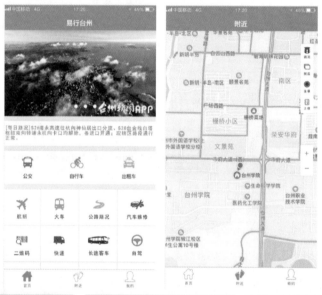

图9-9　部分作品展示

第二节

购物App交互原型案例

一、观察交互

通过观察，不难发现京东购物车页面主要有以下交互：

全选：点击全选按钮时，所有商品被选中。

数量：点击加号，数量加1，点击减号，数量减1。

小计：每个商品的小计价格，随着数量的变化而自动计算金额，即小计＝商品单价×数量。

总数量（数量总计）：总计的数量等于所有选中商品的数量之和。

总价（金额总计）：总计的金额等于所有商品的小计金额之和。

删除：页面弹出确认信息。

二、设计思路

前面已经列出了所有的交互现象，针对上述的交互效果，现在逐一进行设计思路分析，并分解用例中的动作配置。

（一）全选

当全选复选框被选中时，则所有商品前的复选按钮被选中；当全选按钮被取消选中时，所有商品均被取消选中（假设之前均处于选中状态）。

用例配置截图如图9-10所示。

图9-10　用例配置

（二）数量

为数量两侧的"+"和"-"设置鼠标单击用例：

"+"：鼠标单击时，数量文本框内容自动+1；

"-"：鼠标单击时，当数量文本框内容＞1时，数量文本框内容自动-1；否则，数量文本框内容为0。

相关的用例动作配置如图9-11所示。

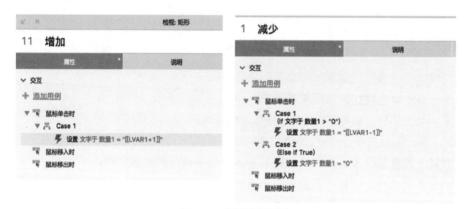

图9-11　用例动作配置

（三）小计金额（单个商品）

为小计文本标签设置载入时事件用例，小计金额＝单价（text文本）×数量（text文本）。

为数量文本框设置文本改变时事件用例，自动触发小计金额载入时事件。

相关的用例动作配置如图9-12所示。

图9-12　小计金额用例动作配置

（四）数量总计

案例中购物车中有三件商品，为总数量设置载入时事件。当三件商品都被选中时，总数量等于三件商品的数量之和；当其中两件商品被选中时，总数量等于选中的两件商品数量之和；如果没有选中商品，则总数量等于0。

为数量文本框设置文本改变时事件，自动触发总数量载入时事件。

相关的用例配置如图9-13所示。

图9-13　数量总计用例配置

（五）总价（总金额）

案例中购物车中有三件商品，为总价（总金额）设置载入时事件。当三件商品都被选中时，总价等于三件商品的价格之和；当其中两件商品被选中时，总价等于选中的两件商品价格之和；如果没有选中商品，则总价等于0。

为数量文本框设置文本改变时事件，自动触发总价载入时事件。

相关的用例配置如图9-14所示。

图9-14　总价的用例配置

（六）删除

为删除文本设置鼠标单击事件，显示确认弹框，显示时伴有灯箱效果。为确认弹框中的确认、取消和关闭按钮，分别设置鼠标单击事件，隐藏确认弹框（确认弹框默认隐藏）。

相关用例配置如图9-15所示。

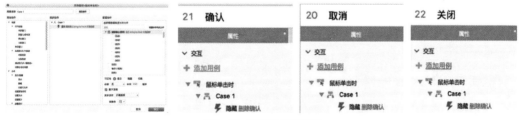

图9-15　删除的用例配置

至此，购物车页面中所有的交互用例都已经完成了设置，点击预览，查看交互效果。

一、设计需求

当代大学生课余活动日渐丰富，每个社团发布的平台不统一，需要一个平台来了解全面的社团活动消息。

二、设计思路

社团拥有一个官方账号，学生使用个人账号，社团在平台上发布活动消息，学生可在线上报名参加，还可以发布相关的动态。

三、核心功能

核心功能如图9-16所示。

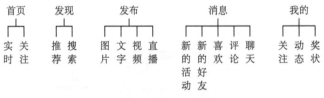

图9-16 社团核心功能展示

首页：了解社团实时活动内容，关注的人或社团动态。
发现：可看到推荐的热门内容，搜索感兴趣的内容。
发布：可以在线发布图片、文字、视频，还能在线直播。
消息：了解校内社团新的活动，新的好友请求，评论和喜欢，还能在线聊天。
我的：我的关注、动态和奖状。

四、社团图标设计

社团图标设计如图9-17所示。

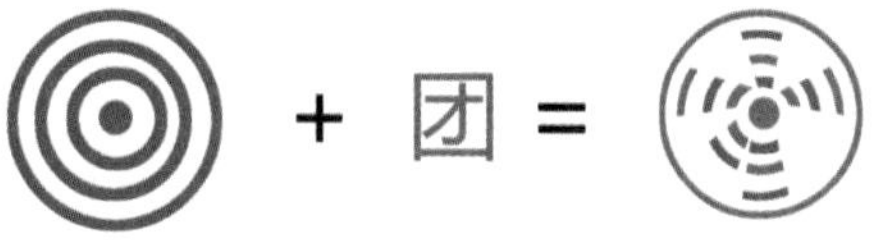

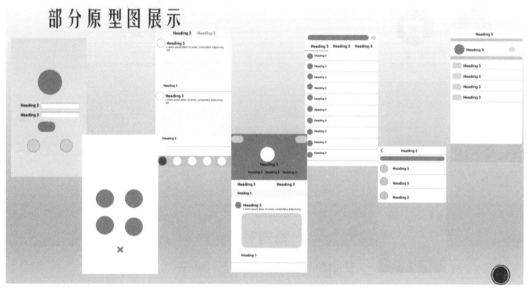

图9-17　社团图标设计

采用学生社团活动的常用地点——大圆盘与"团"字相结合，寓意在圆盘之上学生能通过社团培养团队意识。

社团App的部分原型图和相关页面如图9-18~图9-23所示。

图9-18　部分原型图

图9-19　部分作品引导页面和登录页面

图9-20　首页

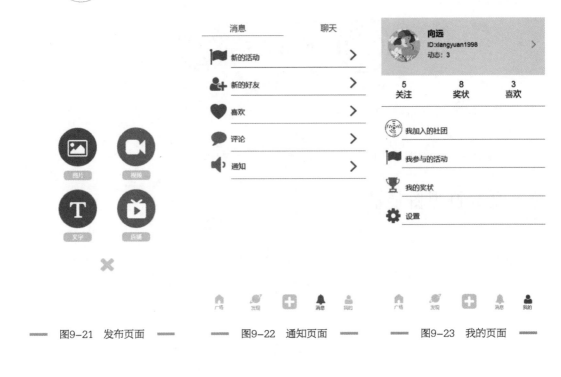

图9-21　发布页面　　　　　　图9-22　通知页面　　　　　　图9-23　我的页面

| 第四节 |

当地旅游App作品展示

当地旅游App的设计定位、原型图、页面分别如图9-24～图9-26所示。

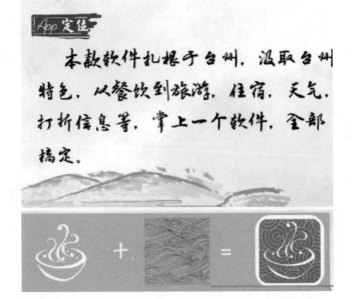

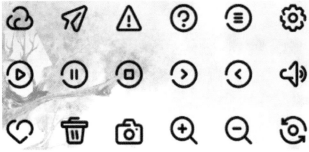

图9-24　设计定位

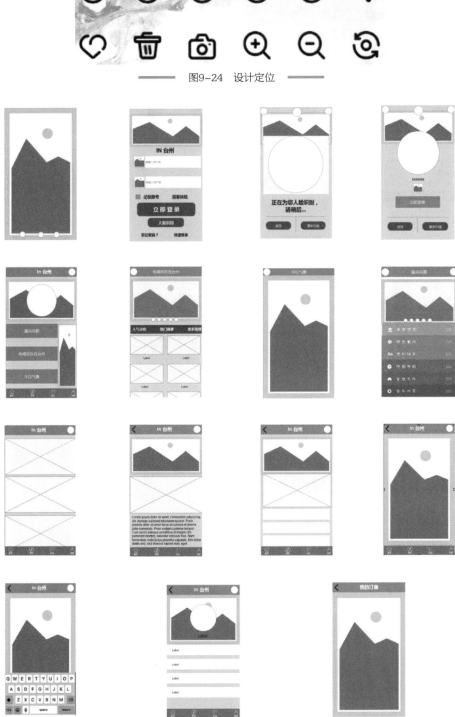

图9-25　原型图

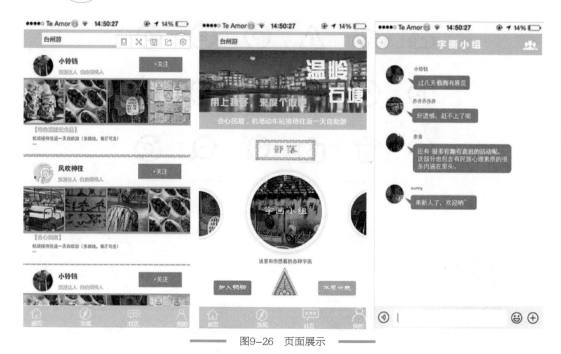

图9-26 页面展示

　　UI界面中分布的图标和图形都代表了特定的信息与功能，需要设计者对它进行过滤与归纳，也只有在对它们有了基本辨别后，体验用户才能找到所需的信息与功能。本章主要讲解了地图App交互原型案例、购物App交互原型案例、社团App案例及当地旅游App作品展示。本章的地图App、综合购物类App、社团App等，其类型的繁多和本身功能的增多对于移动UI设计而言提出了一个问题：该如何利用设计在有限的空间内摆放这些信息，以解决App界面因功能的增多而产生的界面设计繁复？本章案例内容源于课堂的地方合作App项目，基于情境感知对界面交互设计进行研究。根据情境感知系统的理论，情境因素分为用户、任务和环境情境。从这三方面出发，研究App的交互特点，提出UI设计的框架。

第十章

XMind 流程图设计基础

思维导图是一种非常有用的工具，利用思维导图会让人考虑得更清晰。思维导图适合在初步构想阶段，将脑海中随时浮现的想法记录下来，不管先后顺序以及重不重要。通过这种方法可以很方便地加入新的重点，所以很适合构思阶段，将每个想法先写在纸面上，再进行延伸思考。XMind是一套利用JAVA语言开发的思维导图软件，可以跨平台（Windows, macOS, Linux）使用，并且支持FreeMind和MindManager的档案格式，功能也比FreeMind多，不仅可以绘制思维导图，还可以绘制鱼骨图、二维图、逻辑图、组织结构图等。

【本章引言】

当读者在读一篇文章时，文章的标题就是文章重中之重，可以在读者读文章内容之前就让读者知道可能提到的内容。除此之外就是次标题，次标题是次要重点，次标题之后会有三级标题，这种层级关系类似思维导图的关系。思维导图可以帮助设计师记录界面功能结构跳转、对竞品进行纵横详细的分析、梳理产品经理交给设计师的原型流程、拓展设计思维、优化工作流程等。本章将学习利用XMind软件进行思维导图的开发，思维导图软件可以让设计师收到事半功倍的效果。

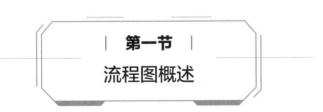

| 第一节 |
流程图概述

XMind流程图即思维导图（mind map），又称心智图、脑图、脑力激荡图、灵感触发图、概念地图或思维地图，是一种图像式思维的工具以及一种利用图像式思考辅助工具来表达思维的工具，如图10-1所示。

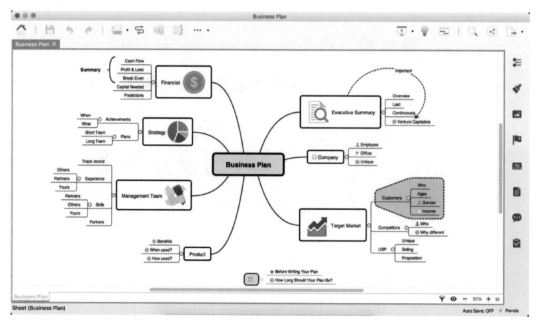

图10-1　XMind流程图

　　思维导图是使用一个中央关键词或想法引起形象化的构造和分类的想法。它是用一个中央关键词或想法以辐射线形连接所有的代表字词、想法、任务或其他关联项目的图解方式。它可以利用不同的方式去表现人们的想法，如引题式、可见形象化式、建构系统式和分类式。它被普遍地用在研究、组织、解决问题和政策制定中。

　　思维导图是由英国的托尼·博赞于20世纪70年代提出的一种辅助思考工具。思维导图是通过从平面上的一个主题出发画出相关的对象，像一个心脏及其周边的血管图，故称为"思维导图"。由于这种表现方式比单纯的文本更加接近人思考时的空间性想象，所以越来越为大家用于创造性思维过程中。思维导图延伸向许多不同形式发展，同时也在学习、脑力激荡、教育、文档规划、创意、记录笔记和工程图表等场合中广为应用。思维导图软件工具很多种，例如：Mindjet公司的Mindjet是专业的思维导图工具，Xmind. net公司的XMind有跨平台开源码版和商业专业版，微软的Visio 2002及以上版本提供了部分绘制思维导图的功能。

一、为什么要用思维导图

　　人类的思维是比较发散的，不是天生就习惯系统地思考问题。人们想到很多办法来进行归类、组织，其中一种是使用思维导图来表达。思维导图是一种将思维形象化的方法。放射性思考是人类大脑的自然思考方式，每一种进入大脑的信息，不论是感觉、记忆或是想法——包括文字、数字、符码、香气、食物、线条、颜色、意象、节奏、音符等，都可以成为一个思考中心，并由此中心向外发散出成千上万的关节点，每一个关节点代表与中心主题的一个联结，而每一个联结又可以成为另一个中心主题，再向外发散出成千上万的关节点，呈现出放射性立体结构，而这些关节点的联结可以视为人的记忆，就如同大脑中的神经元一样互相连接，也就是个人数据库。

简单来说，思维导图就是把自己想到的东西写下来，一个个点子就被记录在纸上，视觉化写下后，可以了解概念，通过记录讯息，释放大脑资源来帮助思考。而思考可以激发更多的创意。

思维导图是可以帮助人们发现更多有创造力点子的工具。创造力增加有3个方法：改造、重组和混合。

改造就是将常见的元素用不同的方式呈现。图10-2中就体现了建筑大师弗兰克·盖里（Frank Gehry）将建筑元素的直线、平面元素改造成曲线、曲面元素。

重组就是像毕加索那样把画作中出现的元素拆解成更小的元素并进行重新组合，如图10-3所示。

图10-2　建筑大师弗兰克·盖里的
作品

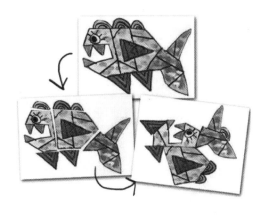

图10-3　重组

混合就是把两个不相干的元素混合再创造。

在使用思维导图时，就可以把它拆解成不同元素，然后再把元素用不同方式进行呈现。如果是重组，我们可以把那些小元素进行重新组合。

二、XMind软件介绍

XMind是集思维导图与头脑风暴于一体的"可视化思考"工具，可以用来捕捉想法、理清思路、管理复杂信息并促进团队协作。XMind是当今最受欢迎的思维导图工具之一，帮助上百万人提升了个人生产率及创造力。

该软件有4个版本：XMindFree（免费版），XMindPlus（增强版），XMindPro（专业版）和XMindProSubscription（专业订阅版）。其中，XMindFree是一款开源软件，作为基础版本，其虽然免费，但功能强大；XMindPlus，XMindPro和XMindProSubscription是商业软

件，包含更多专业功能，例如导出到Word/PDF/Excel/Project。使用XMind，可以轻松创建、管理及控制思维导图。

第二节
创建流程图

一、新建导图

打开XMind软件选择空白的模板，或者点击新建按钮创建一个空白的思维导图，如图10-4所示。

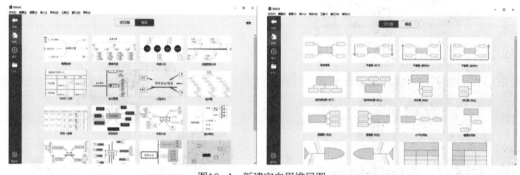

图10-4　新建空白思维导图

另外，用户也可以选择"文件→新建空白图"选项，新建一个空白导图，导图中间会出现中心主题，双击可以输入用户想要创建的导图项目的名称，如图10-5所示。

图10-5　创建导图项目名称

二、添加分支主题

按Enter键可以快速添加分支主题/子主题，也可以点击工具栏上插入主题按钮后面的小黑三角，插入分支主题，双击一样可以输入项目名称，如图10-6所示。

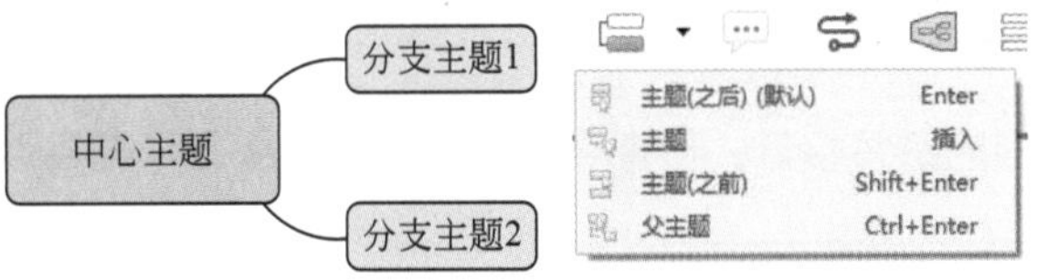

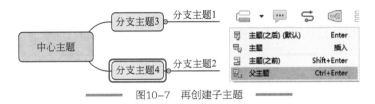

图10-6　添加分支主题

如果分支主题下还需要添加下一级内容，可以再创建子主题，可按Ctrl+Enter键，或点击工具栏上插入主题按钮后面的小黑三角，选择父主题，如图10-7所示。

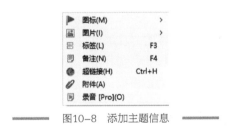

图10-7　再创建子主题

注意：如果不需要某个主题，可以选中主题，按Delete键即可。

三、添加主题信息

使用工具栏可快速访问图标、图片、标签、备注、超链接、附件和录音这些主题信息，如图10-8所示。

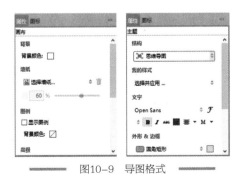

图10-8　添加主题信息

也可以通过插入菜单栏中的这几个工具来添加这些主题信息。

四、设置导图格式

XMind本身提供了多种设计精良的风格供选择，用户也可以通过属性栏设置自己喜欢的风格，如图10-9所示。

图10-9　导图格式

五、完成思维导图的创建

最终确定导图内容的拼写检查，检查导图中的链接及编辑导图属性，并保存导图。

六、XMind思维导图的应用

可以将最终定稿的导图通过Xmind. net上传或分享给项目、部门或公司其他成员，也可以演示、打印导图或以其他格式输出导图，如图10-10所示。

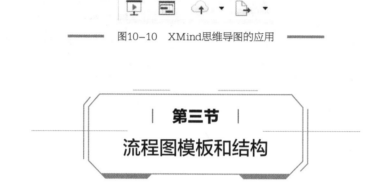

图10-10　XMind思维导图的应用

| 第三节 |
流程图模板和结构

一、XMind思维导图模板

XMind思维导图模板组成了思维导图的基本结构，是独立的". xmt"文件，可以单独传播。XMind自带了21种模板，如默认模板、鱼骨图、流程图、组织结构图以及二维图等，还允许并鼓励用户创建属于自己的思维导图模板。

（一）使用XMind自带的模板

① 在菜单栏选择"文件→新建"或者点击工具栏的主页按钮。

② 在模板选择框中选择合适的模板来创建思维导图，如图10-11所示。

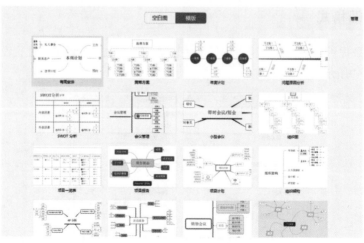

图10-11　XMind思维导图模板

（二）创建自己的模板

① 按照需要新建一张思维导图：选择主题的样式，包括字体、形状、颜色等；选择线条的形状和颜色；确定思维导图的样式，例如墙纸、背景色、透明度和图例等。

② 在菜单栏选择"文件→另存为模板"。

③ 选择模板文件保存位置并保存为XMT模板文件，如图10-12所示。

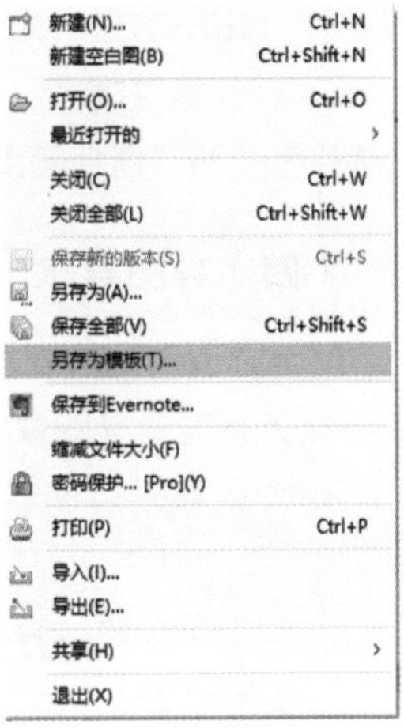

（三）添加自由模板到XMind

① 单击模板面板右上角的"管理按钮"，进入编辑模式；

② 选择"添加"按钮；

③ 从本机选择母版（.xmt文件）即可添加到模板库中；

④ 选中添加的模板，点击"删除"按钮即可删除添加的模板，但是自带模板不能删除。

图10-12 创建模板

二、XMind思维导图结构

XMind有8款16种不同的结构，它们是：思维导图、平衡图（向下、顺时针、逆时针平衡图）、组织结构图（向上和向下结构图）、树状图（向左和向右树状图）、逻辑图（向右和向左逻辑图）、时间轴（水平和垂直时间轴）、鱼骨图（向右和向左鱼骨图）以及矩阵图（行和列矩阵图）。用户不仅可以改变整个思维导图结构，还可以仅仅改变其中的一个分支。方法如下。

（一）更改整个思维导图结构

① 选中中心主题；

② 在菜单栏选择"窗口→属性"，打开属性视图；

③ 在结构列表中选择所需要的结构，如图10-13所示。

（二）更改某个分支的结构

① 选中分支主题的根主题；

② 打开属性视图；

③ 在结构列表中选择需要的结构。

注意：用户可以在一张思维导图中使用多个结构。例如整张图是一个矩阵图，而一个分支为鱼骨图，另一个是逻辑图，等等。

（三）思维导图属性修改

按照下列步骤修改当前思维导图的属性：

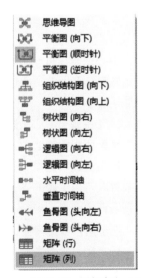

图10-13 添加自由模板到XMind

① 点击图的空白处选中思维导图；

② 打开属性视图：调整"背景颜色"，设置墙纸，设置"彩虹色"和"线条渐细"，如图10-14所示。

（四）导图导航

使用键盘上的箭头按钮可以导航到任意主题，还可以使用缩小/放大功能对导图进行查看：

① 使用导图编辑器下方的迷你工具栏进行XMind思维导图缩放。

② 使用菜单栏"查看→放大/缩小"。

③ 使用快捷键：Ctrl+鼠标滑轮（Mac上使用Alt Command）。

图10-14 XMind
思维导图属性修改

第四节
主题

一、主题的类型

XMind有五种不同类型的主题，如图10-15所示。

图10-15 XMind主题类型

中心主题：每一张思维导图有且仅有一个中心主题。这个主题在新建图的时候会被自动创建并安排在图的中心位置。当保存这个新建图的时候，中心主题的内容会默认设置为保存文件的名字。

分支主题：中心主题周围发散出来的第一层主题即分支主题。分支主题被用来记录与中心主题息息相关的信息。

自由主题：通常中心思想之外总会有些关键的，但是临时缺少合适位置的信息。这些信息都将以自由主题的形式存在于思维导图之中，甚至可以使用自由主题开始另外一个同中心主题并行的分支。XMind中，自由主题也有两种不同的形式——自由中心主题和自由分支主题，便于用户根据需要选用。

子主题：分支主题、自由主题后面添加的主题都被称为子主题，子主题可以有自己的子主题。

二、添加主题

用户可以通过下列方式添加主题。

① 在菜单栏选择"插入"，然后选择：

"主题"，来添加分支主题或者与当前主题同级的主题。

"子主题"，来添加当前主题的子主题。

图10-16 添加
XMind思维导图主题

"主题（之前）"，来添加一个与当前主题同级但位置在其之前的主题。

"父主题"，来为当前主题添加一个父主题。

"自由中心主题"，来创建一个与中心主题具有相同属性的自由主题。

"自由分支主题"，来创建一个与分支主题具有相同属性的自由主题。

② 工具栏添加。点击工具栏添加相对应的主题，如图10-16所示。

③ 使用快捷键的方式。例如：

Enter：添加当前主题的同级主题。

Tab/Insert：添加当前主题的子主题。

Shift +Enter：添加一个与当前主题同级但位置在其之前的主题。

Ctrl +Enter：添加一个当前主题的父主题。

④ 利用鼠标。例如：

选中一个主题，然后打开右键菜单：选择"主题"创建同级主题，或者"子主题"添加当前主题的子主题。

双击图的空白处：添加自由分支主题。

注意：添加主题之前必须选中一个主题。

三、编辑主题

① 编辑文字：

点击主题，在菜单栏选择"修改→标题"。

双击主题。

点击"F2"。

点击空格键。

② 删除主题：

选中主题，在菜单选择"编辑→删除"。

右击主题，选择"删除"。

在工具栏点击删除。

使用键盘Delete键。

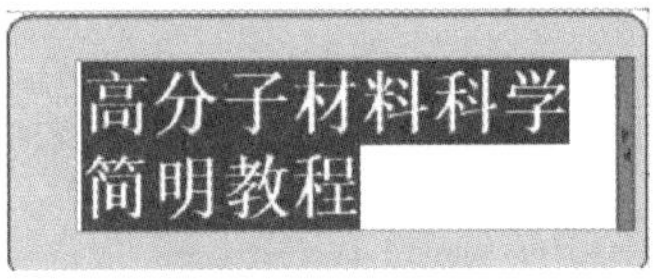

③ 设置主题的宽度：

选中主题，进入编辑模式；

拖动编辑框右侧的滑动条可以更改XMind主题的宽度，如图10-17所示。

图10-17 编辑
XMind思维导图主题

注意：主题宽度会根据文字的多少自动调整，但是如果想手动调整宽度，可以使用上述方法。

四、修改主题属性

① 选中主题。

② 打开属性视图。

③ 用户可以在属性视图中修改如下属性：

结构：在下拉列表中选择合适的结构。所选结构会应用于当前主题及其子主题。

文字：这里可以调整所选主题的文字的"字体""大小""类型"以及"文字颜色"。

形状：为当前主题选择合适的形状，以及背景色。

线条：为当前主题同其子主题之间的线条选择合适的形状、宽度以及颜色。

编号：选择编号的类型；选择是否继承当前主题父主题的编号；选择在编号前或后添加文字或其他，添加的内容与编号之间会用"，"隔开，如图10-18所示。

图10-18　修改
XMind主题属性

五、主题的自由定位

XMind默认的主题排列顺序是自上而下，从左往右。通过下列方式，用户可以自己摆放主题的位置。

① 选中主题。

② 移动主题的同时，配合下列操作：

按住Ctrl（Mac上使用Alt）：在新位置复制所选主题。

按住Alt（Mac上使用Command）：移动所选主题至任意位置，但不改变其他任何属性。

按住Shift：移动所选主题至任何位置成为自由主题。

六、主题编号

① 选中多个主题，从菜单栏选择"窗口→属性"；

② 按照如下方式设置编号属性，如图10-19所示。

选择编号的类型。其中有四种编号方式，也可以选择"无"取消编号。

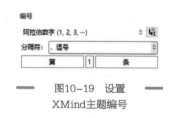

图10-19　设置
XMind主题编号

选择是否继承当前主题父主题的编号：点击该按钮，子主题会继承父主题编号，应用多级编号。

选择在编号前或后添加文字或其他。

七、XMind演示模式操作

XMind演示模式是XMind常用的功能之一，在对导图进行讲解时运用演示模式能够使得导图清晰有序，主次分明。下面就来介绍如何进行XMind演示模式操作。

在XMind中想要使用演示模式的时候，点击【查看】中的"进入演示模式"，如图10-20所示。

跳转至演示界面后，演示模式中首先展现的便是导图的中心主题。

将鼠标在界面正下方滑动，便可出现演示操作栏，在这里可以对XMind演示进行掌控。

图10-20 进入
XMind演示模式

第五节
导出与导入

XMind免费版支持导出思维导图到图片与纯文本文件（.txt），还可以导入MindManager与FreeMind文件。使用XMind Plus/Pro（增强版与专业版），还可以导出17种其他格式，如Word、PDF、Excel、PPT、Project、FreeMind及HTML等。

一、导出

（一）文件导出

① 从菜单选择"文件→导出"；

② 在导出对话框中选择所需要的文件类型；

③ 点击"下一步"，进入导出设置对话框；

④ 对导出的内容进行设置，例如图片文件的格式（BMP，JPG或者PNG）；

⑤ 选择导出文件的保存位置，点击"完成"即可。

（二）导出对话框

导出对话框，如图10-21所示。

图10-21 XMind导出

（三）导出为图片

导出为图片，如图10-22所示。

（四）导出至PDF文件

① 在菜单栏选择"文件→导出"；

② 在导出对话框中选择"文档→PDF文档"，点击"下一步"；

③ 在预览对话框中设定是否需要导出：缩略图、备注、自由主题、标签、图标、图片、联系以及超链接等；

④ 选择文件保存位置，点击"完成"即可，如图10-23所示。

按类似的步骤，可以将思维导图导出为其他的文件格式。

图10-22　XMind导出为图片

图10-23　XMind导出PDF

二、导入

（一）导入类型

XMind支持导入四种类型的文件：FreeMind、MindManager、Microsoft Word以及XMind 2008工作簿。

（二）导入文件

① 在菜单栏选择"文件→导入"，如图10-24所示。

② 选择需要导入的文件类型，譬如FreeMind/MindManager/Mircosoft Word/XMind 2008文档，并点击下一步；

③ 从电脑上选择需要导入的文件，如图10-25所示。

图10-24　XMind导入

图10-25　选择XMind导入文件

④ 点击"完成"，结束整个过程。

思维导图是产品经理以及UI设计师做产品的工具，可以被用来做产品的原型图，能够让自己的产品流程更加明晰。UI设计要紧跟时代步伐，与思维导图软件结合起来，使得新的作品有新的思路、新的理念，给人带来视觉享受。思维导图绘制能够帮助设计者开启灵感的源泉，使得所设计的作品真正符合人们的心理需求。

XMind是一款非常实用的商业思维导图软件，应用了全球最先进的Eclipse RCP软件架构，全力打造易用、高效的可视化思维导图软件，强调软件的可扩展、跨平台、稳定性等性能，致力于使用先进的软件技术帮助用户真正意义上提高生产效率。本章提供了四种独特的XMind结构设计方法，帮助商业精英释放压力和提高效率。鱼骨图有助于可视化地分析复杂的想法或事件之间的因果关系。矩阵图使得项目管理中深入的比较分析成为可能。时间轴按时间顺序跟踪里程碑和时间表。组织结构图可轻松展示组织概览。本章主要讲解了流程图概述、创建流程图、流程图模板和结构、主题及导出与导入。通过本章的学习，设计师在编辑时只需点击一下鼠标即可快速打开、关闭和切换视图。这个功能大大提高了用户的工作效率，并极大地改善了用户的思维导图体验。

第十一章

Photoshop
——App 图标设计

图标作为移动平台App应用软件的入口，除了能传达给用户应用程序的基础信息，还能够给用户带来第一印象和感受。本章在向读者解答如何设计图标的同时，也将带领大家一起动手设计精美的App图标。

【本章引言】

在开始制作之前，首先确定好要做的内容有哪些，以及一个大致的风格。然后去寻找参考资料，看看其他作者如何在作品中将自己的想法展现出来，对制作内容进行系统性的收集、整理资料。确定了内容和风格，并进行了系统性的学习，而且对于要设计的对象有了一个比较清晰的思路之后，先在草图上将大致的想法画出来，然后用软件将想法构建完善。本章做的几个图标都是比较简单的，基本上可以用图层样式来实现所有的效果。因为是拟物风格，所以在图标的制作过程当中，要注意体积和光影的表达。通过颜色的选择、相似的装饰元素，使整体风格看起来更加统一和谐。

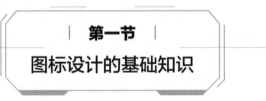

第一节
图标设计的基础知识

一、图标设计的软件——Photoshop

Adobe Photoshop，简称"PS"，是由Adobe Systems开发和发行的图像处理软件。Photoshop主要处理由像素构成的数字图像。使用其众多的编修与绘图工具，可以有效地进行图片编辑工作。Photoshop有很多功能，在图像、图形、文字、视频、出版等各方面都有涉及。使用Photoshop制作图标是图标设计的主要方式，使用此软件制作的图标非常精美，视觉效果非常好。Photoshop制作的图标一般格式有png、jpg、gif等。

二、图标设计的意义

作为界面设计的关键部分，图标在人机交互设计中无所不在。深入的图标设计，不仅仅是一个简单表达含义的设计过程，也显示出了越来越多的应用价值，主要体现为：

① 图标设计是在屏幕上展现产品的最佳方式。对于传统企业，图标可以直观展现产品和公司的形象。

② 图标是视觉设计的重要组成部分，用于提示与强调产品的重点特征，以醒目的信息传达让用户知道操作重点。

③ 图标设计可以形成产品的统一特征，给用户以信赖感，便于功能的记忆，在视觉上的统一很容易暗示用户产品的整体性和整合程度。

④ 图标设计的表现方式灵活自由，可以传达不同的产品理念，让产品呈现出科技感、未来感较强的面貌。

三、图标设计的原则

精美的图标设计在软件界面中起到画龙点睛的作用，提升软件的视觉效果。图标设计的核心思想是代替文字，比文字更直观、更漂亮，提高软件可用性，提升界面的视觉效果。

当然，图标也需要有统一的设计原则，才能更充分地发挥产品的优势。主要原则有可识别性原则、差异性原则、与环境协调性原则、视觉效果原则、原创性原则、风格统一性原则、尺寸大小与格式一致性原则，以及需要有合适的精细度和元素个数等原则。下面就是对这些原则的介绍。

（一）可识别性原则

可识别性原则是指图标的图形要能准确表达相应的操作。当用户看到一个图标时，就要明白其代表的含义，这是图标设计的灵魂，也称为图标设计的第一原则。

（二）差异性原则

差异性原则是图标设计中很重要的一条原则。图标和文字相比，它的优越性在于它更直观一些，如果失去了这一点，图标设计就失去了意义。

（三）与环境协调性原则

图标不能单独存在，图标最终是要放置在界面上才会起作用。因此，图标设计要考虑图标是否适合相应的环境界面。

（四）视觉效果原则

追求视觉效果，一定是要在保证差异性、可识别性、统一性、协调性原则的基础上，要先满足基本的功能需求，才可以考虑更高层次的要求，即情感需求。图标设计的视觉效果，很大程度上取决于设计师的天赋、美感和艺术修养。

（五）原创性原则

原创性原则对图标设计师提出了更高的要求，目前常用的图标风格种类很多，但过度追求图标的原创性和艺术效果，则会导致图标设计舍本逐末，这样做往往会降低图标的易用性，也就是所谓的好看不实用。

（六）风格统一性原则

风格统一性原则可以让整个界面非常协调，使图标看上去也更美丽、更专业，增强用户的满意度。如果界面是平面的、简约的，则可以考虑用一些简单的、平面的符号或者图形来设计图标，这样整个界面会很协调。

（七）尺寸大小与格式一致性原则

在图标设计中，也要保证图标尺寸大小与格式的一致性，图标的尺寸常有以下几种（单位：px·px）：16×16；24×24；32×32；48×48；64×64；128×128；256×256。图标的常用格式有png，gif，ico，bmp。图标过大则占用界面空间过多，过小又会降低精细度，因此，具体该使用多大尺寸的图标，常常根据界面的需求而定。

（八）合适的精细度和元素个数原则

对于要确定合适的精细度和元素个数这一原则，首先要明确一点：图标的主要作用是代替文字，第二才是美观。

第二节
图标欣赏

对每款应用产品都应重视它的图标设计，因为很多用户在下载应用的时候都会首先看到产品的图标，好看的图标都能吸引用户去点击或下载。这些图标简洁、大方，富有创意，可以直观地让用户了解其功能，也会让用户觉得很有乐趣，在用户使用时更会给用户很好的交互体验，如图11-1所示。

图11-1 图标的观感

　　《愤怒的小鸟》是芬兰公司Rovio Entertainment推出的一款风靡全球的触摸类益智游戏。游戏中愤怒的小鸟为了护蛋，展开了与绿色猪之间的斗争。玩家通过触摸控制弹弓，完成射击。在这款游戏中，各种图标设计也十分吸引玩家们的眼球：小鸟们的各种表情生动形象且丰富，各类图标与主题及背景都很协调，画面的整体风格统一，给用户良好的视觉体验，如图11-2所示。

图11-2　愤怒的小鸟

| 第三节 |
心形图标设计

一、项目创设

　　随着现代社会信息产业的发展，图标成为用户界面设计中不可或缺的元素。而图标在手机App应用中更是扮演着重要角色：图标以其简明的特点、个性化的表现手法以及越来越时尚的表现元素，直接向用户传递信息内容，成为用户与手机交互的重要媒介。本节将以"心形图标"为例，其完成效果如图11-3所示。

图11-3　心形图标

二、设计思路

　　通过PS制作一款主题是紫红色的心形图标，设计师只需通过圆角矩形工具、图层样式、钢笔工具、自定义形状等工具进行设计制作，再添加颜色就可以，整体要简约、醒目，吸引人眼球。

三、设计步骤

步骤1：首先打开Photoshop软件，按快捷键Ctrl+N，新建文件，在弹出的对话框中设置参数，如图11-4所示。

图11-4　新建

步骤2：使用圆角矩形工具，半径为70像素，按住Shift键，建立圆角矩形，如图11-5所示。

图11-5　圆角矩形工具

步骤3：添加图层样式，斜面和浮雕+渐变叠加，如图11-6、图11-7所示。

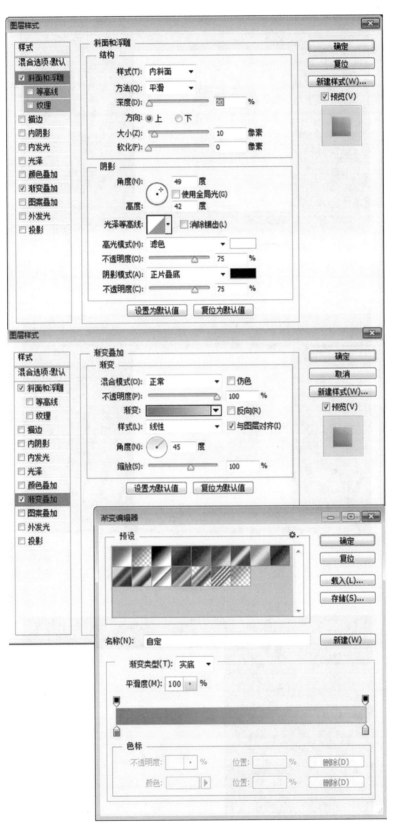

图11-6 斜面和浮雕

图11-7 渐变叠加

步骤4：画爱心，可以用钢笔工具勾勒，也可以用自定义形状工具绘制出来，如图11-8所示。

图11-8 钢笔工具

步骤5：复制一层爱心，使用钢笔工具，减去顶层形状，勾勒心形缺角，如图11-9所示。

图11-9 勾勒心形缺角

步骤6：点击下层爱心图层，图层样式→渐变叠加，如图11-10所示。

图11-10　渐变叠加

步骤7：按住Ctrl键，左键单击最上层图层，转为选区，如图11-11所示。

图11-11　转为选区

步骤8：新建一个空白图层，羽化半径设为15像素→描边，如图11-12所示。

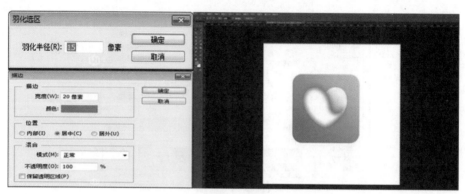

图11-12　描边

步骤9：给这一图层添加图层蒙版，按照步骤7，建立选区如下，选择反向，用黑色画笔涂抹边沿，如图11-13所示。

图11-13　图层蒙版

步骤10：做心形阴影，拷贝最完整的爱心形状图层，编辑第一个爱心形状图层，填充为0，图层样式→投影，如图11-14所示。

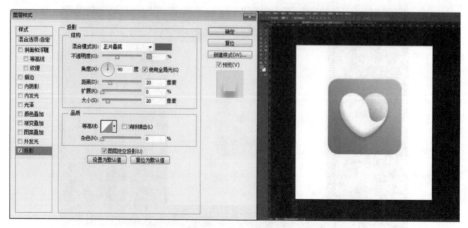

图11-14　心形阴影

步骤11：最后合拼图层，心形图标的绘制全部完成，效果如图11-15所示。

图11-15　绘制完成

第四节
计算器图标设计

一、项目创设

　　人们的生活是由各种各样的信息组成的。在远古时代，重要信息的计算都通过心/口算或书写计算来完成，随着社会进步，电子计算器渐渐代替了心/口算。相比于传统计算方法，电子计算具有简易、快捷、计算准确等特点，而计算器App就是电子计算器中的一种，本节就将以此类计算器为例设计图标，其完成效果如图11-16所示。

图11-16　计算器图标

二、设计思路

　　通过PS制作一款主题是橙棕色的计算器图标，设计师只需通过图层样式、钢笔工具、自定义形状等工具进行设计制作，再添加颜色就可以，整体要直观、醒目。

三、设计步骤

步骤1：首先打开Photoshop软件，按快捷键Ctrl+N，新建文件，在弹出的对话框中设置参数，如图11-17所示。

图11-17　新建

步骤2：设置前景色为深蓝色，按快捷键Alt+Delete填充背景图层。单击钢笔工具，在属性栏中选择"形状"选项，设置"填充"为橙黄色，然后在画面上勾勒图标形状，如图11-18所示。

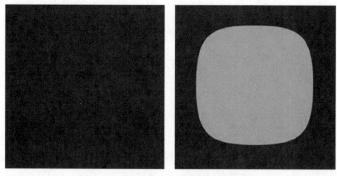

图11-18　填充

步骤3：双击"形状1"，勾选"投影"选项并设置各项参数，完成后单击"确定"按钮，如图11-19所示。

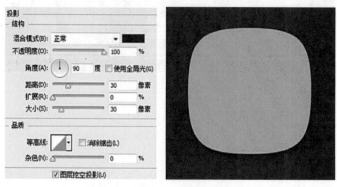

图11-19　投影

步骤4：复制"形状1"，生成"形状1副本"，按快捷键Ctrl+T对图像进行适当缩小，并设置"填充"为棕黄色，如图11-20所示。

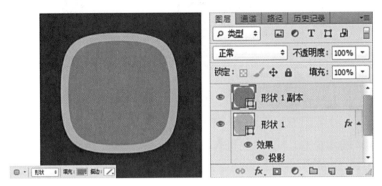

图11-20 Ctrl+T

步骤5：双击"形状1副本"，勾选"内阴影"选项并设置各项参数，完成后单击"确定"按钮，如图11-21所示。

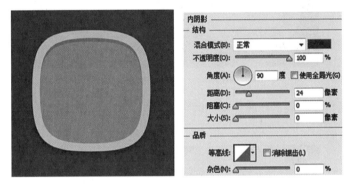

图11-21 内阴影

步骤6：单击圆角矩形工具，在其属性栏上选择"形状"选项，在属性栏上设置"填充"为黄色，"半径"为30px，绘制圆角矩形形状，如图11-22所示。

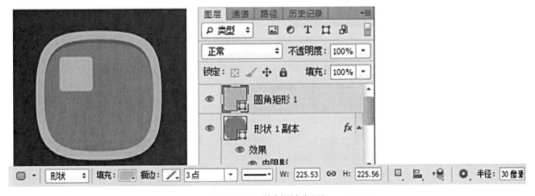

图11-22 绘制圆角矩形

步骤7：双击"圆角矩形1"，勾选"投影"选项并设置各项参数，完成后单击"确定"按钮，如图11-23所示。

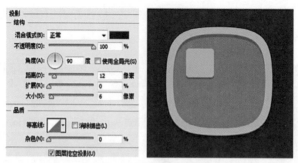

图11-23 圆角矩形1的投影

步骤8：复制"圆角矩形1"，生成更多副本，并适当排列，设置最右下端的图形"填充"为白色，如图11-24所示。

图11-24 复制圆角矩形

步骤9：单击钢笔工具，在属性栏中选择"形状"选项，设置"填充"为白色，然后在画面上绘制图形，如图11-25所示。

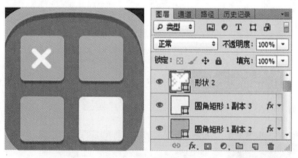

图11-25 绘制图形

步骤10：双击"形状2"，勾选"投影"选项并设置各项参数，完成后单击"确定"按钮，如图11-26所示。

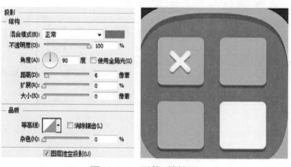

图11-26 形状2的投影

步骤11：单击钢笔工具，在属性栏中选择"形状"选项，设置"填充"为白色，继续在画面上绘制其他图形。在"形状2"图层上单击鼠标右键，在弹出的快捷菜单中选择"拷贝图层样式"，然后分别在"形状3""形状4"上单击鼠标右键，在弹出的快捷菜单中选择"粘贴图层样式"。

步骤12：单击钢笔工具，在属性栏中选择"形状"选项，设置"填充"为黄色，在画面上绘制图形。使用以上相同方法，在"形状5"上单击鼠标右键，在弹出的快捷菜单中选择"粘贴图层样式"。至此，本实例制作完成，如图11-27所示。

图11-27　粘贴图层样式

第五节
时钟图标设计

一、项目创设

随着生活质量的提高，人们在日常生活中越来越重视办事效率，争取用最少的时间完成既定的工作，而与此同时，很多人都不懂得怎样合理安排时间，这就需要时钟来帮助人们规划时间。本节就将以时钟为例设计图标，其完成效果如图11-28所示。

图11-28　时钟

二、设计思路

使用选框绘制工具绘制基本的图形，然后使用渐变、颜色填充等工具为时钟进行设计制作，再添加相应颜色，使时钟更真实、逼真。

三、设计步骤

步骤1：首先打开Adobe Photoshop软件，按快捷键Ctrl+N，新建文件，在弹出的对话框中设置参数，如图11-29所示。

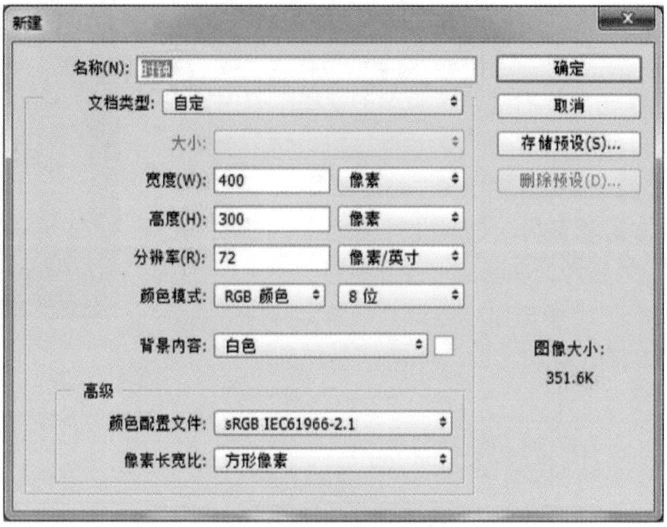

图11-29 新建

步骤2：设置前景色为浅蓝色，按快捷键Alt+Delete将前景色填充在背景图层上。使用圆角矩形工具绘制一个190px×190px，圆角半径为40px的圆角矩形，设置"填充"为蓝色，如图11-30所示。

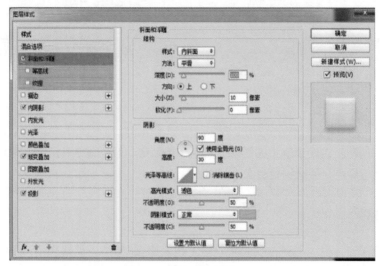

图11-30 填充蓝色

步骤3：添加图层样式，操作如图11-31～图11-35所示。

图11-31 添加图层样式（1）

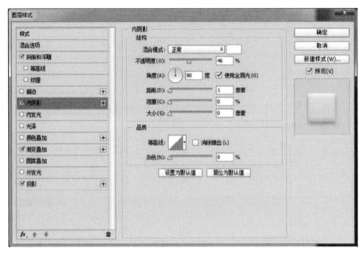

图11-32　添加图层样式（2）

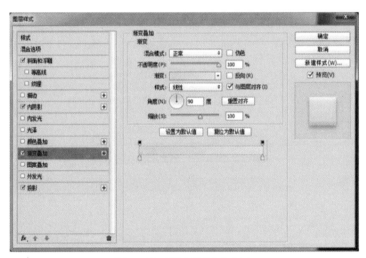

图11-33　添加图层样式（3）

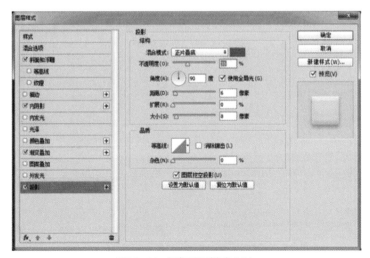

图11-34　添加图层样式（4）

———— 图11-35 添加图层样式（5）————

步骤4：选择椭圆工具绘制一个154px×154px的正圆，并为它添加图层样式，操作如图11-36~图11-38所示。

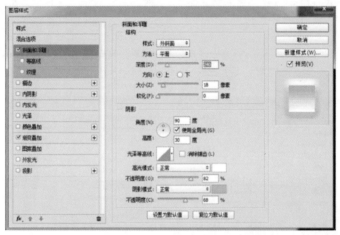

———— 图11-36 斜面浮雕 ————

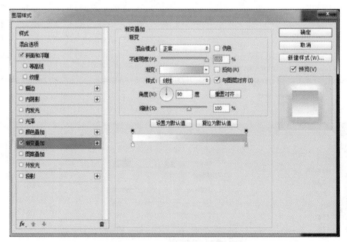

———— 图11-37 步骤4的渐变叠加 ————

———— 图11-38 步骤4的最终效果 ————

步骤5：继续用椭圆工具绘制一个132px×132px的正圆，并为它添加图层样式，操作如图11-39~图11-41所示。

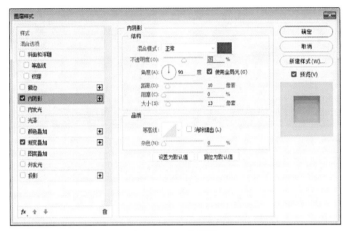

图11-39　内阴影

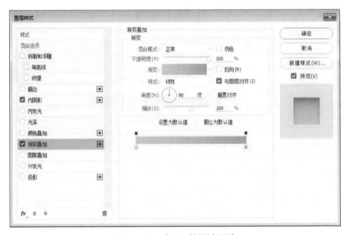

图11-40　步骤5的渐变叠加

步骤6：选择多边形工具，边数设置为3，绘制一个颜色为白色的三角形，并将混合模式设置为叠加，命名为下侧三角，如图11-42所示。

步骤7：复制下侧三角，执行自由变换命令，调整中心点至画布中心，旋转90°并执行重复上一命令并复制，按快捷键Shift+Ctrl+Alt+T复制出另外两个三角形，将上侧三角混合模式设置为柔光，透明度设置为70%，左右两侧三角混合模式正常，如图11-43、图11-44所示。

图11-41　步骤5的
最终效果

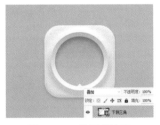

图11-42　使用多边形
工具

图11-43　复制下侧
三角

　　步骤8：现在绘制指针的位置。选择圆角矩形工具，画两个圆角矩形，旋转放到合适的位置，如图11-45所示。

图11-44　重复复制

图11-45　绘制指针

　　步骤9：下面来为两个指针添加相同的图层样式，操作如图11-46～图11-49所示。

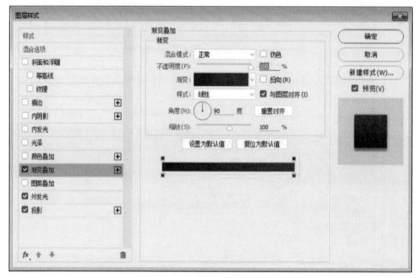

图11-46　步骤9的渐变叠加

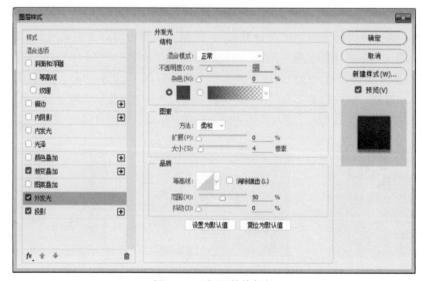

图11-47　步骤9的外发光

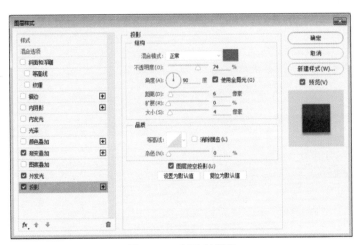

图11-48　步骤9的投影　　　　　　　　　图11-49　步骤9的最终效果

步骤10：绘制秒针，选择矩形工具，绘制一个2px×24px的矩形，并添加图层样式。操作如图11-50~图11-52所示。

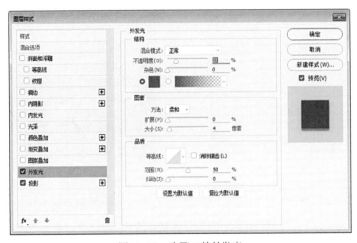

图11-50　步骤10的外发光

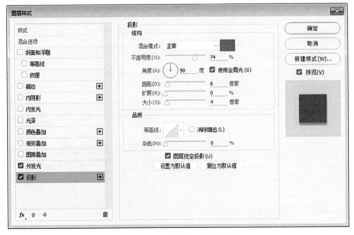

图11-51　步骤10的投影　　　　　　　　　图11-52　步骤10的最终效果

步骤11：选择椭圆工具绘制一个20px×20px的正圆，并添加图层样式，操作如图11-53～图11-55所示。

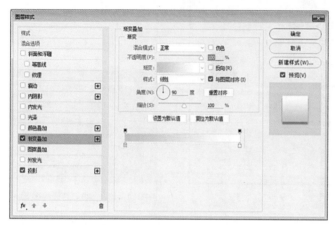

图11-53　步骤11的渐变叠加

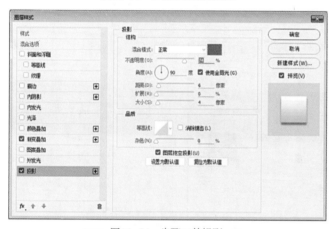

图11-54　步骤11的投影

图11-55　步骤11的最终效果

步骤12：绘制最后一个圆，使用椭圆工具绘制一个10px×10px的正圆，并为它添加图层样式，如图11-56所示。

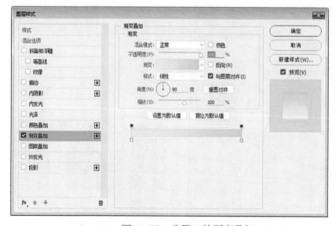

图11-56　步骤12的渐变叠加

步骤13：最后合并图层，图标的绘制全部完成，效果如图11-57所示。

图11-57　绘制全部完成

本章主要讲解了图标设计的基础知识、图标欣赏、心形图标设计、计算器图标设计及时钟图标设计等内容。关于手机图标的制作，首先要确定图标的使用意图，然后制作整体规划，添加新创意。在制作过程中注意保证图标的功能性、识别性、显著性、艺术性、准确性等特点。

重要工具：钢笔工具、画笔工具、选择工具、移动工具、文字工具、"属性"面板。

核心技术：综合运用选择、移动、自由变换和属性设置、图层面板操作、钢笔工具、画笔工具等制作手机图标。

经验分享：

① 在缩放图像的时候，除了可以使用鼠标拖动缩放图像以外，还可以按住Shift键等比例缩放图像，按住快捷键Shift+Alt，以中心点等比例缩放图像。

② 在使用"钢笔工具"绘制路径时，按住Ctrl键可以将正在使用的钢笔工具临时转换为直接选择工具；按住Alt键可以将正在使用的钢笔工具临时转换为转换点工具。

③ 在制作发光效果时，如果发光物体或文字的颜色较深，发光颜色最好选择明亮的颜色。如果发光物体或文字的颜色较浅，则发光颜色最好选择偏暗的颜色。

④ 在使用画笔工具时，在画布中单击，然后按住Shift键单击画面中的任意一点，则两点之间会以直线连接。若按住Shift键，还可以绘制水平、垂直或45°角的增量直线。

第十二章

Photoshop
——手机主题界面设计

对于一款手机软件系统而言，如果仅考虑功能，缺少主题灵感，则会影响用户体验效果，进而影响手机行业的发展。本章在向读者介绍手机主题界面设计思想的同时，将借助四款个性化的手机创意主题，带领大家一起动手设计手机主题界面。

【本章引言】

智能手机的普及推动了手机App应用的发展。如何能够使用户使用得更加顺畅、更加舒适，甚至愿意花更多的时间？这一问题值得每一个手机应用开发者深思。其中，智能手机App就作为现在广大群众迫切的需求，推到了广大的设计者面前。本章主要介绍如何利用Photoshop CS6强大的功能来制作手机App应用主题界面，详细地讲解如何利用各种不同的工具、滤镜等来实现智能手机App应用的制作。从手机UI界面等基础知识出发，通过循序渐进的方式逐一介绍手机App应用的制作，使读者学会如何使用Photoshop制作智能手机App界面及应用。本章包含很多实战应用技术练习，读者可以一边看，一边动手去尝试效果，从而可以灵活地掌握书中的App制作精髓。

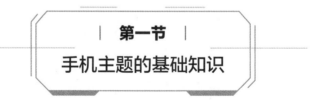

| 第一节 |
手机主题的基础知识

一、手机主题的含义

手机主题的核心是界面，其目的是使用户手机界面、铃声更加个性化，满足不同用户群的需求。打个比方，手机主题就如同Windows的主题功能，用户可以通过下载手机主题一次性定义图标、背景、铃声等，一般不会改变手机内的应用程序和系统文件。

随着手机UI技术的进一步发展与普及，手机界面更注重用户群的审美观念，对美工设计的要求越来越高。一般不同品牌的手机的主题不可通用，各大手机厂商纷纷推出自己的手机主题，来满足用户的审美需求，如图12-1所示。

二、手机主题的制作软件

手机主题的制作软件有很多。常用的有诺基亚的S40 Theme Studio、索爱的Themes Creator、OPPO的3D炫动主题和UX等。

图12-1 手机界面
的审美观念

S40 Theme Studio是一个Nokia S40系列手机的主题编辑工具，简单易用，实时模拟，支持直接发送SDK到手机上。

Themes Creator操作相对简单，可支持待机图画个性化制作，更多丰富素材在软件中都有详细的提示，用户可根据需要进行选择。

OPPO的3D炫动主题是一款全3D动态主题软件，支持设置主题的动画时间、透明度、位置缩放等，并具有DIY主题功能，支持用户打造属于自己的3D主题。

UX引擎是一款为改变目前简单、呆板的手机UI界面而研制开发的多媒体中间产品。使用与之配套的能在普通电脑上使用的手机UI制作工具，能够突破传统手机UI界面的限制；通过配置文件的设定、控件属性的设置和JS代码的支持，可以使原本静态、无生气的手机界面变得绚丽多彩。

| 第二节 |
手机主题界面赏析

一、可爱型主题界面赏析

这款橙色调手机主题的风格使用卡通类型，可爱的卡通风格造型和明快的色彩容易被更多的用户所接受。例如"Hello Kitty"，受到很多用户喜爱。因此无论是在色彩还是在主题形象的选择上，都要针对特定的用户群。色调上，可以选择橙色系，比较符合这一主题；主题形象上，选择一些受人欢迎的卡通形象，为整体界面设计添色不少。

本主题界面以橙色为主色调，给人一种温暖、阳光的感觉。主题形象选择卡通猫，个性好动、欢快、机警、聪明，喜欢卖萌，性格脾气好，适应能力强，因而深受广大用户的喜

爱。而且，小猫是人类最可爱的朋友之一，对于
人类的精神生活十分重要。从整个界面的风格来
看，本界面是典型的可爱型主题界面，符合设计
要求。以橙色为主题，不仅体现了设计者对精神
层面的追求，而且有利于促进用户文化交流，传
递正能量，如图12-2所示。

二、清新风格主题界面赏析

"蓝色爱影"主题界面设计风格为文艺
清新。从用户群来看，这款主题界面主要针对
15～25岁这一年龄段读者。色调要求清新、淡
雅，比如选择淡蓝色、浅绿色，给人以自然、干
净的感觉。布局上，画面应追求简单、明了，不
宜有太多设计元素。

本主题以浅蓝色为基色，整个图标设计简单
明了，浅灰色图标不仅与整体风格融合，而且使
整个主题界面色彩布局更加匀称、美观、合理。
中间的图标设计恰到好处，对周围的图标有吸附
作用，使画面更有整体感，如图12-3所示。

—— 图12-2　橙色调手 ——
机主题界面

—— 图12-3　"蓝色爱 ——
影"主题界面

｜ 第三节 ｜
"水晶花"主题界面设计

一、项目创设

喜欢鲜花的人，都有过"花无百日红"的遗憾，而如今水晶花的出现似乎让鲜花"永
葆青春"的愿望不再是梦想了，而且它晶莹剔透，多姿多彩，使人惊艳。它别具一格的美
感，也很讨女孩子的喜欢，让很多人都爱不释手。本案例以"水晶花"为题材，完成效果
如图12-4所示。

二、设计思路

在设计制作过程中，先置入一张突出主题的底图吸引用户的注意。由于手机中的信息以
文字为主，所以运用了Photoshop中的"投影"效果来美化文字。然后利用矩形工具和渐变
效果制作被选状态的文字特效。整个作品的色调选择根据"底图"的颜色来确定。

图12-4　"水晶花"题材

三、设计步骤

步骤1：打开"文件"菜单，选择"新建"，创建一个新文件，新建一个标题为水晶花，宽度为240像素，高度为400像素，分辨率为72像素/英寸，颜色模式为RGB，背景内容为透明（的画布），如图12-5所示。

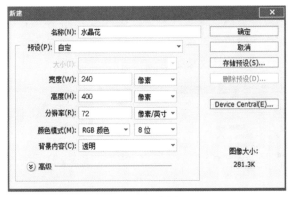

图12-5　新建

步骤2：打开"文件"菜单，将素材文件夹中的"底图"置入Photoshop中，选中工具栏中的"横排文字工具"，在主界面的适当位置处输入"确定""返回"，字体颜色RGB分别为32、155、144，如图12-6所示。

图12-6　输入"确定""返回"

步骤3：改变字体的属性后，在图层面板中选中"确定　返回"图层，然后右键单击选择"混合选项"，打开"图层样式"窗口，双击"投影"选项，设置其属性。设置混合模式为正常；阴影颜色的RGB分别为0、141、128；不透明度为100%；角度为120°。设置完投影效果的"确定　返回"图层，其效果图如图12-7所示。

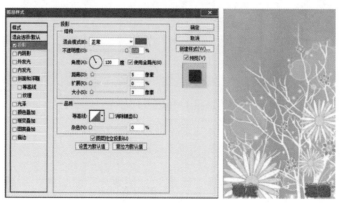

图12-7　投影

步骤4：在图层面板中选中"确定　返回"，右键单击选择"混合选项"，打开"图层样式"窗口，双击"描边"选项，设置其属性。设置大小为2像素，位置为外部，混合模式为正常，填充类型为颜色，颜色（即描边颜色）的RGB值分别为255、255、255。设置完描边和投影后的"确定　返回"图层效果如图12-8所示。

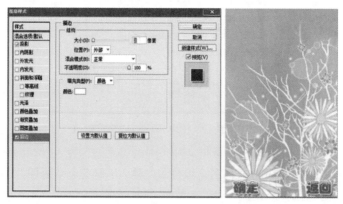

图12-8　描边

步骤5：选中工具栏中的"横排文字工具"，在主界面的适当位置处输入第一个菜单"嘉年华"。选中"嘉年华"，设置其属性，字体颜色的RGB的值分别为0、141、128。选中"嘉年华"所在的文字图层，单击右键，选择"混合选项"，打开"图层样式"窗口，双击"投影"选项，设置其属性。设置混合模式为正常，阴影颜色的RGB分别为255、255、255，不透明度为100%，角度为120°，距离为3像素，大小为0像素，设置完投影之后，效果如图12-9所示。

步骤6：按快捷键Ctrl+R，调出标尺，根据字体的大小和画布的大小设置参考线，参考线之间的间距为菜单文字的高度。按照相同的方法，共绘制9条参考线。然后，使用相同的方法在画布中输入"通话记录""互联网""我的文档""信息服务""设置""娱

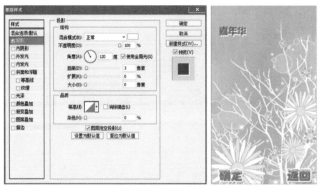

图12-9 设置完投影

乐""电话簿""工具",为了区分选中的菜单信息,这里将"我的文档"菜单项的字体设置为白色(RGB:255、255、255),效果如图12-10所示。

图12-10 字体设置

步骤7:单击工具栏中的"矩形工具",设置其属性,选择矩形工具,并选择"形状图层",其他值为默认,在"我的文档"文字上方画一个矩形。用鼠标右键单击选择"栅格化",将该图层"栅格化"并移动该图层,将其拖到"底图"图层的上方。按住Ctrl键的同时用鼠标单击图层里的形状2前的缩略图,调出蚂蚁线;单击"工具栏"中的图标(渐变工具),在渐变编辑器中选择"从前景色到背景色",将前后两处的下方色标设置成同一颜色(RGB:67、197、185),再将前后两处上方的色标分别调整不透明度的值为前70,后20。单击"确定"按钮之后,使用鼠标在蚂蚁线内水平拖动(从左向右)。至此,水晶花手机主题界面的绘制全部完成,效果如图12-11所示。

图12-11 全部绘制完成

> **| 第四节 |**
> **"冬雪的冬天"主题界面设计**

一、项目创设

冬天是个美丽的季节，尤其是在大雪纷飞过后。冬天的大雪给人们留下了许多珍贵的回忆片段。对于冬雪，每个人应该都会有独特的感觉以及无限的遐想。本节将以"冬雪的冬天"为题材来设计一款个性化的手机主题，完成效果如图12-12所示。

—— 图12-12 以"冬雪的冬天"为题材的手机界面 ——

二、设计思路

使用矩形选框工具，内衬圆形的图案绘制，制作出手机主题的背景效果。导入"雪花"的图标样式，加上灰色的菜单艺术字体，设计出手机主题的主界面。

三、设计步骤

步骤1：打开"文件"菜单，选择"新建"命令，创建一个新文件，标题为冬雪的冬天，宽度为240像素，高度为400像素，分辨率为72像素/英寸，颜色模式为RGB，背景内容为透明（的画布），设置前景色的RGB的数值分别为106、210、180，为画布填充前景色，如图12-13所示。

步骤2：单击"工具栏"中的图标，然后设置其属性，在其属性栏里选择矩形工具，单击形状图层，设置颜色的RGB值分别为255、255、255。在画布上画出4个大小不等的矩形条，按住Ctrl键将"图层"面板里的形状1、2、3、4全部选中并合并图层，再调整"图层"面板中的不透明度（数值大概在25～30），效果如图12-14所示。

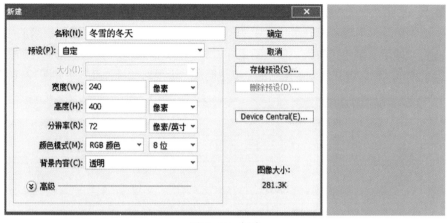

图12-13　新建

图12-14　矩形条绘制

　　步骤3：打开"文件"菜单，选择"新建"，创建一个新文件，宽度为20像素，高度为20像素，分辨率为72像素/英寸，颜色模式为RGB，背景内容为透明（的画布），选择"椭圆工具"，单击"形状"图层，设置颜色的RGB的数值分别为255、255、255。打开菜单栏里的"编辑"菜单，选择"定义图案"。操作如图12-15所示。

图12-15　定义图案

步骤4：返回到上一个文件（即"冬雪的冬天"），在"图层"面板中单击图标，新建一个图层，选中新建的图层，打开菜单栏中的"编辑"—"填充"菜单。在弹出来的"填充"面板里，将"使用前景色"改为"使用图案"，将"自定义图案"换成刚刚保存的图案，单击"确定"按钮，再将填充图案的图层的"不透明度"设为31，操作及效果如图12-16所示。

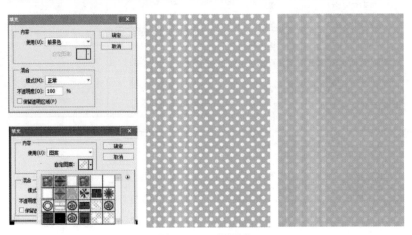

图12-16　不透明度

步骤5：按下Ctrl+R键调出标尺，单击工具栏中的"选择工具"，从标尺中拖出参考线进行界面布局；单击菜单栏上的"文件"菜单，选择"置入"命令，将素材文件夹中的"嘉年华"置入到画布中，然后单击工具栏中的"移动工具"，再将图片的中心移动到左上角两条参考线的交点处；参照上一步的步骤，将"素材"文件夹里的"通话记录""互联网""我的文档""信息服务""电话簿""工具""设置""娱乐"分别置入到画布中，用相同的办法调整好每个图标的位置，如图12-17所示。

图12-17　置入

步骤6：单击工具栏中的"横排文字工具"，在主界面的适当位置处输入"确定"，将"确定"放在画布的左下角，调整好"确定"的位置。在画布的另一角写上"返回"，效果如图12-18所示。

步骤7：利用前面所绘制的参考线，对横排的参考线进行调整，将它们向下调整至适当的位置。选中工具栏中的"横排文字工具"，在主界面的适当位置处输入"嘉年华""通话

图12-18 输入"确定"和"返回"

记录""互联网""我的文档""信息服务""设置""娱乐""电话簿""工具",依次写在以参考线为基础的图标下,然后去除参考线。至此,"冬雪的冬天"手机主题界面绘制全部完成,效果如图12-19所示。

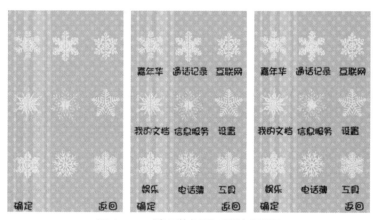

图12-19 "冬雪的冬天"手机主题界面

第五节
"美好生日梦"主题界面设计

一、项目创设

每个人的成长路上都飘荡着大大小小的梦,每一处的梦都会发出不同颜色的光。这些梦总会在失意时击中人们,让人们重新找到前进的方向。即使只是简单的生日梦,也同样值得人们珍藏。本节以"美好生日梦"为主题设计一款个性化的手机主题,完成效果如图12-20所示。

图12-20 "美好生日梦"主题设计

二、设计思路

采用Photoshop中的素材导入、图层的操作、图层样式的设置、文字工具等设计一款卡通类型的手机主题界面，吸引年轻的用户群。

三、设计步骤

步骤1：打开"文件"菜单，选择"新建"命令，创建一个新文件，在弹出的对话框中设置文件"宽度"为240像素，"高度"为400像素，"分辨率"为72像素/英寸，"颜色模式"为RGB颜色，"背景内容"为白色，将名称改为"美好生日梦"；然后，新建一个空白图层1，设置颜色RGB的数值分别为153、209、224，按Alt+Delete组合键，填充前景色。使用相同的方法，对图层1白色部分填充淡黄色；按Shift+Ctrl+N组合键，单击"确定"按钮。新建一个空白图层2，改变前景色，其RGB值分别设置为209、149、62，在图层2底部画一个大小适中的椭圆，如图12-21所示。

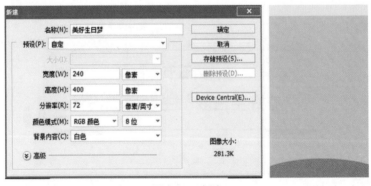

图12-21 新建

步骤2：单击工具栏中的文字工具，选择横排文字工具。将鼠标放在合适位置，输入"确定"，按照相同的方法，输入"返回"；单击工具栏中的拾色器，改变前景色为灰色。其RGB值分别设置为141、174、174。单击"确定"按钮，输入"事业风顺"，按下Ctrl+T组合键，对文字进行适度旋转和缩放，然后按下Enter键。效果如图12-22所示。

图12-22 输入"确定""返回"

步骤3：打开"文件"菜单，置入"背景树1"和"背景树2"；再导入素材"男孩"和"女孩"；然后分别导入素材"娱乐""工具""互联网""嘉年华""信息服务""电话簿""通话记录""设置""我的文档"，并移至合适位置，如图12-23所示。

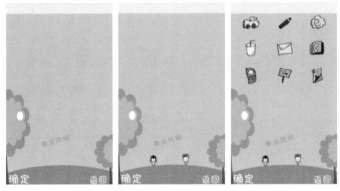
图12-23 置入背景

步骤4：新建组1，分别输入文字"娱乐""工具""互联网""嘉年华""信息服务""电话簿""通话记录""设置""我的文档"；新建组2，再分别输入文字"娱乐""工具""互联网""嘉年华""信息服务""电话簿""通话记录""设置""我的文档"，并设置其描边属性；关闭组2中除图层"娱乐"之外的所有图层的小眼睛，单击组1中除图层"娱乐"之外的所有图层的小眼睛。至此，"美好生日梦"手机主题界面绘制全部完成，效果如图12-24所示。

图12-24 "美好生日梦"手机主题界面

| 第六节 |

"清新雏菊" 制作

一、项目创设

随着智能手机的开发和普及，人们对手机界面的要求不仅仅局限于应用功能，而是更多地注重界面的美观性。优秀的界面会使用户在进行交互时心情愉悦，而设计师在进行界面设计时，常通过某一具体事物来产生设计灵感。雏菊因其清新淡雅受到很多人的喜爱，本实例就以"清新雏菊"为主题，设计一款手机界面，完成效果如图12-25所示。

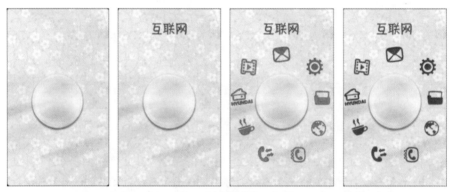

图12-25 "清新雏菊"手机界面

二、设计思路

采用Photoshop中的素材导入、图层的操作、图层样式的设置、文字工具等的设置和图标的分组效果的创建等知识点，培养读者对手机界面整体布局的设控能力。

三、设计步骤

步骤1：打开"文件"菜单，选择"新建"命令，创建一个新文件。在弹出的对话框中设置文件"宽度"为240像素，"高度"为400像素，"分辨率"为72像素/英寸，"模式"为RGB颜色，"背景内容"为白色，将名称改为"清新雏菊"，如图12-26所示。

步骤2：打开"文件"菜单，选择"置入"命令，导入"背景图"素材；打开"文件"菜单，选择"置入"命令，导入"素材1"的圆形素材；单击工具栏中的文字工具，选择横排文字工具。将鼠标放在合适位置，输入"互联网"，单击Enter键，移至合适位置，如图12-27所示。按照此方法再分别建立8个文字图层，分别输入"现代乐园""电话本""娱乐""设置""信息""我的文档""通话中心""多媒体"。

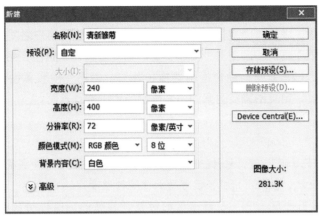

图12-26 新建"清新雏菊"文件

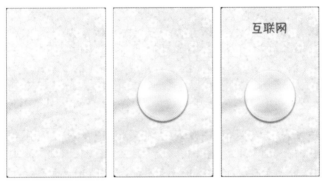

图12-27 建立8个文字图层

步骤3：单击"文件"菜单，选择"置入"命令，选中单击"置入"导入素材，单击键盘上的Enter键，选择移动工具，移动素材至合适位置；分别置入"信息""互联网""娱乐""我的文档""设置""通话记录""现代乐园""多媒体""电话本"，移动至合适位置；创建一个新组，再分别置入"信息""互联网""娱乐""我的文档""设置""通话记录""现代乐园""多媒体""电话本"，移动至合适位置。至此，"清新雏菊"手机主题界面绘制全部完成，效果如图12-28所示。

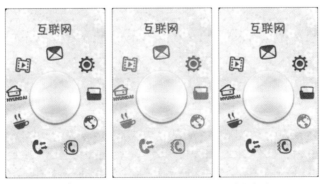

图12-28 "清新雏菊"手机主题界面绘制完成

本章主要讲解了手机主题的基础知识、手机主题界面赏析、"水晶花"主题界面设计、"冬雪的冬天"主题界面设计、"美好生日梦"主题界面设计及"清新雏菊"制作等内容。

关于手机主题界面的制作，首先要确定使用人群，确定主题风格，确保界面风格保持一致，然后制作好整体规划，添加新创意，接着运用交互动画，增强与用户之间的沟通。

重要工具：选框工具、移动工具、文字工具、渐变工具、"属性"面板、定义图案等。

核心技术：通过已有素材，综合运用选择、移动、自由变换和属性设置、图层面板操作、渐变工具的设置、定义图案及图案的填充等制作手机主题界面。

经验分享：

① 在使用"画笔工具"时，按[键可减少画笔直径，按]键可增加画笔直径，按Shift+[组合键可减少画笔的硬度，按Shift+]组合键可增加画笔的硬度；

② 在使用"椭圆选框工具"创建选区的时候，按住Shift键拖动鼠标，可以创建正圆形，按Shift+M组合键可以在"椭圆选框工具"和"矩形选框工具"之间进行快速切换；

③ 在定义图案的时候，必须使用没有羽化的矩形进行定义；如果已对矩形选区进行了羽化，那么"定义图案"命令是不可用的；

④ 界面制作过程中，当涉及的图层较多时，为了操作方便，可以进行分组管理。

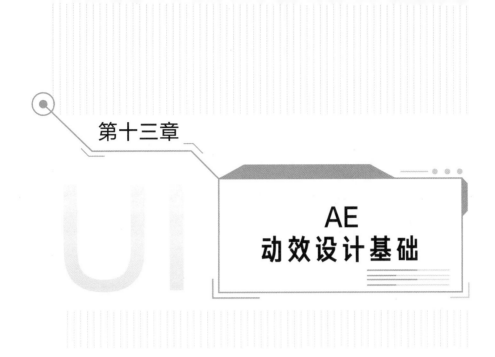

第十三章

AE
动效设计基础

Adobe After Effects简称"AE"，是Adobe公司推出的一款图形视频处理软件，适用于从事设计和视频特效的机构，包括电视台、动画制作公司、个人后期制作工作室以及多媒体工作室，属于层类型后期软件。作为一名UI设计师，无论自己的设计风格是阳春白雪还是下里巴人，一个有趣、有爱、充满个性的动效都是自己设计生涯中不能拒绝的。本书读者不论是正在学习UI设计，还是刚步入UI设计行业，都应该来学习具有实用性的AE动效。

【本章引言】

AE动效设计在实际工作中作用很大，可以更加生动地展示产品的功能、界面、交互操作等细节，让设计细节更生动地体现出来。比如：用动效来展现层级关系，已经成了最常见的设计方法；与用户手势结合，起引导作用的同时让界面跳转更加自然；用动效吸引用户注意，给予正反馈的同时制造惊喜细节；流行的Logo风格，能以更有趣的方式展现企业品牌特色，增强互动性。

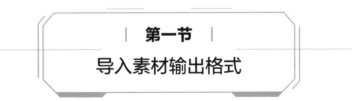

第一节
导入素材输出格式

首先来学习AE的素材导入。

一、新建合成及导入素材

（一）新建合成

① 新建合成方法一。步骤如下。

步骤1：在菜单栏中单击"合成→新建合成"命令，如图13-1所示。

———— 图13-1　新建合成（1）————

步骤2：在弹出的"合成设置"窗口中，设置"宽度"和"高度"的尺寸，以及"持续时间"，如图13-2所示。

② 新建合成方法二。在项目窗口中单击鼠标右键并选择"新建合成"命令，如图13-3所示。

③ 新建合成方法三。在项目窗口下方单击"新建合成"图标来新建合成，如图13-4所示。

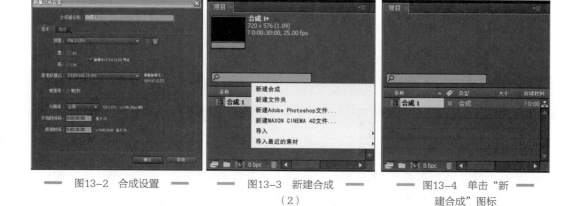

———— 图13-2　合成设置 ————　　———— 图13-3　新建合成 ————　　———— 图13-4　单击"新 ————
　　　　　　　　　　　　　　　　　　　　　　（2）　　　　　　　　　　　　建合成"图标

（二）导入文件

步骤1：选择"文件→导入→文件…"或"多个文件…"命令，如图13-5所示。

步骤2：选中要导入的素材将其导入，如图13-6所示。

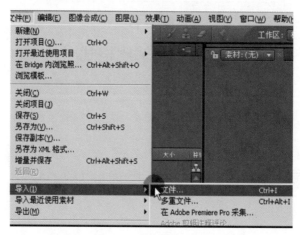

———— 图13-5　导入文件（1）————

图13-6 导入文件（2）

（三）将素材文件添加到时间轴

可以将项目窗口中的文件直接拖动到合成中的时间轴上，如图13-7所示。

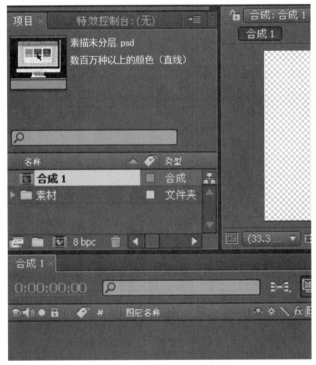

图13-7 拖动文件到时间轴

也可以将项目窗口中的文件拖动到合成查看器（舞台）中，如图13-8所示。

图13-8　拖动文件到合成查看器

二、PSD导入

步骤1：按快捷键Ctrl+I打开"导入文件"窗口，在"导入为"中可选择3种不同的方式，如图13-9所示。

图13-9　导入文件

步骤2：随意选择一项导入，单击导入后会弹出"素材分层.psd"窗口，在"导入种类"中可选择3种方式（素材、合成-保持图层大小、合成），在"图层选项"中可选择与导入种类对应的图层选项方式，如图13-10所示。

步骤3：首先设置"导入种类"为"素材"，可以看到"图层选项"中可控制两种方式，即"合并的图层"与"选择图层"，这里选择"选择图层"，可以看到右侧可选择的单个图层，如图13-11所示。

步骤4：图层下方还有两项参数可选择，分别是"合并图层样式到素材"和"忽略图层样式"，如图13-12 所示。

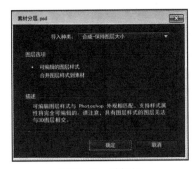

图13-10 选择与
导入种类

图13-11 选择
图层

图13-12 两项参
数选择

步骤5：单击 "确定"按钮，图13-13所示为单个图层的效果。

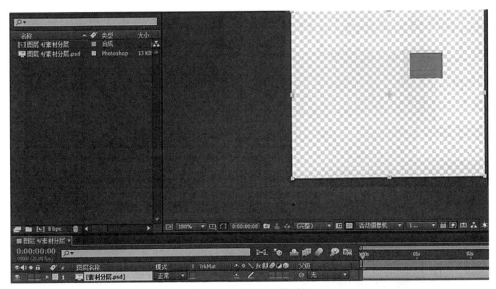

图13-13 单个图层的效果

步骤6：若"图层选项"设置为"合并图层样式到素材"，单击"确定"按钮，结果如图13-14所示。

步骤7：可以看到PSD所有的图层合并了，效果类似一张PNG图，如图13-15所示。

图13-14 合并图
层样式到素材

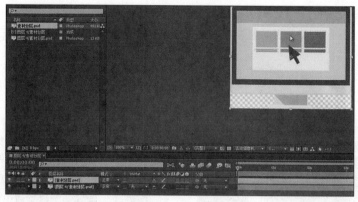

—— 图13-15 合并完成 ——

步骤8：如图13-16所示，选择"导入种类"为"合成-保持图层大小"，选择"图层选项"为"可编辑的图层样式"。

步骤9：可以看到项目窗口中多了一个合成，这个合成中包含许多图层，如图13-17所示。

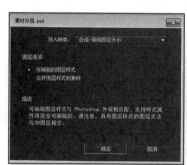

—— 图13-16 素材分
层.psd

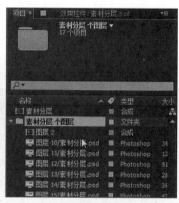

—— 图13-17 合成中
包含许多图层

步骤10：大家可以按自己的需要导入PSD元素，如图13-18所示。

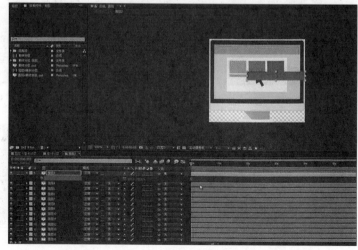

—— 图13-18 按需要导入PSD元素 ——

三、渲染导出

步骤1：做完动画后，可以选择"文件→导出→添加到渲染队列"命令，如图13-19所示。

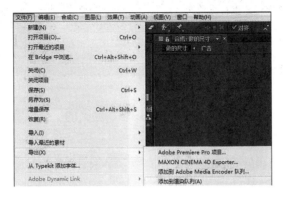

图13-19　添加到渲染队列

步骤2：在渲染队列面板的"输出模块"的右侧单击"无损"，进入"输出模块设置"，可以输出多种格式，常用的是"PNG"序列、"Targa"序列以及QuickTime格式等，单击"确定"按钮，如图13-20所示。

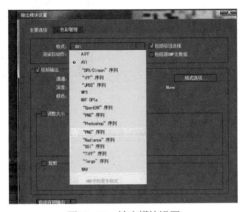

图13-20　输出模块设置

步骤3：在"输出模块"的"输出到"中选择输出路径，如图13-21所示。

图13-21　输出模块

步骤4：单击"渲染"按钮，进行渲染。

步骤5：可以看到渲染的进度，如图13-22所示。

———— 图13-22　渲染进度 ————

步骤6：输出完成后，在指定文件夹中可以查看输出的视频和序列帧，以便于后期制作GIF或者视频，如图13-23所示。

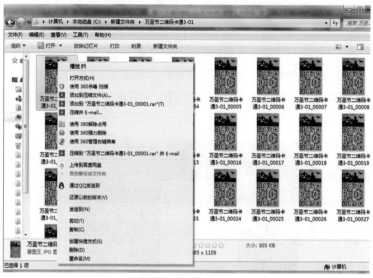

———— 图13-23　输出完成 ————

第二节
动态二维码的5个属性

本节将讲解制作动态二维码的5个关键属性，分别是锚点、缩放、透明度、位置及旋转。

一、锚点

步骤1：打开素材源文件"二维码锚点.aep"，单击"泳圈"图层前的箭头图标将其展开，在"变换"属性中找到"锚点"属性，也可以按快捷键A，开启锚点属性，单击锚点前的码表图形对锚点进行关键帧设置，如图13-24所示。

图13-24　关键帧设置

也可以单击工具栏中的"向后平移（锚点）工具"按钮，调整锚点的中心位置。

步骤2：将时间线移至第25帧，再次为锚点设置一个关键帧（与第0帧一致），如图13-25所示。

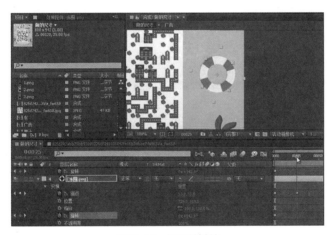

图13-25　设置关键帧

步骤3：在第63帧处，将锚点位置移动到泳圈图层的正下方，如图13-26所示。

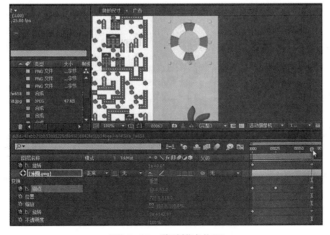

图13-26　移动锚点位置

步骤4：当锚点居中时，素材绕中心点旋转。当锚点偏下时，素材沿素材边缘旋转，如图13-27所示。锚点在素材不同位置，会影响素材的旋转和缩放中心点。

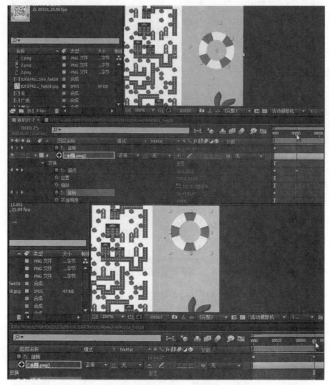

图13-27　绕中心点旋转

二、缩放与透明度

步骤1：打开素材源文件"万圣节glow.aep"，选中"幽灵3"图层，可以看到图层的位置，如图13-28所示。

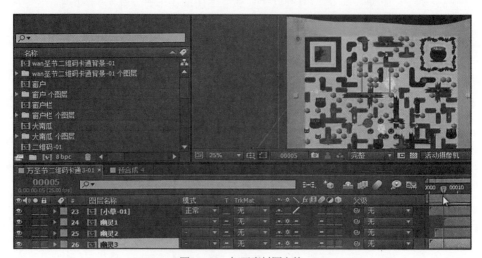

图13-28　打开素材源文件

步骤2：展开该图层，在"变换"属性中找到"缩放"属性，也可以按快捷键S，开启
"缩放"属性，单击"缩放"前的码表图标对缩放进行关键帧设置，如图13-29所示。

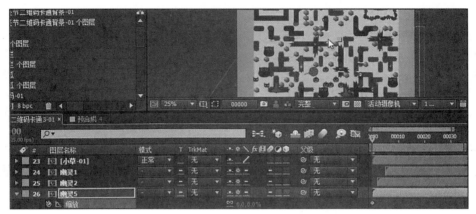

图13-29　缩放

步骤3：为"幽灵3"的"缩放"设置不同的参数值，如图13-30所示。

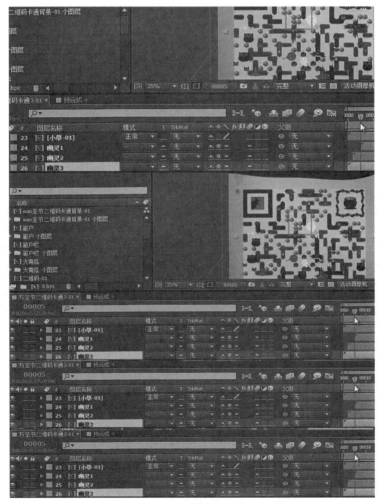

图13-30　设置参数值

步骤4：仍旧在该图层中，在"变换"属性中找到"不透明度"属性，也可以按快捷键T，开启"不透明度"属性，单击"不透明度"前的码表图形，对不透明度进行关键帧设置，如图13-31所示。

图13-31　设置不透明度

选中所有帧，按F9键，将关键帧设置为缓动。

三、位置

步骤1：打开素材源文件"二维码锚点.aep"，展开图层，在"变换"属性中找到"位置"属性，也可以按快捷键P，开启"位置"属性，按下"位置"前的码表图形对位置进行关键帧设置，如图13-32所示。

图13-32　打开素材源文件

步骤2：调整属性后面的X、Y参数就可以制作位置动画，如图13-33所示。

四、旋转

步骤1：展开图层，在"变换"属性中找到"旋转"属性，也可以按快捷键R，开启"旋转"属性，单击"旋转"前的码表图形对旋转进行关键帧设置，如图13-34所示。

步骤2：×左侧数值代表旋转的圈数，右侧代表旋转的角度，360°等于1圈，如图13-35所示。

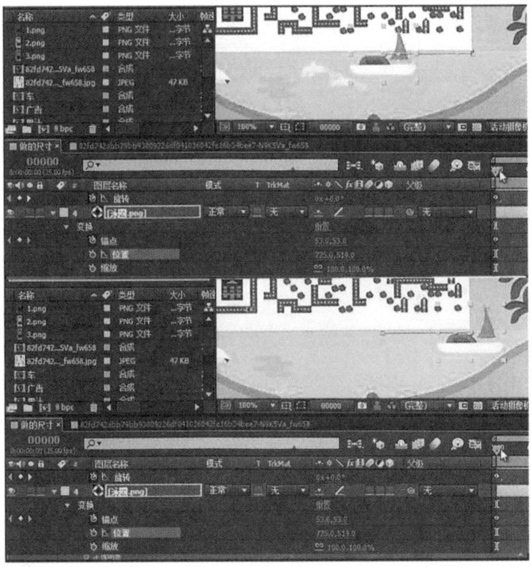

图13-33　制作位置动画

图13-34　旋转

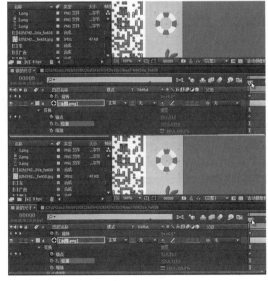

图13-35　旋转的圈数和角度

| **第三节** |
| 常用工具栏及摄像机功能 |

本节将讲解AE中常用的工具栏及摄像机功能。

一、常用工具栏

下面将对AE软件中常用的工具进行讲解。

（一）"选取工具"

工具栏第一个工具为"选取工具"，快捷键为V，如图13-36所示。

图13-36　选取工具

使用"选取工具"可选择图层、形状，对图层进行移动，如图13-37所示。

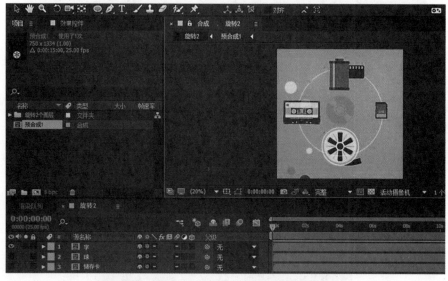

图13-37　使用"选取工具"

（二）"手形工具"

"手形工具"的快捷键为H（或按鼠标中键），可对合成预览器画面进行移动查看，如图13-38所示。

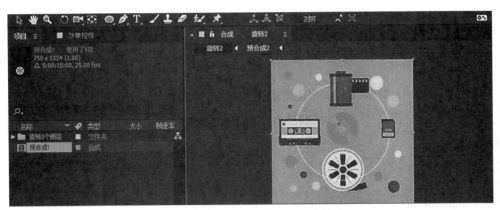

图13-38　手形工具

（三）"缩放工具"

"缩放工具"的快捷键为Z，或使用鼠标中键滑动进行放大、缩小，如图13-39所示。

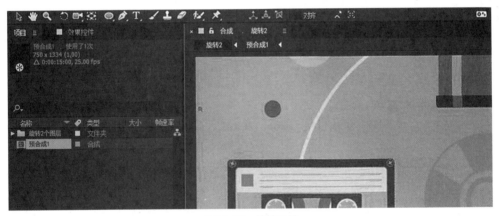

图13-39　缩放工具

（四）"旋转工具"

"旋转工具"的快捷键为W，可对图层进行旋转，如图13-40所示。

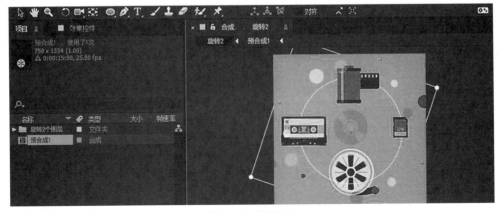

图13-40　旋转工具

（五）"向后平移锚点工具"

"向后平移锚点工具"的快捷键为Y，可对锚点位置进行改变，如图13-41所示，锚点位置由西面的正中间移动到了储存卡的中心位置。

图13-41 向后平移锚点工具

（六）"形状工具"

步骤1：单击"形状工具"可展开其下拉列表，其中提供了一些形状绘制工具，如图13-42所示，可以创建各种形状图层，如图13-43所示。

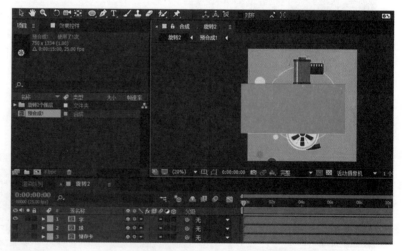

矩形工具	Q
圆角矩形工具	Q
椭圆工具	Q
多边形工具	Q
直线工具	Q

图13-42 形状工具　　　　　　　　图13-43 创建各种形状图层

步骤2：绘制一个白色矩形，展开其"变换：矩形1"，在"位置"属性上右击，在弹出的快捷菜单中选择"重置"命令，对矩形进行重置，矩形就会回到初始位置，如图13-44和图13-45所示。

图13-44　重置矩形

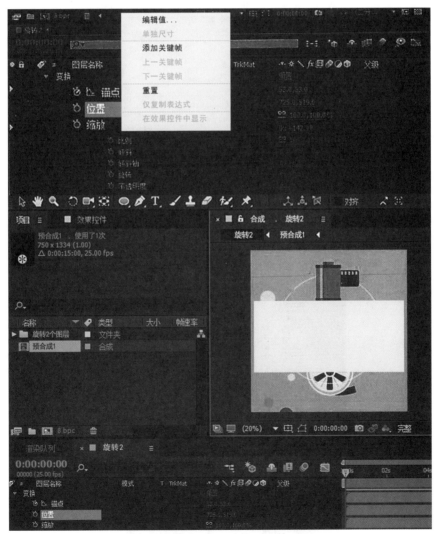

图13-45　矩形回到初始位置

步骤3：可调整"大小"属性，对其宽高进行设置，如图13-46所示。

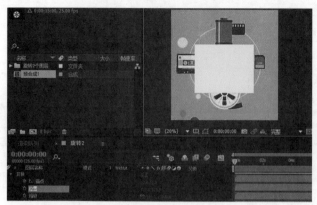

图13-46　调整"大小"属性

步骤4：可设置其"圆度"属性，调整矩形圆角，如图13-47所示。

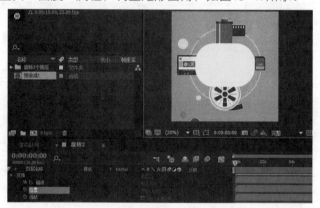

图13-47　设置"圆度"属性

步骤5：设置"描边宽度"属性，可对矩形进行描边，调整端点类型的下拉列表可以设置描边的样式，如图13-48所示。

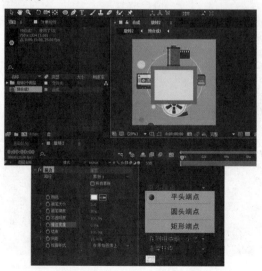

图13-48　设置"描边宽度"属性

步骤6：使用"填充"中的"颜色"可以对矩形进行颜色填充，如图13-49所示。

图13-49　进行颜色填充

步骤7：点击"不透明度"属性可以对矩形的不透明度进行设置，如图13-50所示。

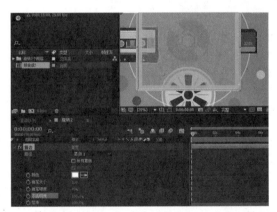

图13-50　设置不透明度

步骤8：点击"比例"可以设置矩形的尺寸大小，如图13-51所示。

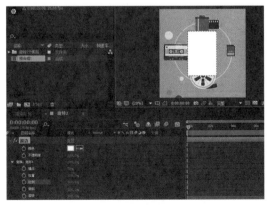

图13-51　设置矩形尺寸

步骤9：点击"倾斜"可以设置矩形的斜切角度，如图13-52所示。

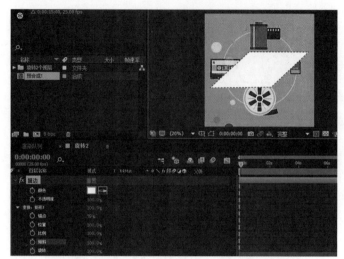

图13-52　设置矩形斜切角度

步骤10：点击"旋转"可以设置矩形的旋转角度，如图13-53所示。

图13-53　设置矩形旋转角度

（七）"钢笔工具"

单击"钢笔工具"，其下拉列表中提供了各种钢笔绘制工具，快捷键为G，如图13-54所示。

图13-54　钢笔工具

选中所有路径，按快捷键Ctrl+T，可对整个路径进行旋转缩放，如图13-55所示。

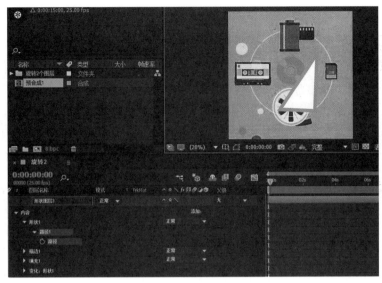

图13-55　进行旋转缩放

添加"顶点"工具：可在路径上添加顶点，如图13-56所示。

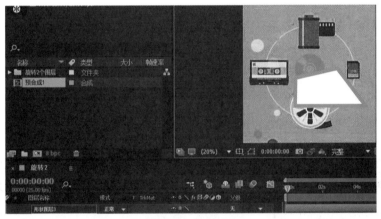

图13-56　添加顶点

删除"顶点"工具：可删除顶点，如图13-57所示。

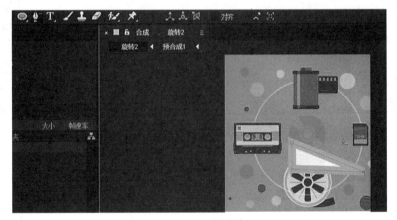

图13-57　删除顶点

转换"顶点"工具：可对顶点添加控制手柄，如图13-58所示。

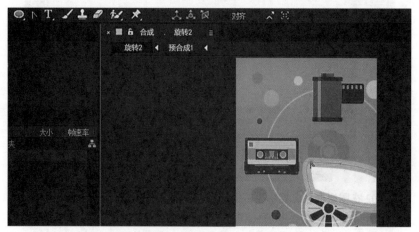

图13-58 转换"顶点"工具

（八）"文字工具"

"文字工具"包括"横排文字工具"和"直排文字工具"，如图13-59所示，使用它可以添加文字。

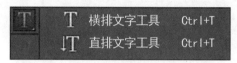

图13-59 添加文字

添加完成的效果图，如图13-60所示。

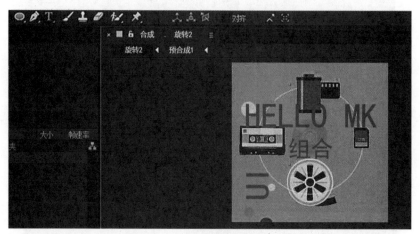

图13-60 添加完成的效果图

二、摄像机功能

步骤1：使用工具栏中"形状工具"中的工具，绘制含一个圆形、一个正方形、一个星星的形状图层，如图13-61所示。

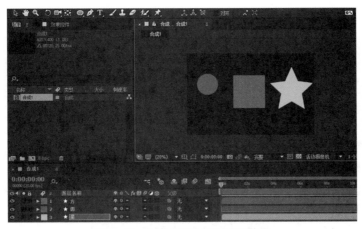

图13-61 使用"形状工具"绘制圆形

步骤2：在图层面板区域右击，在弹出的快捷菜单中选择"新建→摄像机"，如图13-62所示。

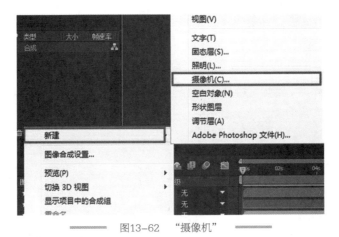

图13-62 "摄像机"

步骤3：在弹出的"摄像机设置"面板中可以选择摄像机的参数，如图13-63所示。

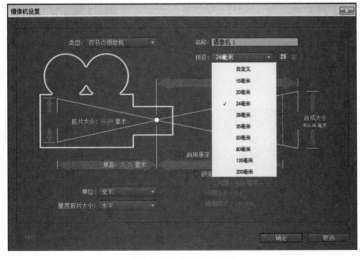

图13-63 摄像机设置

步骤4：在合成预览器右下方可选择视图布局，如图13-64所示。

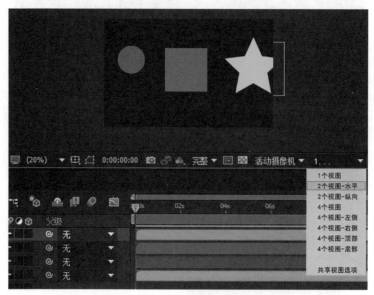

图13-64 选择视图布局

步骤5：选择"2个视图-水平"可从顶部视图中观察图层的位置，如图13-65所示。

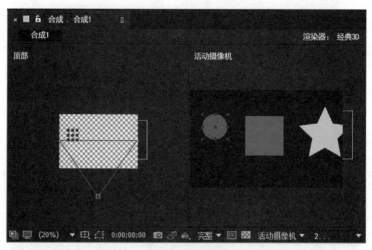

图13-65 观察图层的位置

步骤6：对三个图层的Z轴位置进行调整，如图13-66所示。

图13-66 调整Z轴位置

步骤7：单击"摄像机工具"展开其下拉列表，选择"轨道摄像机工具"，以看到摄像机的运动方向，如图13-67所示。

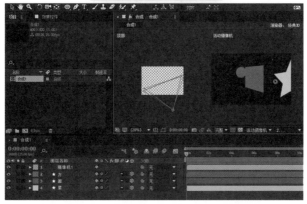

图13-67　摄像机的运动方向

步骤8：选择"跟踪Z摄像机工具"，可以在Z轴上跟踪摄像机的运动，如图13-68所示。

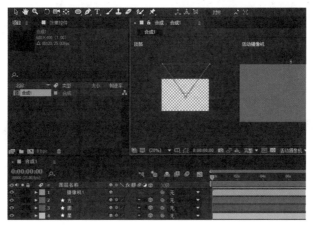

图13-68　跟踪Z摄像机工具

第四节
GIF生成

本节将讲解如何在Photoshop（PS）和Ulead GIF动画软件中生成GIF。

一、使用PS生成GIF

步骤1：在PS中，选择"窗口→时间轴"命令，添加时间轴，如图13-69所示。

图13-69 添加时间轴

步骤2：可看到出现的时间轴窗口，如图13-70所示。

图13-70 时间轴窗口

步骤3：在时间轴窗口中，单击中间胶卷形状小图标右侧的三角按钮，可以添加媒体，如可添加序列、视频等，如图13-71所示。

图13-71 添加媒体

步骤4：单击"添加媒体"按钮，在文件夹中选择序列，如图13-72所示

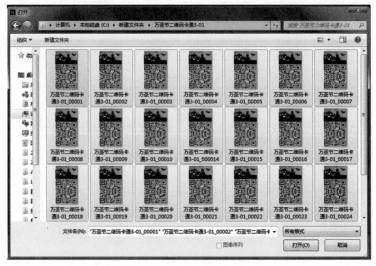

图13-72 选择序列

步骤5：导入的序列，如图13-73所示。

===== 图13-73　导入的序列 =====

步骤6：在左下角可以看到有了一个按钮，单击该按钮，就可以将序列转换成帧，如图13-74所示。

===== 图13-74　将序列转换成帧 =====

步骤7：单击帧下方的小三角按钮，在弹出的菜单中可以对帧改变延迟，如图13-75所示。

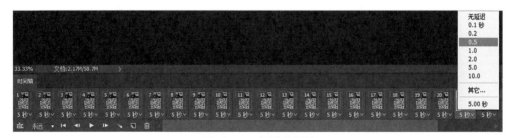

===== 图13-75　对帧改变延迟 =====

步骤8：选择"文件→存储为Web所用格式"命令，快捷键为Alt+Shift+Ctrl+S，如图13-76所示。

===== 图13-76　存储为Web所用格式 =====

步骤9：在弹出的窗口中可更改仿色、图像大小、循环选项等参数，如图13-77所示。

图13-77　更改参数

步骤10：单击"保存"按钮，如图13-78所示。

图13-78　保存

二、使用Ulead GIF动画软件生成GIF

步骤1：打开软件会弹出启动向导，选择"创建一个GIF动画方案"中的"动画向导"，如图13-79所示。

步骤2：在弹出的"动画向导-设置画布尺寸"窗口中调整像素尺寸，如图13-80所示。

步骤3：导入序列，如图13-81所示。

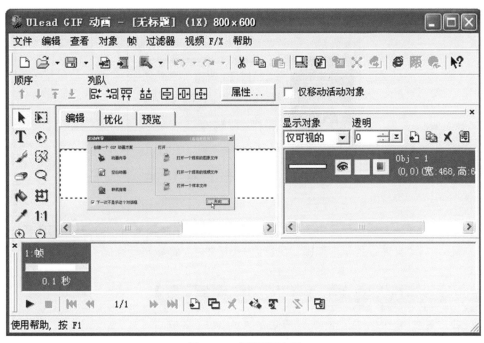

图13-79　创建动画向导

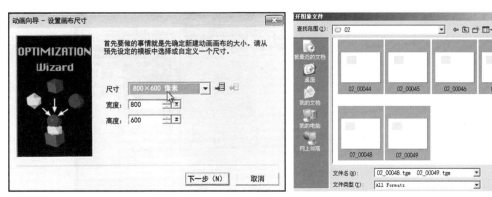

图13-80　设置画布尺寸

图13-81　导入序列

步骤4：单击"移除"按钮，可以将不需要的序列删除，如图13-82所示。

步骤5：单击"下一步"按钮，可以调整帧速率，如图13-83所示。

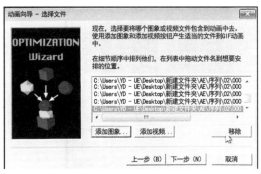

图13-82　删除序列

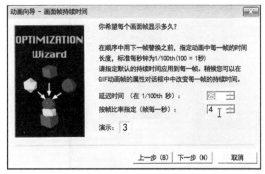

图13-83　调整帧速率

步骤6：单击"完成"按钮，如图13-84所示。

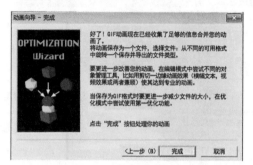

图13-84　完成

步骤7：可在"编辑"菜单中选择"修整画布"命令来修整画布，如图13-85所示。

步骤8：在"文件"菜单中选择"另存为→GIF文件"命令进行存储，如图13-86所示。

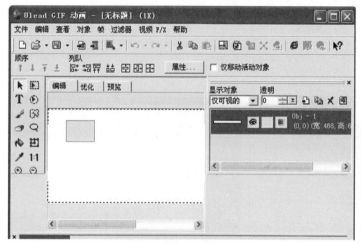

图13-85　修整画布

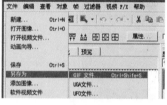

图13-86　存储

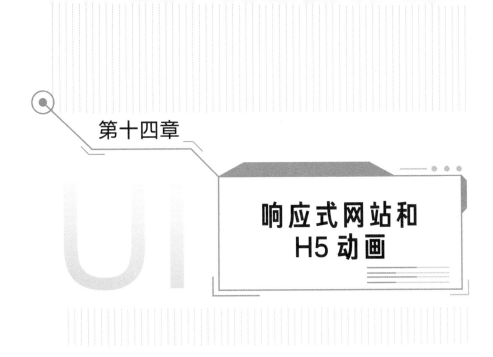

第十四章

响应式网站和
H5 动画

UI

响应式网站其实就是通过一个多媒体查询的标签来控制不同分辨率中的CSS样式,简单地说就是WAP的升级,再加上CSS3的一些动画可以做出很好的手机界面。HTML5(简称H5)是一种网页标准,而响应式只是使用HTML 5开发出来的一种技术,是为了解决以前的网页在手机、平板电脑上浏览体验糟糕的问题。这二者的关系就像电流与灯泡,灯泡靠电流才能发光,电流是灯泡内在的一种东西,电流不仅能让灯泡发光,还能让其他电器工作,HTML5同样不仅应用在响应式上。

【本章引言】

HTML标准是标准通用标记语言下的一个应用形式,自1999年12月HTML4.01标准发布以来,后继又出台了HTML5标准,其良好的性能,使得其他标准被束之高阁。为了推动Web标准化运动的发展,一些公司联合起来,成立了一个叫作"Web Hypertext Application Technology Working Group"(Web超文本应用技术工作组,WHATWG)的组织,WHATWG致力于Web和应用程序的研发。而W3C〔World Wide Web Consortium(万维网联盟)〕公司则专注于XHTML2.0的设计与研发。在2006年,双方决定进行合作,来创建一个新版本的HTML——HTML5。

HTML5标准的前身名为Web Applications 1.0,它是2004年被WHATWG首次提出的,在2007年又被W3C公司所接纳,双方成立了新的HTML工作团队,对其进行了更加深入的设计与研究。

第一节

HTML5的三个优势

HTML的发展史，如图14-1所示。

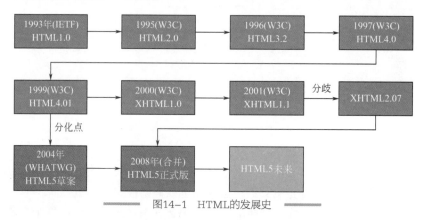

图14-1　HTML的发展史

HTML5有以下三个优势。

一、多设备跨平台

HTML5的优点主要在于，这个技术可以跨平台使用。比如设计师开发了一款HTML5的游戏，他可以很轻易地将其移植到UC的开放平台、Opera的游戏中心、Facebook应用平台，甚至可以通过封装的技术发放到App Store或Google Play上，所以它的跨平台性非常强大，这也是大多数人对HTML5有兴趣的主要原因。

二、自适应网页设计

很早就有人设想，能不能"一次设计，普遍适用"，让同一张网页自动适应不同大小的屏幕，根据屏幕宽度，自动调整布局（Layout）。

2010年，Ethan Marcotte提出了"自适应网页设计"这个名词，即可以自动识别屏幕宽度，并做出相应调整的网页设计。

这就改变了一种传统的局面——网站为不同的设备提供不同的网页，比如专门提供Mobile版本，或者iPhone/ iPad版本。这样做固然保证了效果，但是比较麻烦，同时要维护好几个版本，而且如果网站有多个入口（Portal），这样做会大大增加架构设计的复杂度。

而HTML5的媒体查询功能很好地实现了一套代码、一套资源和数据库，根据不同屏幕分辨率响应，输出适配布局、合理美观的页面。

三、即时更新

游戏客户端每次更新都很麻烦，而更新HTML5游戏就好像更新页面一样，即时更新。
一套代码响应多个分辨率。

| 第二节 |
HTML5的八大特性

一、语义特性（Semantic）

HTML5赋予网页更好的意义和结构。

二、本地存储特性（Offline & Storage）

基于HTML5开发的网页App拥有更短的启动时间、更快的联网速度，这些全得益于
HTML5 App Cache以及本地存储功能。

三、设备兼容特性（Device Access）

HTML5提供了前所未有的数据与应用接入开放接口，使外部应用可以与浏览器内部的数
据直接相连，例如视频数据可直接与麦克风及摄像头相连。

四、连接特性（Connectivity）

更有效的连接，使得基于页面的实时聊天、更快速的网页游戏体验、更优化的在线交流
得到了实现。HTML5拥有更有效的服务器推送技术。

五、网页多媒体特性（Multimedia）

支持网页端的Audio、Video等多媒体功能，与网站自带的Apps、摄像头、影音功能相
得益彰。

六、三维、图形及特效特性（3D、Graphics&Effects）

基于SVG、Canvas、WebGL及CSS3的3D功能，用户会惊叹于浏览器所呈现的惊人视觉
效果。

七、性能与集成特性（Performance & Integration）

没有用户会永远等待网站的加载（Loading），HTML5会通过XMLHttpRequest2等技术，帮助开发者的Web应用和网站在多样化的环境中更快速地工作。

八、CSS3特性（CSS3）

在不牺牲性能和语义结构的前提下，CSS3提供了更多的风格和更强的效果。此外，较之于之前的Web的排版，Web的开放字体格式（WOFF）也提供了更高的灵活性和控制性。

| 第三节 |
HTML5的应用及布局方式

在海外，HTML5被用在响应式网站或社交网站广告条及移动设备广告上；在中国，HTML5被用在移动互联网广告、App的闪屏、活动推广、微信、小游戏等方面。

HTML5与传统DIV的语义架构，如图14-2所示。

传统DIV+CSS页面布局方式，如图14-3所示。

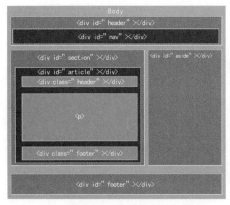

图14-2　HTML5与
传统DIV的语义架构

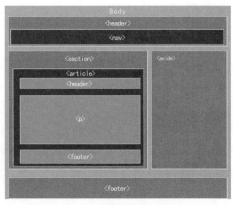

图14-3　传统DIV+CSS
页面布局方式

对于HTML5布局方式，为什么需要网格布局？

在Web内容中，可以将其分割成很多个内容块，而这些内容块都占据自己的区（Regions），可以将这些区域想象成一个虚拟的网格。网格布局特性主要是针对Web应用程序的开发者，他们可以用这个模块实现许多不同的布局。网格布局可以将应用程序分割成不同的空间，或者定义它们的大小、位置及层级。

所谓网格设计，就是把页面按照等比分成等分格子，然后所有元素按照最小单位的倍数尺寸来设计，以便于后期前端排版有规律、定位好算、网页看起来规整、适合响应式多分辨率适配、适合大型动态网站布局、用CSS更好写网格布局，如图14-4所示。

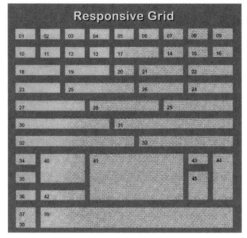

图14-4　网格设计

| 第四节 |
CSS3视觉表现方面的新特性

一、半透明rgba属性

在"rgba"出现之前，半透明可以用"opacity"来创建，可是这样的结果是不仅元素的背景会变透明，标签元素包含的文字也会变透明。

二、Background-image（多背景图）

以前Backround-image只支持一个图片，现在可以支持多个图片，只要把它们用逗号隔开就行了，格式如下。

background:
[background-image] [background-position][background-repeat],
[background-image] [background-position][background-repeat],
[background-image] [background-position][background-repeat].

三、Border-image（边框图片）

Border-image主要是用图片来填充边框。
Border-image的分解属性如下。

① border-image-source指定border的背景图的url。

② border-image-slice设置图片切割的属性，非定位。

③ border-image-width定义border image的显示区域。

④ border-image-repeat定义border image的重复方式。

⑤ [stretch | repeat | round]:拉伸|重复|平铺（其中stretch是默认值）。边框图片用例如图14-5所示。

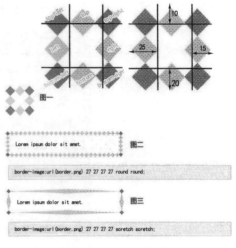

图14-5　边框图片用例

四、圆角

border radius: 90px。它表示半径为90px的圆。

除了可以同时设置4个圆角以外，还可以单独对每个角进行设置。CSS3提供4个单独的属性对应4个角。

① border-top-lef-radius: 125px。

② border-top-right-radius: 125px。

③ border-bottom-right-radius: 125px。

④ border-bottom-lef-radius: 125px。

border-radius可以同时设置1~4个值。如果设置1个值，表示4个圆角都使用这个值；如果设置两个值，表示左上角和右下角使用第一个值，右上角和左下角使用第二个值；如果设置3个值，表示左上角使用第一个值，右上角和左下角使用第二个值，右下角使用第三个值；如果设置4个值，则依次对应左上角、右上角、右下角、左下角（顺时针顺序），如图14-6所示。

⑤ border-radius: 125px。

⑥ border-radius: 125px 60px。

⑦ border-radius: 125px 90px 45px。

⑧ border-radius: 125px 90px 45px 5px。

图14-6　设置1~4个值

五、box-shadow（盒子阴影）和text-shadow（文字阴影）

box-shadow和text-shadow都有4个参数。第一个为水平偏移量，第二个为垂直偏移量，第三个为模糊的像素宽度，第四个为颜色（可用RGBA颜色），如图14-7所示。

文字阴影。如: text-shadow: 5px 3px 4px rgba（0,0,0,0,7）。

意思是说，阴影部分向右偏移5px，向下偏移3px，模糊宽度为4px，颜色为黑色，并且不透明度为0.7，效果如图14-8所示。

图14-7　4个参数　　　　　　　　　图14-8　阴影部分向右偏移5px

六、强大的CSS选择器

E:hover{}等可用于做各种元素状态，如图14-9所示。

七、transform（变换）

值得注意的有3个选项：skew、rotate和scale，如图14-10所示。

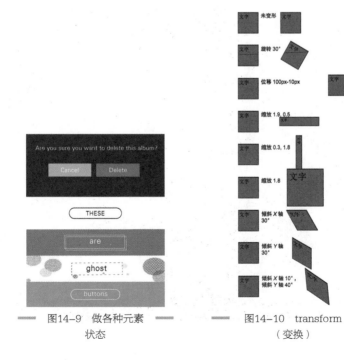

图14-9　做各种元素　　　　　　图14-10　transform
　　　　状态　　　　　　　　　　　（变换）

（一）skew

定义沿着X轴和Y轴的2D倾斜转换，如图14-11所示。

（二）rotate

rotate接受一个旋转的角度，如图14-12所示。

（三）scale

定义2D缩放转换。接受两个值的时候，分别缩放宽度和高度；接受一个值的时候，高度和宽度都根据该值缩放，如图14-13所示。

图14-11　2D倾斜转换

图14-12　rotate旋转角度

图14-13　定义2D缩放转换

八、SVG图像使用

参数为<img src＝"ICON1.svg" width＝"600" height＝"600" alt＝"" >的图如图14-14所示。

图14-14　参数设置效果

九、transition（过渡）

transition可以实现非常平滑的过渡，最重要的用法就是伪类用法。以前的hover伪类只能实现"瞬间"的变化，有了transition之后，可以实现平滑的过渡。可以设置4个过渡属性。

（一）transition-property

这个属性是设置需要过渡的属性，如color、width等，默认为all，即所有属性过渡。

（二）transition-duration

过渡所需的时间。

（三）transition-timing-function

过渡方式：ease（匀速）、ease-in（加速）、ease-out（减速）、ease-in-out（先加速再减速）。

（四）transition-delay

过渡发生的延迟。

各种过渡效果如图14-15所示。

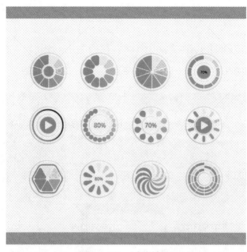

图14-15　过渡效果

十、animation（动画）

HTML5增加了animation的属性，这个属性比transition能更加细腻地控制动画的时间和关键帧时间位置，支持在一个元素上做时间和行为复杂的动画，如图14-16所示。

图14-16　时间和行为复杂的动画

动画的主要属性如下。

① animation-name：名字，关于后续的关键帧的定义。

② animation-duration：动画时间。

③ animation-iteration-count：动画次数，可为数字和infinite（无限次）。

④ animation-timing- function：动画方式，和transition一样。

十一、3D Canvas（画布）

3D Canvas能够帮助用户更加方便地实现2D和3D绘制图形图像及其各种动画效果。用户可以在HTML中使用属性width和height来定义Canvas。但是Canvas的相关功能主要依赖于JavaScript实现，即HTML5 Canvas API。用户使用JavaScript来访问和控制Canvas相关的区域，比如调用相关绘图的方法，用来动态生成需要的动画或者图形，如图14-17所示。

目前，HTML5是比较流行的一种技术，制作出来的网页也比较酷炫，在交互方面比传统的效果更好。之前，用户基本只会用电脑端访问网站，建网站时只需要考虑电脑访问的体验

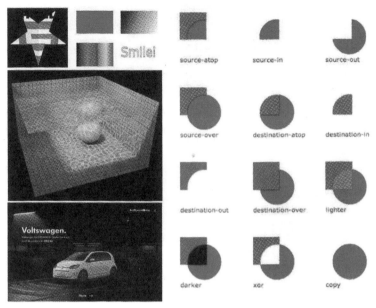

图14-17   3D Canvas画布

就好了。而现在是移动互联网时代，大家的上网设备除了电脑，更多的是手机等移动设备。传统的网站在移动设备上显示，会出现字体太小、显示不全等情况，客户需要不断地放大和缩小才能看清所有的内容，用户体验感非常差，无意之中导致潜在用户的流失，HTML5响应式网站完美地解决了这一问题，这也是HTML5响应式网站的最大优势！

　　本章主要讲述了HTML5的三个优势、HTML5的八大特性、HTML5的应用及布局方式、CSS3视觉表现方面的新特性等内容，着重于互联网交互设计与用户体验，并提供了各类网站设计、HTML5网页设计，HTML5动画、3D互动和基于HTML5的交互与制作服务的基本操作。通过本章的学习，设计师可为用户量身定制适合自己的互联网形象，尊重访问者视觉体验和浏览习惯，完整地传达用户的个性，彰显风格和特色。

第十五章

VR（虚拟现实）和 AR（增强现实）交互

AR（Augmented Reality），即增强现实，也被称为混合现实。它是通过电脑技术，将虚拟的信息应用到真实世界，真实的环境和虚拟的物体实时地叠加到了同一个画面或空间而同时存在。VR（Virtual Reality），即虚拟现实。虚拟现实技术是仿真技术的一个重要方向，是仿真技术与计算机图形学、人机接口技术、多媒体技术、传感技术、网络技术等多种技术的集合，是一门富有挑战性的交叉技术前沿学科。VR技术主要包括模拟环境、感知、自然技能和传感设备等方面。模拟环境是由计算机生成的实时动态的三维立体逼真图像。感知是指理想的VR应该具有人所具有的一切感知，除计算机图形技术所生成的视觉感知外，还有听觉、触觉、运动等感知，甚至还包括嗅觉和味觉等，也称为多感知。自然技能是指人的头部转动、眼睛、手势或其他人体行为动作，由计算机来处理与参与者的动作相适应的数据，并对用户的输入作出实时响应，分别反馈到用户的五官。传感设备是指三维交互设备。

简单来讲，AR就是将虚拟的3D图像映射到真实环境中，比如用手机扫描一些AR的二维码，手机屏幕上就会出现与现实环境叠加的3D画面，还会随着手机镜头的移动同步变换位置，使其看起来像是在真实环境中存在一样。VR则不同，比如现在比较火的VR眼镜，戴上眼镜后，里面的环境完完全全是用电脑制作的虚拟场景，沉浸感更强。

【本章引言】

毋庸置疑，VR与AR的全面商用时代已经来临，无论是对文化文明的传承还是对商业经济的催化，5G+VR/AR应用都已成定局。VR技术生成的系统，存在形式有两种：一种是根据现实存在无差异还原的场景及事实原理，多应用于职业技能培训、安全教育培训、企业展厅建设等方面；另一种是根据现实与设计者的猜想结合建设的虚拟仿真内容，一般应用于游戏开发、视频制作等对事实考究不严格的领域。虽然VR技术开发的内容存在的两种形式有所差别，但在体验感上都能为体验者提供身临其境的沉浸感，同时通过特殊技术处理来逼真还原视觉、听觉、触觉、嗅觉等人体感官感受，使得体验者虽身处虚拟场景但进行的交互操作却如同现实事件。

　　而AR技术的内容表现形式，是将虚拟信息叠加在真实世界上，直接作用更多体现在信息加强及提示方面。AR通过全息投影，在显示屏幕中将虚拟世界与现实世界叠加，操作者可以通过设备做人机互动。此类技术应用也较为广泛，与VR技术一样可以全行业应用，但即使是相同行业的应用，两者之间在显示形式和效果上都是有差别的。

第一节
VR和AR技术及其发展历史

一、VR技术发展

　　VR技术也被称为灵境技术或人工环境，其涉及集合仿真技术、计算机图形学、人机接口技术、多媒体技术、传感技术，能够创建并让用户感受到原本只有在真实世界中才会拥有的体验。VR涉及的感官如图15-1所示。

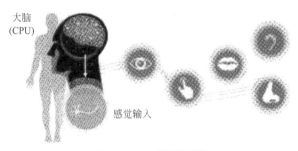

大脑
(CPU)

感觉输入

图15-1　VR涉及的感官

VR发展历史如下。

　　1960年，电影摄影师Morton Heiling 提交了一款VR设备的专利申请文件，专利文件上的描述是"用于个人使用的立体电视设备"，如图15-2所示。

　　1967年，Heiling又构造了一个多感知仿真环境的虚拟现实系统Sensorama Simulator，这也是历史上第一套VR系统，它能够提供真实的3D体验。

　　1968年，美国计算机图形学之父Ivan Sutherland在哈佛大学组织开发了第一个计算机图形驱动的头盔显示器HMD（图15-3）及头部位置跟踪系统，是VR发展史上一个重要的里程碑。

　　1989年，Jaron Lanier首次提出Virtual Reality的概念，被称为"虚拟现实之父"。

　　1991年，一款名为"Virtuality 1000CS"的设备出现在

图15-2　立体电视
设备

消费市场中，由于它笨重的外形、单一的功能和昂贵的价格，并未得到消费者的认可，但掀起了一个VR商业化的热潮，世嘉、索尼、任天堂等都陆续推出了自己的VR游戏机产品。但这一轮商业化热潮，由于光学、计算机、图形、数据等领域技术未得到高速发展，产业链也不完备，所以并未得到消费者的积极响应。但此后，相关企业的VR商业化尝试一直没有停止。

图15-3　头盔显示器

第三次热潮源于2014年Facebook以20亿美元收购Oculus，VR商业化进程在全球范围内得到加速。三星、HTC、索尼、雷蛇、佳能等科技巨头的组团加入，让人看到了这个行业正在蓬勃发展。目前国内已经出现了数百家VR领域创业公司，资本不断涌入这个市场，科技巨头积极开拓VR领域，不断有新的VR创业公司出现，覆盖全产业链环节，例如交互、摄像、现实设备、游戏、应用、社交、视频、医疗等。现今，VR技术已经成为最受人关注的一个领域，同时也吸引更多创业者和投资者进入VR领域。VR眼镜如图15-4所示。

图15-4　VR眼镜

二、AR技术发展

AR是一种全新的人机交互技术，利用这样一种技术，可以模拟真实的现场景观，它是以交互性和构想为基本特征的计算机高级人机界面。使用者不仅能够通过虚拟现实系统感受到在客观物理世界中所经历的"身临其境"的逼真性，而且能够突破空间、时间以及其他客观限制，感受到在真实世界中无法亲身经历的体验。增强现实是利用计算机生成一种逼真的视、听、力、触和动等感觉的虚拟环境，通过各种传感设备使用户"沉浸"到该环境中，实现用户和环境直接进行自然交互。

AR有三个要素：

① 结合虚拟与现实（Combines real and virtual）；

② 即时互动（Interactive in real time）；

③ 3D定位（Registered in 3D）。

要达到AR的虚实结合，使用者必定得透过某种装置来观看。早先大部分的研究主要是关于透过HMD（Head-Mounted Display，头罩式装置）来观看，技术大概分成光学式（Optical）与影像（Video）两种：前者是一种透明的装置（像是柯南的眼镜之类），使用者可以直接透过这层看到真实世界的影像，然后会有一些另外的投影装置把虚拟影像投射在这层透明装置上；后者是不透明装置，使用者看到的是由电脑处理好、已经虚实结合的影像。最近几年开始流行起来的智能手机，改变了AR的样貌。头戴式的HMD还是太麻烦了，而智能手机同时具备电脑计算能力、录影、影像显示，还有GPS、网络连接、触控、倾斜度侦测等额外的功能，价格也逐渐平民化，于是以智能手机为平台的AR研究越来越多。

目前来看，AR的市场需求是很大的，而供应方面却略显不足，尤其是拥有核心知识产权、产品质量过硬的企业并不多，行业整体缺乏品牌效应。AR技术目前处在需求旺盛的阶段，行业需求巨大，发展前景好，这是毋庸置疑的。但要保持行业的健康、稳定且可持续发展，则需要业内企业共同努力，尤其需要发挥"吹毛求疵"的研发精神，进一步提高生产工艺，降低成本，真正解决客户的实际困难，严把质量关，提供最可靠的产品。

在增强现实的环境中，使用者可以在看到周围真实环境的同时，还可以看到计算机产生的增强信息。由于增强现实在虚拟现实与真实世界之间的沟壑上架起了一座桥梁，因此，增强现实的应用潜力是相当巨大的，它可以广泛应用于军事、医学、制造与维修、娱乐等众多领域。

第二节
VR和AR的发展前景及体系

一、VR的发展前景

投资银行Digi-Capital发布报告称，至2020年，全球AR与VR市场规模将达到1500亿美元，如图15-5所示。该投资银行为全球最大的IT投行，曾经投资过Facebook和Twitter等超级公司。

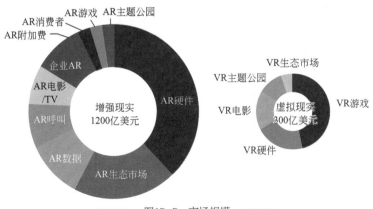

图15-5　市场规模

二、VR体系

（一）VR硬件设备和服务

相关内容包括设备研发、设施安装、定制设备、设备调试、硬件设计。

（二）VR系统平台和应用商店

HTC Viveport VR应用商店、Oculus Store、Steam VR应用商店、谷歌DaydreamVR界面，如图15-6所示。

图15-6　相关平台和应用商店的界面

（三）VR内容

VR可提供的体验包括游戏、影视、教育培训、广告购物、医疗、智能导航等，如图15-7所示。

图15-7　VR体验

三、AR的发展前景

AR技术是一种将虚拟信息与真实世界巧妙融合的技术，广泛运用了多媒体、三维建模、实时跟踪及注册、智能交互、传感等多种技术手段，将计算机生成的文字、图像、三维模型、音乐、视频等虚拟信息模拟仿真后，应用到真实世界中，两种信息互为补充，从而实现对真实世界的"增强"。据统计，App Store中AR相关产品数量总体呈波动增长态势，2019年相关产品数量达4107款，同比下降16.4%。App Store AR游戏产品主要分为休闲游戏、动作游戏和冒险游戏三种，2019年三类游戏产品均同比有所下降。AR功能开发商主要为Tripwolf、Objexs Limited、ooh-AR Limited、Application Nexus、Kit Urbano，其中Tripwolf的AR功能相关产品开发数量高于其他开发商。2019年用户在搜索AR相关产品时最常用到的关键词主要为摄像录影、教育和娱乐类别，关键词均超过400个。热搜最常出现的AR关键词主要为merge cube、Harry Potter、snow、sky guide、tamagotichi。

| 第三节 |
VR和AR硬件及盈利模式

一、VR硬件

目前市场上的VR硬件有三大类：主机VR（电脑头盔）、移动VR（手机盒子）和VR一体机（硬件头盔）。

Cardboard可以说是物美价廉版VR的代表，仅靠纸板以及一组透镜再搭配几个零件就能组装完成，价格在几美元到几十美元间。根据谷歌官方给出的数据，截至2015年底，Cardboard的销量已突破500万套。Cardboard如图15-8所示。

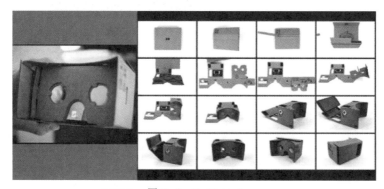

图15-8　Cardboard

GearVR是三星与Oculus合力打造的一款优质移动端VR头戴式显示设备（简称VR头显），是移动VR头显市场中的领导者。它的售价并不高，只需99美元，相比Cardboard而言，它给用户带来的体验却明显高了一个档次，因此它成了很多用户的首选VR体验产品，然而Gear VR目前最大的缺点就是只能支持指定的三星手机。GearVR如图15-9所示。

相比移动端，以PS4主机作为计算终端的PSVR，在VR体验上明显又高出不少。PS摄像头和Move手动

图15-9　GearVR

控制器，再加上一部PS4游戏主机，约900美元，不过索尼的聪明之处在于PSVR能够依托于PS4运行，在PSVR推出之前，索尼就已经拥有了近4000万PS4用户，如此庞大的VR潜在用户群体有利于索尼在早期市场上取得巨大的优势，更有利于今后的推广计划。PSVR如图15-10所示。

图15-10　PSVR

无论是售价600美元的Oculus Rift，还是售价800美元的HTC Vive，只要搭配功能强大的个人电脑，都可以为用户带来高品质的虚拟现实体验。两款VR设备如图15-11所示。

图15-11　两款VR设备

Oculus Rift拥有两块1200px×1080px、刷新率为90Hz的OLED显示屏，并且内置了陀螺仪和加速度计，还拥有红外传感器来360°追踪头部的动作。同时，Oculus Rift内置了耳机及麦克风，重量上也较轻，还可以任意调整。

HTC Vive的一大优势是具有房间追踪系统，而Oculus Rift仅依赖于放置在桌面上的单一传感器。在使用中，两种设备的头部跟踪都很流畅。但是，HTC Vive可以为用户带来随意走动的室内虚拟现实体验。相比之下，Oculus Rift仅支持用户从椅子上站起来，在桌前有限范围内的活动。

HTC Vive为用户带来的沉浸感更强，更具有进入虚拟现实的感觉。用户可以通过HTC Vive触碰场景中的物体，或者在游戏中通过真实手势进行交互。

决定沉浸体验好坏的因素之一是视场角度。人眼正常的视场角度是200°左右，视场角度越大，沉浸感越好。目前大部分产品的视场角度约在110°～120°，而且眼镜（盒子）比PC头显的视场角度更低，沉浸感更差。

二、AR 硬件

AR和VR在技术方案、应用领域、市场机会等层面都有差异，因此需要区分两者之间的不同。AR是对虚拟世界与现实世界实现交互，将真实的环境和虚拟的物体实时地叠加到了同一个画面或空间从而使其同时存在。目前，在AR智能眼镜领域，国内已经出现了诸多产品。

（一）Baidu Eye

Baidu Eye的相关信息于2013年4月被首次披露，2014年9月3日第一次亮相百度世界大会，如图15-12所示。此后很少有相关新闻出现。Baidu Eye的主体是在脑袋右侧伸出的摄像头，用户可以使用语音命令或者红外线扫描来捕捉眼前的图像。当Baidu Eye捕捉到一款商品的图像之后，会自动把图像发送到网上进行识别，再把从百度百科等网站里找到的商品信息"念"给用户听。而且，Baidu Eye会在用户的手机上配备一个专门的App，搜索到的信息也会同时被推送到这个App上展示。目前它的使用场景专注在两个方面：商场购物和博物馆游览。

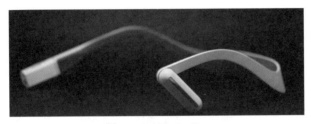

图15-12　Baidu Eye

（二）M100

M100是联想和VUZIX联合推出的，如图15-13所示。产品功能：拍照，摄像，语音识别，九轴传感器，GPS定位，抬头唤醒，四种控制方式（语音控制、按键控制、手势控制、App控制），左右眼佩戴，定制App。有消息称联想将推出智能眼镜M100二代。

图15-13　M100

（三）New Glass C100

New Glass C100是联想和云视智通联合推出的，如图15-14所示。产品功能：拍照，摄像，支持语音控制、触控板控制以及指环控制，主机、电池与光机头采用分离式可夹持设计。此外，联想这两款智能眼镜均采用佐臻方案定制。

（四）蓝斯特智能眼镜

EyephoneB：基于Android智能系统，具备拍照/摄像、蓝牙/WiFi通信、GPS定位、多

图15-14　New Glass C100

媒体视听等功能，并可通过触控板或语音直接控制。观看效果相当于在3米距离看100英寸屏幕。

EyephoneM：针对行业市场的单眼AR眼镜，拥有强大的移动计算能力；用户佩戴EyephoneM可以查看各种增强现实信息，观看效果相当于在2.5米距离观看42英寸屏幕。

MG-1 AR Mask：一款增强现实护目镜，采用全透明面罩（可着色），可用于需要保护用户眼睛或者无手控制阅读的专业领域，以及环境光较强的户外环境，如：空中、山上、海上等。

PMD AR Glass：针对专业人士设计，配有单框架和EnhancedViewTM组件。观看效果相当于在1米距离观看34英寸屏幕，并可与其他软硬件设备配合使用，以符合不同的浏览、增强视图以及团队浏览应用。蓝斯特智能眼镜如图15-15所示。

 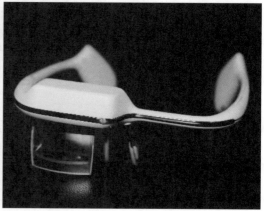

图15-15　蓝斯特智能眼镜

（五）Cool Glass One

Cool Glass One（酷镜）由奥图科技在2015年9月23日发布。通过"酷镜"的语音操控功能，用户可以轻松实现语音打电话、发短信、拍照、录像、分享朋友圈、导航、AR等功能，为多色镜架，如图15-16所示。

图15-16　Cool Glass One（酷镜）

（六）GLXSS

GLXSS搭载安卓系统，提供无线和蓝牙两种连接方式。它专注于拍照、录像、视频直播，拥有人脸识别功能，可拆换镜片，手势+触摸板控制，装备重力传感器、陀螺仪、光线传感器，并可向医疗、电力、安防等行业提供定制化系统服务，如图15-17所示。

图15-17　GLXSS

（七）HiAR Glasses

新一代HiAR Glasses，采用高通骁龙820处理器，内置HiAR OS及自主研发的AR引擎，可实现自然图像跟踪识别、3D环境实时感知、人脸检测、三维手势识别等AR核心功能。它同时融合了语音识别、双MEMS 运动跟踪传感器，支持全息立体显示，如图15-18所示。

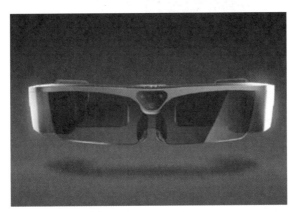

图15-18　HiAR Glasses

（八）Rui Glass G1

Rui Glass G1提供双向语音通话、双向视频通话、视频双向传送、多人通话、本地录音、语音上传、传感（重力、加速度感应、温湿度、生命体征等）、人脸识别、语音导航等功能，以及功能定制，如图15-19所示。

图15-19　Rui Glass G1

（九）Oglass

Oglass拥有拍照、摄像，语音、按钮、键盘交互等功能，传感器包括加速计、陀螺仪、磁力计、高度计、温度计，工业级超大FOV视场角136°，可更换磁吸视力矫正镜片，如图15-20所示。

图15-20　Oglass

（十）影创Air

影创Air双目AR眼镜采用全息显示方式，双1024×768 3D输出，支持手势控制；内置四核处理器，2G运行内存/128GB存储空间，可用于3D观影和搭载多种AR功能；外置3750mA·h电池，可确保13小时持续使用，如图15-21所示。

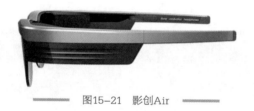

图15-21　影创Air

三、VR和AR的盈利方式

VRStore（App）：下载付费、应用内付费、赞助开发。

游戏：下载付费、时长付费、游戏道具付费。

视频：版权内容分发、PGC（全称为Professional Generated Content，互联网术语，指专业生产内容）、按点播付费、UGC（全称为User Generated Content，互联网术语，指用户生成内容）、片头广告。

广告：广告主资源导入、不同形式的分成机制和流量主模式。

VR和AR技术给人们带来了很多期待，VR市场很大，AR则可能更大。到2020年为止，VR市场估值为300亿美元，而AR市场估值为900亿美元。然而，VR/AR市场目前给人们的疑惑还很多。盈利模式就是其中一个问题，有业内人士分析，AR/VR硬件销量、电子商务销售、广告支出及手机信息/语音等方面可能会贡献80%的盈利份额。当然，事情和估计的也可能有所不同。

一个平台刚刚兴起的时候很难判断其盈利模式，但盈利模式却能够决定该平台是否会成功，过去十年移动端口的发展就证明了这一点。AR/VR是第四次平台改变（前三次分别是个人电脑、网络和移动网络），各公司的CEO需要确定自己公司扮演的角色是什么。最终，盈利模式可以归结为以下几种：设备安装数量、使用情况以及单位经济效益。

第四节
VR和AR交互

一、VR交互

如同平面时代的图形界面交互会在不同的场景下有不同的表现形式，VR交互同样不会只有唯一通用的交互手段。

同时，VR的多维特点注定了它的空间交互要比平面图形交互拥有更加丰富的形式。目前，对VR交互形式仍在探索和研究中，相信通过将其与各种高科技结合，会给VR交互带来无限可能。

VR交互内含的两个目标是"替代"与"超越"。

VR交互首先要能够实现目前平面图形交互的所有功能，如单击、滑动、滚动、拖动、操作键盘，也就是"替代"。

第二个目标就是"超越"，即能够完成在平面图形，甚至在现实世界中所无法完成的功能。比如空间交互，包括模拟触觉、光电定位、体感控制、手势识别、语音控制、场景模拟等。

VR的9种常用交互如下。

（一）动作捕捉

用户想要获得完全的沉浸感，真正"进入"虚拟世界，动作捕捉系统是必须的。目前专门针对VR的动作捕捉系统，分为昂贵的商用级设备及一些部分功能在特定场景中使用的动作捕捉。其实动作捕捉在电影特效技术上已经得到了广泛应用，但是这类设备因其固有的使用门槛，需要用户花费比较长的时间穿戴和校准才能够使用。

相比之下，Kinect这样价格便宜的光学设备在某些对于精度要求不高的场景中应用起来反而显得更方便实用。VR动作捕捉系统如图15-22所示。

（二）触觉反馈

这里主要指的是按钮和振动反馈，这就是下面要提到的一大类，即虚拟现实手柄。

目前三大VR头显厂商，即Oculus、索尼、HTC都不约而同地采用了虚拟现实手柄作为实现标准交互模式的设备。两手分离的、具有6个自由度（3个转动自由度和3个平移自由度）空间跟踪的、带按钮和振动反馈的手柄如图15-23所示。

图15-22　VR动作捕捉系统

（三）眼球追踪

作为VR领域最重要的技术之一，眼球追踪技术绝对值得从业者密切关注。眼球追踪技术的基本原理是将一束光照到眼球上，通过瞳孔和角膜反射光算法来计算追踪视线。

眼球追踪技术被大部分VR从业者视作有望解决虚拟现实头盔眩晕问题的一个重要技术突破。难点是判定眼球的有意识移动和无意识移动。眼球追踪技术如图15-24所示。

图15-23　虚拟现实手柄

（四）肌电模拟

VR拳击设备Impacto结合了触觉反馈和肌肉电刺激来精确模拟实际感觉，如图15-25所示。振动马达和肌肉电刺激两者的结合能够给人们带来一种"拳拳到肉"的错觉，因为这个设备会在恰当的时候产生类似真正拳击的"冲击感"。

（五）手势跟踪

手势跟踪分为光学跟踪和数据手套跟踪。

光学跟踪的优势是不需要在手上穿戴设备，缺点是受场景限制。

数据手套则是在手套上集成了惯性传感器来跟踪用户的手指乃至整个手臂的运动，如图15-26所示。

它的优势在于没有视场限制，而且完全可以在设备上集成反馈机制（比如振动、按钮和触摸）。缺点是穿脱不便。

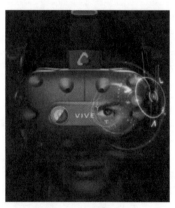

图15-24　眼球追踪技术

（六）方向追踪

方向追踪除了可以用来瞄点，还可以用来控制用户在VR中的前进方向。不过方向追踪在很多情况下会受空间限制，比如无法进行360°的旋转。

交互设计师给出的解决方案是单击鼠标右键则可以回到初始方向或者叫作重回当前凝视的方向，也可以通过摇杆调整方向，或按下特定按钮回到初始方向。方向追踪演示如图15-27所示。

图15-25　VR拳击设备Impacto

图15-26　数据手套

图15-27　方向追踪演示

（七）语音交互

在进入VR世界后，如果视觉界面出现图形提示则会干扰用户沉浸式体验，最好的解决方案是使用语音。

进行语音交互更加自然，语音交互演示如图15-28所示。

图15-28　语音交互

（八）传感器

传感器能够帮助人们与多维的VR信息环境进行自然的交互，比如能模拟行走的万象走盘，能让用户感受射击游戏中弹的感觉及微风吹过的感觉的全身传感设备。

用户的上述感觉都是由设备上的各种传感器产生的，比如智能感应环、温度传感器、光敏传感器、压力传感器、视觉传感器等，它们能够通过脉冲电流让皮肤产生相应的感觉，或是把游戏中触觉、嗅觉等感觉传送到大脑。传感器设备如图15-29所示。

图15-29　传感器

（九）现实对应空间地形

现实对应空间地形就是造出一个与虚拟世界的墙壁、障碍物和边界等完全一致的真实场地。比如超重度交互的虚拟现实主题公园The Void就采用了这种途径，它是一个混合现实型的体验，把虚拟世界构建在物理世界之上，让使用者能够感觉到周围的物体并使用真实的道具，比如手提灯、剑、枪等，如图15-30所示。

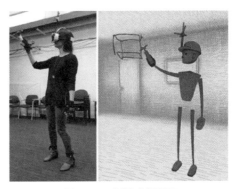

图15-30　制造虚拟世界

二、AR 交互

AR这个词近来在网上出现得越来越多，AR可以算是VR当中的一支，不过略为不同的是，VR是创造一个全新的虚拟世界出来，而AR则是强调"虚实结合"。

AR把虚拟的图像和文字讯息与现实生活景物结合在一起，很多AR应用已经在Android和iPhone智能手机上纷纷亮相，呈现效果让大家惊艳不已，甚至有评论网站直指，这已是近年来最热的Web趋势之一。

（一）摄像头才是王道

Occipital联合创始人Vikas Reddy在邮件访谈中谈到，AR实景技术尚未发挥出它全部的潜力。这是由目前追踪和测绘现实的技术水平有限所致。但Reddy预测，随着计算机视觉算法

和硬件设备的发展，摄像头将成为最重要的传感器和输入设备，这不仅仅是AR实景技术方面的趋势，也是整个计算机产业的趋势。

目前，智能手机还无法直接处理现实，只能通过手机屏幕输入信息。以现实世界为画布肆意挥洒还只是一种幻想。但在不久的将来，计算机视觉很有可能实现这个"幻想"，通过计算将现实环境变得更具互动性，充满乐趣，由此，让用户的设备无限深入周边视觉空间。

（二）虚拟现实无缝衔接

保罗·波布里安（Paul Berberian）在Blur大会上展示了一款名为*Sharky the Beaver*的新游戏。在这款游戏中，用户通过蓝牙设备控制一个球型机器人，在屏幕上这个球型机器人显示为小海狸的形象。在屏幕上，用户会看到小海狸Sharky在自己身边跳来跳去，还可以喂它蛋糕吃。通过创造两个数据流，用户可以无缝穿梭于真实和虚拟世界。这款游戏也可以作为软件开发工具包（SDK）供开发人员使用。其结果很可能是产生一个形象库。用户可以通过球型机器人控制不同形象。例如，家具商可以利用此技术，这样一来，用户控制小球滚动就可以查看起居室内的桌椅。

（三）脑电波与AR相结合

InteraXon推出了一款脑电波感应头带。佩戴上这款头带，用户可以通过脑电波来控制窗帘以及灯光。

InteraXon公司CEO克里斯·阿莫尼（Chris Aimone）谈到，有很多很好的方法可以令脑电波和AR实景技术相结合。通常，人们谈到的AR实景有两类：眼镜式AR实景和iPhone摄像头式AR实景。前者是指，用户戴上特制眼镜后，反映在镜片上的现实世界得到加强；后者是指，新的数据层会添加到用户手中的iPhone屏幕上。

谷歌眼镜式的AR实景为收集脑电波数据提供了一种可能，因为这款用户持续佩戴的设备可以不间断地记录脑电波。脑电波记录可以反映用户的实时状态，例如：可以记录用户在工作时的压力水平变化。此外，这种技术也使计算系统在情景感知方面做得更好，在提供内容和增强信息时，不仅将地点和视觉输入考虑在内，同时也照顾到用户自身的状态。例如：当用户感到困倦，想要查找周边酒店信息时，会发现系统显示的信息都十分有用。

AR系统中的脑电波还可接受实时的神经反馈，让用户了解自己的大脑状态，从而调整到最适宜的状态。

（四）体验个人化，界面简洁化

Geoloqi联合创始人安珀·凯斯认为，当创建定制物体、动画、应用和体验的门槛大幅降低之后，增强现实会变得非常有趣。与Flash和App Store类似，这种体验将变得更加个人化，可以在朋友间分享。凯斯称，游戏和3D动画在AR实景层面的发展已经十分有限了。未来AR技术的发展应着眼于日常的切实有用的应用，而不是花哨的效果，后者只能吸引一时的目光。在做AR实景方面的设计时，可以考虑将界面最小化，而不是考虑让它多么闪亮美观。想想谷歌的界面，实在是简洁至极。但它却成功地令数据以一种方便交互的形式呈现出来。

| 第五节 |

VR和AR项目设计流程及应用领域

一、VR和AR项目设计流程

VR和AR项目设计流程通常如下。

市场调研→产品定义→策划案→市场推广方案→项目解决方案→确定使用的引擎→确定美术素材规格→确定编程语言→若是联网游戏则确定网络协议服务器→关卡设计→游戏玩法→数值设计→建模动画→场景搭建→开发测试→发布运营。

二、VR和AR应用领域

VR和AR应用领域包括以下几个方面。

（一）VR培训

VR培训教育，如幼儿模拟教学，如图15-31所示。

图15-31　幼儿模拟教学

（二）VR虚拟博物馆

VR虚拟博物馆，如图15-32所示。

图15-32　VR虚拟博物馆

（三）VR游戏

VR游戏，如图15-33所示。

（四）VR建筑家居

VR建筑家居，如图15-34所示。

图15-33　VR游戏

（五）VR即时信息

即时信息帮助、浏览上网，如图15-35所示。

（六）VR交通信息

VR交通信息，如图15-36所示。

（七）VR、AR建筑

VR、AR建筑，如图15-37所示。

图15-34　VR建筑家居

图15-35 VR即时信息

图15-36 VR交通信息

图15-37 VR、AR建筑

图15-38 社交商务

图15-39 VR、AR运动

（八）社交商务

社交商务，如图15-38所示。

（九）VR、AR运动

VR、AR运动，如图15-39所示。

（十）AR立体读物

AR立体读物，如图15-40所示。

图15-40 AR立体读物

（十一）VR、AR医疗

VR、AR医疗，如图15-41所示。

图15-41　VR、AR医疗

（十二）VR、AR电商购物

VR、AR电商购物，如图15-42所示。

图15-42　VR、AR电商购物

（十三）VR、AR旅游体验

VR、AR旅游体验，如图15-43所示。

图15-43　VR、AR旅游体验

参 考 文 献

［1］赵君平.移动互联网终端的视觉传达设计特点［J］.数字化用户，2014，000（005）:18.

［2］宋峰霖.设计的互联网思维［J］.智能制造，2016（2）:31-33.

［3］李东岳.移动设备中的人机交互设计研究［D］.上海：华东师范大学，2010.

［4］周维.移动互联网时代平面设计人才的职业技能要求［J］.现代交际：学术版，2016,（11）:250.

［5］苏杰.人人都是产品经理2.0,写给泛产品经理［J］.中国信息化，286（2）:104.

［6］吕云翔，杨婧玥.UI设计：Web网站与APP用户界面设计教程［M］.北京：清华大学出版社，2019.

［7］设计手绘教育中心.UI设计手绘表现从入门到精通［M］.北京：人民邮电出版社，2017.

［8］李晓斌.UI设计必修课：交互+架构+视觉UE设计教程［M］.北京：电子工业出版社，2017.

［9］沈学渊，陈仕.从零开始学UI设计：思路与技法［M］.北京：化学工业出版社，2020.

［10］何福贵.UI动效设计从入门到精通［M］.北京：机械工业出版社，2019.

［11］常丽，李才应.UI设计精品必修课［M］.北京：清华大学出版社，2019.

［12］李洪海.交互界面设计［M］.2版.北京：化学工业出版社，2019.

［13］Jeff Johnson.认知与设计：理解UI设计准则［M］.张一宁，王军锋，译.2版.北京：人民邮电出版社，2014.

［14］蒋珍珍.Photoshop移动UI设计从入门到精通［M］.北京：清华大学出版社，2017.

［15］陈根.UI设计入门一本就够［M］.北京：化学工业出版社，2018.

［16］郑昊.UI设计与认知心理学［M］.北京：电子工业出版社，2019.

［17］汪兰川，等.UI图标设计从入门到精通［M］.2版.北京：人民邮电出版社，2018.

［18］任媛媛.UI设计基础培训教程［M］.北京：人民邮电出版社，2020.